职业教育国家在线精品课程配套教材

# 电机与电气控制技术

主　编　袁　媛　赵晓娟　杜金平
副主编　张倩涵　王　健　张永生
主　审　倪　彤

北京理工大学出版社
BEIJING INSTITUTE OF TECHNOLOGY PRESS

## 内 容 简 介

"电机与电气控制技术"是为应用型本科、高职、高专电气类和机电类专业开设的专业核心课程。本书是国家在线精品课程"电机与电气控制技术"配套教材，面向装备制造向智能制造转型，聚焦电气类和机电类专业岗位需求，由学校、企业、行业专家组成教材编写组，遵循"课程体系与职业岗位、教材开发与技术进步紧密对接"的原则，结合当前我国经济发展、科技进步及市场供需情况，按照最新国家职业技能标准中对技术技能型人才的要求，岗课赛证融通，引入新技术、新工艺、新规范，将职业技能等级标准和技能大赛知识点、技能点与项目融合。本书按照学习认知规律三阶递进，从基础、提高、创新三个阶段构建六个项目。每个项目由若干个任务组成，每个任务按照"任务引入""任务分析""知识链接""任务实施""任务评价"五步逐步讲解，每个任务都创建装备制造类企业真实工作情境，由情境引入任务，基于电气控制工作过程，任务驱动，满足"教学做"一体化的教学需求。

**版权专有　侵权必究**

---

**图书在版编目（CIP）数据**

电机与电气控制技术／袁媛，赵晓娟，杜金平主编
． －－ 北京：北京理工大学出版社，2024.4
　　ISBN 978－7－5763－3947－5

Ⅰ．①电… Ⅱ．①袁… ②赵… ③杜… Ⅲ．①电机学
－高等职业教育－教材②电气控制－高等职业教育－教材
Ⅳ．①TM3②TM921.5

中国国家版本馆 CIP 数据核字（2024）第 090982 号

---

| | | | |
|---|---|---|---|
| **责任编辑**：陈莉华 | | **文案编辑**：李海燕 | |
| **责任校对**：周瑞红 | | **责任印制**：施胜娟 | |

**出版发行** ／ 北京理工大学出版社有限责任公司
**社　　址** ／ 北京市丰台区四合庄路 6 号
**邮　　编** ／ 100070
**电　　话** ／ （010）68914026（教材售后服务热线）
　　　　　　　（010）68944437（课件资源服务热线）
**网　　址** ／ http：／／www.bitpress.com.cn

**版 印 次** ／ 2024 年 4 月第 1 版第 1 次印刷
**印　　刷** ／ 河北盛世彩捷印刷有限公司
**开　　本** ／ 787 mm×1092 mm　1/16
**印　　张** ／ 20
**字　　数** ／ 440 千字
**定　　价** ／ 68.00 元

图书出现印装质量问题，请拨打售后服务热线，负责调换

# 前言

"电机与电气控制技术"是作为应用型本科、高职、高专电气类和机电类专业开设的专业核心课程。本书是国家在线精品课程"电机与电气控制技术"配套教材。面向装备制造向智能制造转型,聚焦电气类和机电类专业岗位需求,由学校、企业、行业专家组成教材编写组,遵循"课程体系与职业岗位、教材开发与技术进步紧密对接"的原则,结合当前我国经济发展、科技进步及市场供需情况,按照最新国家职业技能标准中对技术技能型人才的要求,岗课赛证融通,引入新技术、新工艺、新规范,将职业技能等级标准和技能大赛知识点、技能点与项目融合。本书按照学习认知规律三阶递进,从基础、提高、创新三个阶段构建六个项目。每个项目由若干个任务组成,每个任务按照"任务引入""任务分析""知识链接""任务实施""任务评价"五步逐步讲解,每个任务都创建装备制造类企业真实工作情境,由情境引入任务,基于电气控制工作过程,任务驱动,满足"教学做"一体化的教学需求。

项目六是创新拓展项目,第1个任务把产教融合成果编入教材。将河北省机电装备智能感知与先进控制技术创新中心科研成果转化,引入恒压油泵控制系统、直进式拔丝机降压启动系统、消防水泵一备一用控制系统等企业案例,使学生了解当前工业环境常用低压电气控制系统的设计、安装与调试方法,提升工程实践能力和创新思维。第2个任务紧密对接最新行业和企业岗位对计算机绘图技能需求,加入计算机软件电气绘图内容。

全面贯彻二十大精神,教材内容落实立德树人的根本任务,将民族自信、工匠精神、劳动精神和创新精神等内涵融入任务全过程,项目的扩展阅读以二维码形式通过动画小视频介绍了中国电机发展史,电气领域大国工匠、全国劳模、电气创新等,培养爱党报国,德才兼备,兼具工匠精神和创新精神的高素质技能型人才。

本书是校企合作开发的活页式数字化教材,结合现代信息技术和网络资源,配套了在线学习平台,含丰富的优质数字化课程资源,如思政小故事、案例库、微课、试题库等,同时在书中的关键知识点和技能点旁插入了二维码资源标志,读者可以通过网络途径观看相应的微课、动画、技能操作视频,帮助读者更好地理解和掌握知识和技能。每个任务后配备了任务单和评价表,方便在任务实施时进行过程记录和评价。

本书由国家级骨干教师，教育部中国教育信息化专家库收录专家、首届全国教材建设奖获得者倪彤教授担任主审；由河北省教育教师教学创新团队、国家在线精品课负责人、河北省技术能手、河北大工匠、省五一劳动奖章获得者共同编写；河北机电职业技术学院袁媛、杜金平和山西水利职业技术学院赵晓娟担任主编，河北机电职业技术学院张倩涵、王健和中钢集团邢台机械轧辊有限公司张永生担任副主编；还得到了中机国际工程设计研究院有限责任公司肖鹤翔工程师的大力支持，再次表示感谢。

　　由于作者水平有限，书中疏漏之处在所难免，欢迎各位读者批评指正。

编　者

# 目 录

**项目一 三相异步电动机通电试车** ⋯⋯⋯⋯⋯⋯⋯⋯⋯⋯⋯⋯⋯⋯⋯⋯⋯⋯⋯⋯⋯ 1
 任务1 电动机的选型 ⋯⋯⋯⋯⋯⋯⋯⋯⋯⋯⋯⋯⋯⋯⋯⋯⋯⋯⋯⋯⋯⋯⋯⋯⋯ 1
 任务2 三相异步电动机的维护与检修 ⋯⋯⋯⋯⋯⋯⋯⋯⋯⋯⋯⋯⋯⋯⋯⋯⋯⋯ 8
 任务3 三相异步电动机通电试车 ⋯⋯⋯⋯⋯⋯⋯⋯⋯⋯⋯⋯⋯⋯⋯⋯⋯⋯⋯⋯ 18
 【拓展阅读】中国电机工业发展 ⋯⋯⋯⋯⋯⋯⋯⋯⋯⋯⋯⋯⋯⋯⋯⋯⋯⋯⋯⋯ 32
 项目一 习题 ⋯⋯⋯⋯⋯⋯⋯⋯⋯⋯⋯⋯⋯⋯⋯⋯⋯⋯⋯⋯⋯⋯⋯⋯⋯⋯⋯⋯ 32

**项目二 三相异步电动机的基本控制** ⋯⋯⋯⋯⋯⋯⋯⋯⋯⋯⋯⋯⋯⋯⋯⋯⋯⋯⋯⋯ 34
 任务1 三相异步电动机的点动控制 ⋯⋯⋯⋯⋯⋯⋯⋯⋯⋯⋯⋯⋯⋯⋯⋯⋯⋯⋯ 35
 任务2 三相异步电动机连续运转控制电路 ⋯⋯⋯⋯⋯⋯⋯⋯⋯⋯⋯⋯⋯⋯⋯⋯ 52
 任务3 三相异步电动机正反转控制 ⋯⋯⋯⋯⋯⋯⋯⋯⋯⋯⋯⋯⋯⋯⋯⋯⋯⋯⋯ 63
 任务4 自动往复控制 ⋯⋯⋯⋯⋯⋯⋯⋯⋯⋯⋯⋯⋯⋯⋯⋯⋯⋯⋯⋯⋯⋯⋯⋯⋯ 71
 任务5 三相异步电动机的顺序控制 ⋯⋯⋯⋯⋯⋯⋯⋯⋯⋯⋯⋯⋯⋯⋯⋯⋯⋯⋯ 79
 【拓展阅读】电气安全无小事 ⋯⋯⋯⋯⋯⋯⋯⋯⋯⋯⋯⋯⋯⋯⋯⋯⋯⋯⋯⋯⋯ 86
 项目二 习题 ⋯⋯⋯⋯⋯⋯⋯⋯⋯⋯⋯⋯⋯⋯⋯⋯⋯⋯⋯⋯⋯⋯⋯⋯⋯⋯⋯⋯ 86

**项目三 三相异步电动机的启动制动调速** ⋯⋯⋯⋯⋯⋯⋯⋯⋯⋯⋯⋯⋯⋯⋯⋯⋯⋯ 88
 任务1 三相异步电动机的启动 ⋯⋯⋯⋯⋯⋯⋯⋯⋯⋯⋯⋯⋯⋯⋯⋯⋯⋯⋯⋯⋯ 89
 任务2 三相异步电动机的制动 ⋯⋯⋯⋯⋯⋯⋯⋯⋯⋯⋯⋯⋯⋯⋯⋯⋯⋯⋯⋯⋯ 105
 任务3 三相异步电动机的调速 ⋯⋯⋯⋯⋯⋯⋯⋯⋯⋯⋯⋯⋯⋯⋯⋯⋯⋯⋯⋯⋯ 115
 【拓展阅读】争做技能最强者 ⋯⋯⋯⋯⋯⋯⋯⋯⋯⋯⋯⋯⋯⋯⋯⋯⋯⋯⋯⋯⋯ 125
 项目三 习题 ⋯⋯⋯⋯⋯⋯⋯⋯⋯⋯⋯⋯⋯⋯⋯⋯⋯⋯⋯⋯⋯⋯⋯⋯⋯⋯⋯⋯ 125

**项目四 典型设备的电气控制** ⋯⋯⋯⋯⋯⋯⋯⋯⋯⋯⋯⋯⋯⋯⋯⋯⋯⋯⋯⋯⋯⋯⋯ 128
 任务1 电动葫芦的电气控制 ⋯⋯⋯⋯⋯⋯⋯⋯⋯⋯⋯⋯⋯⋯⋯⋯⋯⋯⋯⋯⋯⋯ 129

任务2　车床的电气控制 …………………………………………………………… 136
任务3　铣床的电气控制 …………………………………………………………… 146
任务4　平面磨床的电气控制 ……………………………………………………… 159
任务5　镗床的电气控制 …………………………………………………………… 170
【拓展阅读】电气维修工如何过五一 ………………………………………………… 183
项目四　习题 ………………………………………………………………………… 183

## 项目五　其他电机的控制 …………………………………………………………… 186

任务1　直流电机的电气控制 ……………………………………………………… 187
任务2　单相异步电动机的电气控制 ……………………………………………… 208
任务3　控制电动机的电气控制 …………………………………………………… 214
任务4　变压器原理及应用 ………………………………………………………… 225
【拓展阅读】学好电气技术为人民服务 ……………………………………………… 244
项目五　习题 ………………………………………………………………………… 244

## 项目六　创新拓展 …………………………………………………………………… 246

任务1　电气控制企业案例 ………………………………………………………… 246
任务2　电气制图软件的使用 ……………………………………………………… 270
【拓展阅读】创新对电气控制领域的影响 …………………………………………… 308
项目六　习题 ………………………………………………………………………… 309

# 项目一

# 三相异步电动机通电试车

## 【项目简介】

本项目旨在通过电动机的选型、三相异步电动机的维护与检修和三相异步电动机通电试车三个任务的学习，了解电机分类、系列、参数，能够正确选购电动机；掌握三相异步电动机的结构与工作原理，为电动机控制打下基础；了解电动机性能，掌握电动机测试方法。

## 【知识树】

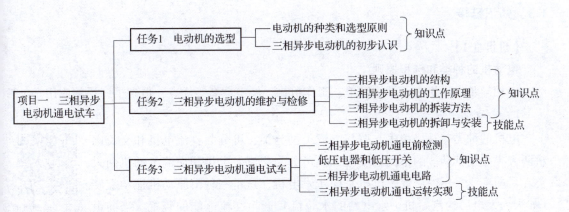

## 任务1　电动机的选型

### 1.1　任务引入

**【情境描述】**

小王是校办工厂新入职职工，现在他的师傅老王给他分配了一个任务：去机电市场采购一台电动机，要求功率不小于1 kW，工作电源为三相380 V，符合安全标准，并完成通电测试，交付车间使用。

**【任务要求】**

按照工作要求能够读懂电动机铭牌，识别系列参数并选择合适的电动机。

情境动画

## 1.2 任务分析

**【学习目标】**

了解电动机的分类和系列,能够通过铭牌了解电动机参数,正确选择电动机,在任务实施中要养成安全规范操作的职业习惯,培养安全意识、大局意识、协作意识、精益求精的工匠精神。

**【分析任务】**

电动机是一种把电能转化为动能的电气设备,应用广泛,遍及工农业生产和日常生活的各个领域。工业上用得最多的是三相异步电动机,随着第二次工业革命的兴起,人类社会进入了电气时代,现代工业制造技术日新月异,改善着人们的生活,然而,在这繁荣的背后,有一项发明创造功不可没,那就是三相异步电动机。1887年塞尔维亚籍科学家尼古拉·特斯拉发明了三相异步电动机,开创了电气化生产的新领域,经过一代又一代的升级改造,100多年后的今天,三相异步电动机已广泛应用于数控机床、矿山设备、冶金工业、自动化生产线等各个领域,为生产制造提供动力。根据现场需求,要选择合适的电动机,先要了解电动机的分类和系列,识别铭牌,了解电动机的选型原则。

微课:任务分析

## 1.3 知识链接

**【知识点1】**

**电动机的种类和选型原则**

三相异步电动机由于结构简单、工作可靠、经济性高等优点,得到了广泛的应用。

### 1. 电动机的分类

电机的种类与规格很多,按其电流类型分类,可分为直流电机和交流电机两大类。按其功能的不同,交流电机可分为交流发电机和交流电动机两大类。目前广泛采用的交流发电机是同步发电机,这是一种由原动机拖动旋转(如火力发电厂的汽轮机、水电站的水轮机)产生交流电能的装置。当前世界各国的电能几乎均由同步发电机产生。交流电动机则是指由交流电源供电,将交流电能转变为机械能的装置。根据电动机转速的变化情况,可分为同步电动机和异步电动机两类。同步电动机是指电动机的转速始终保持与交流电源的频率同步,不随所拖动的负载变化而变化的电动机,它主要用于功率较大转速不要求调节的生产机械,如大型水泵、空气压缩机、矿井通风机等。而交流异步电动机是指由交流电源供电,电动机的转速随负载变化而稍有变化的旋转电机,这是目前使用最多的一类电动机。按供电电源的不同,异步电动机又可分为三相异步电动机和单相异步电动机两大类。三相异步电动机由三相交流电源供电,由于其结构简单、价格低廉、坚固耐用、使用维护方便,因此在工农业及其他领域中都获得了广泛的应用。根据我国及世界上一些发达国家的统计数据表明,在整个电能消耗中,电动机的耗能占总用电量的60%~70%。而在整个电动机的耗能中,三相异步电动机又居首位。单相异步电动机取用单相交流电源,电动机功率一般都比较小,主要用于家庭、办公等

微课:电动机的分类和选项

只有单相交流电源的场所，用于电风扇、空调、电冰箱、洗衣机等电器设备中。

2. 选型原则

（1）类型选择：

依据生产机械对电机的拖动（启动、调速、制动）和过载能力等方面的要求选择类型。无特殊要求时，优先选用三相异步电动机。

（2）功率选择：

电机额定功率等于或稍大于生产机械所需要的功率。可采用类比法、统计法、实验法、计算法等确定。

（3）电压选择：

电机额定电压应与供电电网电压相一致。电机额定功率较大时可考虑采用较高的额定电压（660 V、1 140 V 等）。

（4）转速选择：

根据生产机械的转速和传动方式，确定电机的额定转速。在传动比满足的情况下选用转速较高的电动机。

（5）外形结构：

根据工作环境选择适宜的防护型式。有开启式、防护式、封闭式、防爆式、潜水式等数种。无特殊要求通常选用较为便宜的开启式。

（6）安装形式：

安装形式主要有卧式安装和立式安装，这两种方式又分为机座带底脚与不带底脚两种。根据机械负载要求选择电动机的安装形式。

（7）工作制式：

电动机工作制式有连续、短时和周期断续式三种。电动机工作制式要与生产机械实际工作方式相适应，两者适应比较经济。

在满足以上7个条件的基础上，优先选择三相异步电动机，因为三相异步电动机与其他电动机相比较，具有结构简单、制造方便、运行可靠、价格低廉等一系列优点；还具有较高的运行效率和较好的工作特性，能满足各行各业大多数生产机械的传动要求。异步电动机还便于派生成各种专用特殊要求的形式，以适应不同生产条件的需要。特别是随着电力电子技术的飞速发展，三相异步电动机的变频调速技术已被广泛采用，原先三相异步电动机调速困难的问题已不复存在，因此三相异步电动机成为目前使用最广泛的电动机。

【知识点2】

三相异步电动机的初步认识

三相异步电动机具有结构简单、工作可靠、价格低廉、维修方便、效率高、体积小、重量轻等一系列优点。并且与同容量的直流电动机相比，三相异步电动机的质量和价格约为直流电动机的1/3，所以三相异步电动机在各种电动机中应用最广、需求量最大。在各种工业生产、农业机械、交通运输、国防工业等动力拖动装置中，有90%左右都采用三相异步电动机。它被广泛地用在各种金属切削机床、起重机、铸造机械、自动化生产线等的电力拖动系统中。

## 1. 三相异步电动机主要系列

自 20 世纪 50 年代起,我国对三相笼型异步电动机的产品进行了多次更新换代,使电动机的整体质量不断提高。其中 J、JO 系列为我国 20 世纪 50 年代生产的仿苏产品,容量为 0.6~125 kW,现已少见。J2、JO2 系列为我国 20 世纪 60 年代自行设计的统一系列产品,外形如图 1-1 所示。其采用 E 级绝缘,性能比 J、JO 系列有较大的提高,目前仍在许多设备上使用。Y 系列为我国 20 世纪 80 年代设计并定型的新产品,Y 系列电动机完全符合国际电工委员会标准。

微课:三相异步电动机
的初步认识

**图 1-1　JO2 系列三相异步电动机外形**

从 20 世纪 90 年代起,我国又设计开发了 Y2 系列三相异步电动机,机座中心高 80~355 mm,功率 0.55~315 kW,是在 Y 系列基础上更新设计的,已达到国际同期先进水平,是取代 Y 系列的更新换代产品。Y2 系列电动机较 Y 系列效率高,启动转矩大,由于采用 F 级绝缘(用 B 级考核),故温升裕度大,且噪声低,电动机结构合理、体积小、质量小、外形新颖美观,与 Y 系列一样,电动机完全符合国际电工委员会标准。从 20 世纪 90 年代末期起,我国已开始实现从 Y 系列向 Y2 系列过渡。如图 1-2(a)、图 1-2(b)分别为 Y 系列和 Y2 系列三相笼型异步电动机外形。随着科学技术的不断进步,从 21 世纪起,我国又推出了用冷轧硅钢片制作铁心的 Y3、YX3 系列高效节能三相异步电动机,用来取代 Y2 系列电动机。

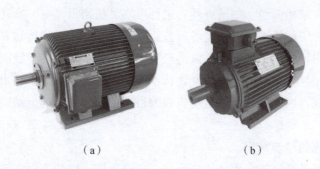

(a)　　　　　　　(b)

**图 1-2　Y、Y2 系列三相笼型异步电动机外形**

(a) Y 系列;(b) Y2 系列

## 2. 三相异步电动机的铭牌

每一台三相异步电动机,在其机座上都有一块铭牌,如表 1-1 所示。铭牌上标出了该电动机的型号及主要技术数据,供正确使用电动机时参考。现分别说明如下。

表 1-1　三相异步电动机的铭牌（××电机厂）

| 型号 Y112M—2 | | 编号 ×××× | |
|---|---|---|---|
| 4 kW | | 8.2 A | |
| 380 V | 2 890 r/min | LW79 dB（A） | |
| 接法 △ | 防护等级 IP44 | 50 Hz | ×× kg |
| JB/T 9616——1999 | 工作制 | B 级绝缘 | ××年××月 |

（1）型号。

异步电动机型号的表示方法是用汉语拼音的大写字母和阿拉伯数字表示电动机的种类、规格和用途等，其型号意义如图 1-3 所示。

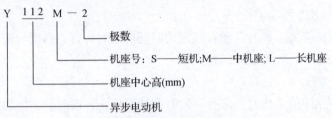

图 1-3　异步电动机型号意义

中心高越大，电动机容量越大。中心高 80~315 mm 为小型电动机，315~630 mm 为中型电动机，630 mm 以上为大型电动机。在同一中心高下，机座长则铁心长，容量大。

（2）额定值。

额定值规定了电动机正常运行状态和条件，是选用、维修电动机的依据。在铭牌上标注的主要额定值有：

1）额定功率 $P_N$：电动机额定运行时，轴上输出的机械功率（单位：kW）。

2）额定电压 $U_N$：电动机在额定运行时，加在定子绕组出线端的线电压（单位：V）。

3）额定电流 $I_N$：电动机在额定电压、额定频率下，轴上输出额定功率时，定子绕组中的线电流（单位：A）。

4）额定频率 $f_N$：电动机所接交流电源的频率，我国电力系统频率规定为 50 Hz。

5）额定转速 $n_N$：指电动机在额定电压、额定频率下，电动机轴上输出额定机械功率时的转子转速（单位：r/min）。

（3）接法。

表示电动机定子三相绕组与交流电源的连接方法，对 JO2、Y 及 Y2 系列电动机而言，国家标准规定凡 3 kW 及以下者均采用星形连接；4 kW 及以上者均采用三角形连接。

（4）防护等级。

表示电动机外壳防护的方式。IP11 是开启型，IP22、IP23 是防护型，IP44 是封闭型。

（5）绝缘等级。

表示电动机各绕组及其他绝缘部件所用绝缘材料的等级。绝缘材料按耐热性能可分为 7

个等级,如表 1-2 所示。目前国产电动机使用的绝缘材料耐热等级为 B、F、H、C 四个等级。

表 1-2 绝缘材料耐热性能等级

| 绝缘等级 | Y | A | E | B | F | H | C |
| --- | --- | --- | --- | --- | --- | --- | --- |
| 最高允许温度/℃ | 90 | 105 | 120 | 130 | 155 | 180 | 200 |

(6)定额工作制。

指电动机按铭牌值工作时,可以持续运行的时间和顺序。电动机定额分连续定额、短时定额和断续定额三种。分别用 S1、S2、S3 表示。

1)连续定额(S1)。

表示电动机按铭牌值工作时可以长期连续运行。

2)短时定额(S2)。

表示电动机按铭牌值工作时只能在规定的时间内短时运行。我国规定的短时运行时间为 10 min、30 min、60 min 及 90 min 四种。

3)断续定额(S3)。

表示电动机按铭牌值工作时,运行一段时间就要停止一段时间,周而复始地按一定周期重复运行。每一周期为 10 min,我国规定的负载持续率为 15%、25%、40% 及 60% 四种(如标明 40% 则表示电动机工作 4 min 就需休息 6 min)。

## 1.4 任务实施

【实施要求】

(1)观察电机,记录铭牌参数。

(2)书写电机选购原则。

【工作流程】

| 流程 | 任务单 | | | |
| --- | --- | --- | --- | --- |
| | 班级 | | 小组名称 | |
| 记录铭牌 | | | | |
| 选购原则 | | | | |

## 1.5 任务评价

| 项目内容 | 评分标准 | 配分 | 扣分 | 得分 |
|---|---|---|---|---|
| 记录铭牌 | 参数记录，每漏一处扣 5 分 | 50 | | |
| 选购原则 | 书写少写一条，每条扣 10 分 | 50 | | |
| 定额时间 30 min | 每超时 5 min 扣 5 分 | | | |
| 备注 | 除定额时间外，各项目的最高扣分不应超过配分 | | | |
| 开始时间 | | 结束时间 | | 实际时间 |

指导教师签名_____    日期_____

# 任务 2　三相异步电动机的维护与检修

## 2.1　任务引入

**【情境描述】**

为了保持电动机良好的运行状态，防止和减少事故发生，电动机需要定期进行检修和保养，保养维修时需要对电动机进行拆装。

情境动画

**【任务要求】**

要求完成一台三相异步电动机的拆装。对拆卸后的三相异步电动机进行内部结构的认识，并分析其工作原理。

## 2.2　任务分析

**【学习目标】**

掌握三相异步电动机的结构和各部分的作用，理解三相异步电动机定子和转子的构成，掌握和理解旋转磁场的产生及三相异步电动机的工作原理，掌握三相异步电动机的拆装步骤，能够拆卸并组装一台三相异步电动机。在任务实施中要具有安全规范操作的职业习惯，培养安全意识、大局意识、协作意识、精益求精的工匠精神。

**【分析任务】**

三相异步电动机由于结构简单、价格低廉、维护方便等特点广泛应用于各个领域。在实际生产中，三相是各种机械设备的主要动力来源，加强电动机的维护与修理是提高运行效率的重要措施之一，所以对它的维护与修理工作非常重要。

微课：任务分析

一般把维护与修理分为日常维护保养和定期检修。

日常维护保养主要是对电动机及与电动机有关的控制、线路等出现的各种故障进行处理。例如，对电动机的过热、振动、异常响声、电流过大、电压过高或过低等故障的检查与处理。电动机的日常维护保养是保证设备正常运行的重要环节。

定期检修的目的是及时处理隐患，保证电动机的完好率和安全可靠地无故障运行，延长其使用寿命。一般情况下，定期检修可分为小修和大修。

三相异步电动机的小修的检修内容主要是拆解电动机进行检查、清洗和换油。通过对三相异步电动机的小修可解决电动机的许多问题，使其保持完好的状态。

三相异步电动机的大修主要是对三相定子绕组的重绕，同时，在大修中也必须进行小修的全部工作内容。电动机的绕组等若无严重的故障时，一般都可以通过对电动机的小修恢复其基本性能和技术状态。

所以能够了解三相异步电动机结构、原理，能对三相异步电动机进行熟练的拆装，是做好日常电机维护和修理的基础。

## 2.3 知识链接

**【知识点1】**
**三相异步电动机的结构**

将一台三相异步电动机拆开，拆开后的内部结构如图1-4所示。三相异步电动机主要由两个基本结构组成：一是固定不动的部分，称为定子；一是旋转部分，称为转子。定子和转子之间有一定的空气间隙，称为气隙。此外，还有机座、端盖、出线盒、风扇等部分。

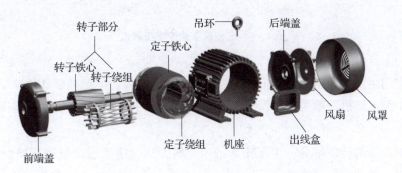

图1-4 三相异步电动机内部结构

### 1. 定子

定子的作用是用来产生旋转磁场，主要由定子铁心、定子绕组和机座三部分组成。

定子铁心是电动机磁路的一部分，铁心内圆上冲有均匀分布的槽，用以嵌放定子绕组，为减少铁心损耗，一般采用0.5 mm厚的导磁性能较好的硅钢片叠装而成，安放在机座内部，硅钢片间涂有绝缘漆，彼此绝缘。铁心内圆周上分布有若干均匀的平行槽，称为冲片，用来嵌放定子绕组，如图1-5所示。中小型电动机的定子铁心和转子铁心都采用整圆冲片，大型电动机常将扇形冲片拼成一个圆。

微课：三相异步电动机的结构

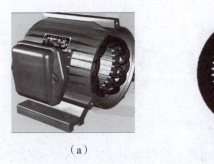

(a)　　　　(b)

图1-5 电动机定子与定子铁心冲片

(a) 定子；(b) 定子铁心冲片

定子绕组是定子的电路部分，对于中小型电动机一般由漆包线绕制而成，共分三相，分布在定子铁心槽内，构成对称的三相绕组，其作用是通入三相交流电后产生旋转磁场。三相异步电动机的定子绕组通常有六根引出线头，其引出线接在置于电动机外壳上的接线盒中,三个绕组的首端分别用 U1、V1、W1 表示,其对应的尾端分别用 U2、V2、W2 表示。通过接线盒上六个端头的不同联结,可将三相定子绕组接成星形或三角形,如图 1-6 所示。

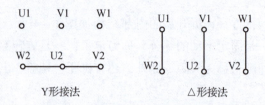

图 1-6 三相定子绕组连接形式

(a) Y形接法;(b) △形接法

机座的作用主要是固定和支撑定子铁心和固定整个电机,因此必须具备较好的机械强度和刚度。中小型电动机一般采用铸铁机座,大型电动机的机座一般采用钢板焊接而成。

### 2. 转子

转子是电动机的转动部分,主要用来产生旋转力矩,拖动生产机械旋转。它由转子铁心、转子绕组、转轴等部件组成。

转子铁心也是电动机磁路的一部分。转子铁心为圆柱形,是用 0.5 mm 的硅钢片叠压而成,在转子铁心外圆均匀地冲有许多槽,用来嵌放转子绕组,整个转子铁心固定在转轴上。转子铁心冲片如图 1-7 所示。转子铁心与定子铁心之间有很小的空气隙,它们共同组成电动机的磁路。

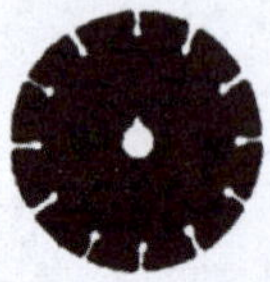

图 1-7 转子铁心冲片

三相异步电动机按转子绕组的结构可分为笼型转子和绕线式转子两种。

笼型转子绕组是在转子铁心槽内嵌入铜条或铝条,两端分别用短路环焊接起来。如果去掉铁心,转子绕组外形像一个鼠笼,故也称鼠笼型转子。鼠笼型转子铁心和绕组结构如图 1-8 所示。目前中小型异步电动机的转子大都由熔化的铝浇铸在槽内而铸成笼型绕组,同时在端环上注出许多叶片,作为冷却用的风扇。

图 1-8 鼠笼型转子铁心和绕组结构

绕线转子绕组与定子绕组相似,在转子铁心槽中嵌放对称的三相绕组,作星形联结。将三个绕组的尾端联结在一起,三个首端分别接到装在转轴上的三个铜制圆环上,通过电刷与外电路相联结。

绕线转子电动机在转子回路中可以串联电阻,供起动和调速使用。若仅用于启动,为减少电刷的摩擦损耗,绕线转子中还装有电刷装置。绕线转子与外部电阻器连接如图 1-9 所示。

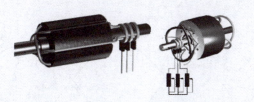

图 1-9　绕线转子与外部电阻器连接

【知识点2】
三相异步电动机的工作原理

微课：三相异步电动机的工作原理

三相异步电动机的定子绕组是一个空间位置对称的三相绕组，如果在定子绕组中通入三相对称的交流电，则会在电动机内部产生一个恒转速的旋转磁场，旋转磁场与转子绕组内的感应电流相互作用而使电动机转子旋转。

**1. 旋转磁场**

两极三相异步电动机定子绕组分布与接线图如图 1-10 所示。每相绕组由一个线圈组成，这三个相同的绕组 U1-U2、V1-V2、W1-W2 对称放置在定子铁心的槽内，空间相差 120°。定子绕组的尾端 U2、V2、W2 作星形联结。其首端 U1、V1、W1 分别与三相交流电源 L1、L2、L3 接通。电网提供的是三相对称电压，流过三相对称负载，那么在定子绕组中便产生了三相对称电流，它们在相位上相差 120°，三相对称电流表达式为：

$$i_U = I_m \sin \omega t$$
$$i_V = I_m \sin(\omega t - 120°)$$
$$i_W = I_m \sin(\omega t + 120°)$$

为了分析三相交流电流在铁心内部空间产生的旋转磁场的过程，选定 $\omega t = 0°$、$\omega t = 60°$、$\omega t = 120°$、$\omega t = 180°$ 四个特定瞬时产生的合成磁场作定性分析。假定电流由线圈的始端流入、末端流出为正，反之则为负。电流流入端用"×"表示，流出端用"⊙"表示，如图 1-11 所示。

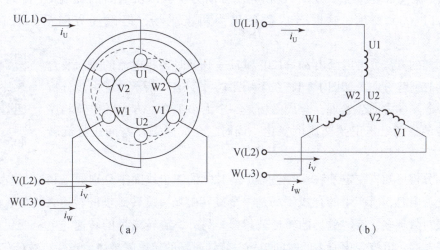

图 1-10　两极三相异步电动机定子绕组分布与接线图

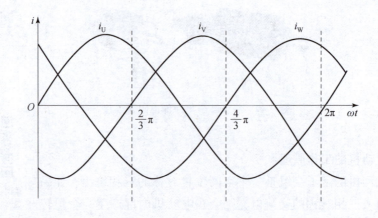

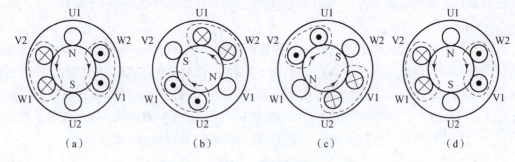

图1-11 三相交流电流及旋转磁场产生

当 $\omega t=0°$ 时，由三相电流的波形图可知，此时 $i_U=0$，U1-U2绕组无电流；$i_V<0$，V相电流方向为负，即从线圈的尾端V2流向首端V1；$i_W>0$，W相电流方向为正，即从线圈的首端W1流向末端W2，如图1-11（a）所示。根据右手螺旋定则，它们合成磁场的方向是自上而下，相当于一个N极在上、S极在下的两极磁场。

当 $\omega t=60°$ 时，$i_W=0$，W1-W2绕组无电流；$i_V<0$，V相电流方向为负，即从线圈的尾端V2流向首端V1；$i_U>0$，U相电流方向为正，即从线圈的首端U1流向末端U2，如图1-11（b）所示。这时合成磁场仍为两极磁场，但磁场方向沿顺时针方向转了60°。

按同样的方法，可以画出 $\omega t=120°$ 和 $\omega t=180°$ 时各相电流的流向及合成磁场的磁通势方向，如图1-11（c）、图1-11（d）所示。进一步分析图中合成磁场的方向会发现，合成磁场是一个大小不变，方向随电流相序方向旋转的磁场。当正弦交流电变化一周时，合成磁场在空间正好旋转一周。

动画：三相异步电动机的工作原理

由上分析可知，在定子铁心中空间互差120°的三个线圈中分别通入相位互差120°的三相对称交流电时，所产生的合成磁场是一个旋转磁场。旋转磁场的转速大小与磁极对数有关，磁极对数越多，旋转磁场的转速就越慢。另外，旋转磁场的转速与电流变化的频率有关，频率越高，电流变化所需的时间越短，旋转磁场的转速就越快。当旋转磁场有 $p$ 对磁极时，旋转磁场的转速为：

$$n_1 = \frac{60 f_1}{p} \tag{1-1}$$

式中,$n_1$ 为旋转磁场转速(单位:r/min);

$f_1$ 为交流电源频率(单位:Hz);

$p$ 为电动机磁极对数。

旋转磁场的转速 $n_1$ 又称为同步转速。我国电网频率为 50 Hz。对于已知磁极对数的异步电动机可由式(1-1)得出对应的旋转磁场的转速,如表 1-3 所示。

表 1-3  $f_1 = 50$ Hz 时同步转速

| $p$ | 1 | 2 | 3 | 4 | 5 | 6 |
|---|---|---|---|---|---|---|
| $n_1/(\text{r}\cdot\text{min}^{-1})$ | 3 000 | 1 500 | 1 000 | 750 | 600 | 500 |

### 2. 旋转方向

旋转磁场在空间的旋转方向是由电流相序决定的。由图 1-10 中电动机定子绕组和图 1-11 中各瞬间磁场变化可以看出,通入三相绕组中电流相序为 $i_U \rightarrow i_V \rightarrow i_W$,按顺时针排列,并且相位互差 120°,产生的旋转磁场是按顺时针方向旋转的。如果把定子绕组与三相电源连接的三根导线中的任意两根对调位置,如把 V、W 两相对调,此时流过绕组 U1-U2 的电流仍为 $i_U$,而流过 V1-V2 的电流变为 $i_W$,流入 W1-W2 的电流变为 $i_V$,即通入三相绕组电流的相序为 $i_U \rightarrow i_W \rightarrow i_V$,此时旋转磁场将按逆时针方向旋转。

由此可见,旋转磁场的旋转方向是由流入三相绕组电流的相序决定的,当通入三相绕组中的电流相序任意调换其中的两相,即将三相电源中的任意两相绕组接线互换,就可改变旋转磁场的方向。

### 3. 转子的转动

由上面分析可知,当定子绕组接通三相电源后,绕组中流过三相对称电流,则定子内部将产生某个方向转速为 $n_1$ 的旋转磁场。这时转子导体与旋转磁场之间存在着相对运动,根据电磁感应定律,转子导体切割磁力线而产生感应电动势。切割磁场,在转子导体中产生感应电动势 $E_2$,其方向可用右手定则来确定。如图 1-12 所示,旋转磁场的方向是顺时针的,导体相对于磁场是逆时针方向旋转,转子上半部导体的感应电动势方向是由里向外,用 × 表示,下半部导体的感应电动势方向是由外向里,用 ⊙ 表示。

由于转子导体是闭合的,所以在转子感应电动势作用下产生感应电流 $I_2$,电流的方向与转子感应电动势方向相同。根据左手定则,便可判断通电的转子导体受到电磁力 $F$ 的作用,该力对转轴形成电磁转矩 $T$,$T$ 的方向与旋转磁场的旋转方向相同,于是转子就顺着定子旋转磁场旋转方向转动起来了。

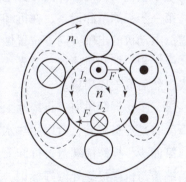

图 1-12 三相异步电动机转子转动原理

### 4. 转差率

由上分析可知，异步电动机转子旋转方向与旋转磁场的方向一致，但转子的转速 $n$ 不可能等于旋转磁场的转速 $n_1$，因为产生电磁转矩需要转子中存在感应电动势和感应电流，一旦转子的转速与旋转磁场的转速相等，两者之间便没有相对运动，转子导体将不能切割磁力线，转子也就不能产生感应电动势，则转子电流及电磁转矩也都不存在，转子也就根本不可能转动了。所以，转子转速 $n$ 总是略小于旋转磁场转速 $n_1$，这种电动机被称为异步电动机。

转子转速 $n$ 与同步转速 $n_1$ 之差，称为转差，转差的存在是异步电动机运行的必要条件。通常将转差与同步转速的比值称为转差率，用 $s$ 表示，即

$$s = \frac{n_1 - n}{n_1} \tag{1-2}$$

转差率是分析异步电动机运行情况的一个重要参数，它反映电动机转子与旋转磁场之间相对运动的快慢。当 $s=1$ 时，转差率最大，此时 $n=0$，代表起动瞬间；当 $s=0$ 时，$n=n_1$，此时为理想空载状态，这在实际运行中是不存在的。异步电动机在正常运行时，转差率的变化范围为 $0<s<1$，当电动机在额定负载情况下，其额定转差率 $s=0.01\sim0.07$，这时 $n=(0.93\sim0.99)n_1$，与同步转速十分接近。

【知识点3】
**三相异步电动机的拆装方法**

电动机在日常保养、维护和故障检查时均需要拆装。如果拆装方法不当，就会造成部分部件损坏，从而引发新的故障，因此，正确的拆装方法是保障维修质量的重要环节。

微课：三相异步电动机的拆装方法

在进行拆装前，我们首先要填写领料单，领取器材和工具。器材需要准备电动机、润滑脂、油盆和清洁剂等。工具主要用到常见的电工工具和仪器仪表，还需要准备拉具和钢套，拉具是拆装轴承的工具，而钢套是装配轴承的工具。

中小型电动机的拆卸共分为七个步骤：

第一步，测量和记录。在拆卸前需要测量并记录联轴器或皮带轮与轴台间的距离，并在端盖、电动机的出轴方向等位置做好标记，为拆卸后的安装做好准备。

第二步，拆卸风扇罩。首先选用合适的螺钉旋具，卸下风扇罩螺栓，放入小盒中，避免丢失，然后取下风扇罩。

第三步，拆卸风扇。将扇叶上的定位螺钉或销取下，然后用铁棒或锤子在扇叶四周轻敲取下。若是塑料扇叶，可以用热水浸泡，待其膨胀取下。

第四步，拆卸前端盖。拆卸前要注意先进行标记，为了装配时方便复位，拆卸之前应在前后端盖与机座接缝处做好标记，避免错位。标记做好后，拆卸安装螺栓，用扁铲沿着机座边缘四周轻轻撬动，再用手锤敲打，方便取下端盖。

第五步，拉出转子。一手握住伸出端，一手托住转子铁心和后端盖。注意缓慢拉出转子时，不能擦伤硅钢片和绕组。

第六步，拆卸后端盖。把木楞垫放在端盖内侧边沿，一边敲打一边移动。方便端盖取下。在这里要注意锤击木楞的方法。

第七步，拆卸前后轴承。这里要用到我们前边提到的拉具和钢套。用拉具的卡爪钩住轴承内圈，螺杆顶点对准轴中心，然后扳动拉具螺杆，缓慢地将轴承拉出。

拆卸过程中我们要注意工艺规范，主要是以下几项，一是拆卸的顺序，二是木楞垫放的位置，三是扁铲的使用方法，四是拉具使用的注意事项。

电动机拆卸和安装的工艺流程恰好相反可逆，在安装前需要对可洗的零部件用汽油进行清洗，并用棉布擦拭干净，定子、转子表面的尘垢都要吹刷干净。安装时按照前轴承内盖→前轴承→后轴承内盖→后轴承→后端盖→后轴承盖→定子→前端盖→前轴承盖→风扇→风扇罩的顺序进行。

## 2.4 任务实施

【实施要求】

（1）按照拆卸和装配步骤及工艺要求完成一台三相异步电动机的拆卸和装配任务。

（2）熟悉电动机的结构特点，掌握拆卸和安装要领。装配时要注意清洁和保养各部分零部件，定子内绕组端部、转子表面都要吹刷干净，不能有杂物。

仿真操作：三相异步电动机的拆装

（3）拆卸和安装时要合理选择工具，保证各部分零部件的完好。

（4）安装转子时要细心，避免碰伤定子绕组。

（5）在拆卸和安装端盖时，可用木槌均匀地敲击端盖四周。

【工作流程】

| 流程 | 任务单 | | |
|---|---|---|---|
| | 班级 | 小组名称 | |
| 1. 岗位分工<br>小组成员按项目经理（组长）、电机拆卸员、电机安装员和数据记录员等岗位进行分工，并明确个人职责，合作完成任务。采用轮值制度，使小组成员在每个岗位都得到锻炼 | 团队成员 | 岗位 | 职责 |
| | | | |
| | | | |
| | | | |
| | | | |

续表

| 流程 | 任务单 | | | | |
|---|---|---|---|---|---|
| | 班级 | | 小组名称 | | |
| **2. 领取原料**<br>项目经理（组长）填写物料和工具清单，领取器件并检查 | 物料和工具清单 | | | | |
| | 序号 | 物料或工具名称 | 规格 | 数量 | 检查是否完好 |
| | | | | | |
| | | | | | |
| | | | | | |
| | | | | | |
| | | | | | |
| **3. 拆卸前准备**<br>拆卸前要在电机上做好标记，并测量和记录相关数据 | 标记与记录<br>（1）对皮带轮或联轴器的轴端做好定位标记，测量并记录联轴器或皮带轮与轴台间的距离。<br>（2）电动机机座与端盖的接缝处做好定位标记。<br>（3）电动机的出轴方向及引出线在机座上的出口方向做好标记 | | | | |
| **4. 拆卸记录**<br>按照拆卸顺序和拆卸方法依次拆下电动机各个部件 | 工序 | | 完成情况 | | 遇到的问题 |
| | | | | | |
| | | | | | |
| | | | | | |
| | | | | | |
| **5. 维护与保养**<br>对拆卸下来的组件进行维护和保养 | 工序 | | 完成情况 | | 遇到的问题 |
| | | | | | |
| | | | | | |
| | | | | | |
| **6. 装配记录**<br>按照装配顺序和装配方法依次完成电动机各个部件的装配 | 工序 | | 完成情况 | | 遇到的问题 |
| | | | | | |
| | | | | | |
| | | | | | |

## 2.5 任务评价

| 项目内容 | 评分标准 | 配分 | 扣分 | 得分 |
|---|---|---|---|---|
| 拆卸前标记 | (1) 电动机定位标记，每漏一处扣 5 分。<br>(2) 电动机测量数据记录，每漏一处扣 5 分。 | 20 | | |
| 拆卸记录 | (1) 不按拆卸顺序进行，扣 10 分。<br>(2) 拆卸时拆卸方法不对，每处扣 5 分。<br>(3) 损坏元件，扣 10 分。 | 40 | | |
| 安装记录 | (1) 不按安装顺序进行，扣 10 分。<br>(2) 安装时安装方法不对，每处扣 5 分。<br>(3) 损坏元件，扣 10 分。 | 40 | | |
| 安全文明生产 | 违反安全、文明生产规程，扣 5~40 分。 | | | |
| 定额时间 90 min | 每超时 5 min 扣 5 分 | | | |
| 备注 | 除定额时间外，各项目的最高扣分不应超过配分 | | | |
| 开始时间 | | 结束时间 | | 实际时间 |

指导教师签名_____ 日期_____

# 任务 3　三相异步电动机通电试车

## 3.1　任务引入

**【情境描述】**

三相异步电动机作为一种常用的电机类型，在生活和工业中都有着广泛的应用。它具有低成本、高效率、长寿命等优点，能够为各种类型的设备提供相应的驱动能力。在投入三相异步电动机之前，应对三相异步电动机进行通电前检查和试车检查。

情境动画

**【任务要求】**

对三相异步电动机进行通电前检查和试车检查，记录相关检查数据，理解三相异步电动机空载和短路试验的目的和方法，掌握定子绕组首尾端的判别方法。

## 3.2　任务分析

**【学习目标】**

掌握三相异步电动机空载和短路试验的目的和方法以及定子绕组首尾端的判别方法。在任务实施中要具有安全规范操作的职业习惯，培养团队意识、互助精神、协作意识、严谨的学习态度。

**【分析任务】**

三相异步电动机广泛应用于各种工业设备中，例如制造业和采矿业中的输送设备、起重设备以及食品加工设备等。这些设备使用三相异步电动机作为驱动器的好处在于其能够在各种不同负载下工作，转速范围广，同时具有较高的效率，能够为企业节约能源和成本，增加效益。因此对三相异步电动机进行通电试车检查，保证电机合格安全，对其应用在各类设备中起着关键的作用。

任务分析

通过三相异步电动机结构和工作原理我们知道三相异步电动机需要通三相电。如何将三相异步电动机和三相电源相连接呢？连接时需要一个能通断电源的开关。要完成这次任务还需要学习三相异步电动机的检测，低压电器和低压开关，三相异步电动机通电试车。

## 3.3　知识链接

**【知识点1】三相异步电动机通电前检测**

### 1. 电动机空载运行

电动机空载运行是指电动机轴上没有带任何负载，故电动机的转速 $n$ 非常接近旋转磁场的同步转速 $n_1$，即转子与旋转磁场相对转速接近0，因此可认为 $E_2 \approx 0$，则 $I_2 \approx 0$，空载运行时，电动机定子空载电流 $I_0$ 近似等于励磁电流。其主要作用是产生三相旋转磁通势，同时也提供空载损耗，即定子绕组铜损、铁心损耗和转子的机械摩擦损耗等。

其目的是测定异步电动机的空载电流 $I_0$ 和空载功率 $P_0$，进而求得异步电动机的励磁阻

抗 $r_m$ 和 $x_m$，并分离出铁耗 $P_{Fe}$ 和机械损耗 $P_{mec}$。异步电动机空载试验接线图如图 1 – 13 所示。线路中将三相自耦调压器一次侧接至三相电源，二次侧接至异步电动机的定子三相绕组端。采用自耦调压器的目的：一是用来控制电动机启动时的冲击电流值；二是用来调节定子端电压为 $0.5\,U_N \sim 1.2\,U_N$，并测取对应的空载电流 $I_0$ 与空载功率 $P_0$。

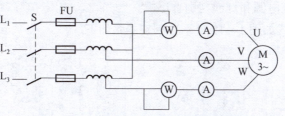

图 1 – 13　异步电动机空载试验接线图

空载试验前，一般应先进行绝缘电阻检查与绕组直流电阻测定，试验时应注意三相电流是否对称。空载时，输出功率 $P_2 = 0$。同时，因转子电流很小，转子铜耗 $P_2'$、附加损耗 $P_{ad}$ 可忽略不计，所以输入功率 $P_1$ 近似等于铁耗 $P_{Fe}$ 和机械损耗 $P_{mec}$。试验时应保证转速基本不变，再求取 $U_1 = U_N$ 时的 $P_{Fe}$ 值，再根据测得的 $I_0$ 求取励磁参数。

### 2. 电动机短路试验

短路试验是电动机在外施电压作用下处于静止状态，此时 $s = 1$，$n = 0$。因此短路试验必须在电动机堵转的情况下进行，故短路试验又称为堵转试验。短路试验的目的是测取异步电动机的短路阻抗，即定子、转子绕组的漏阻抗及短路特性。异步电动机短路试验接线图如图 1 – 14 所示。试验时，为了使短路电流不至于太大，应降低电压进行试验，一般在 $0.4\,U_N$ 以下。定子上加额定频率的三相对称电压，测得不同电压下的电流和功率，绘出短路特性曲线，找出对应额定电流的阻抗电压和功率。

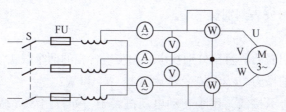

图 1 – 14　异步电动机短路试验接线图

短路试验时，转子支路的阻抗远小于励磁支路的阻抗，试验电压很低，励磁支路的电流可以忽略不计，铁心损耗可以忽略不计，认为输入功率全部消耗在定子、转子的铜耗上。

短路参数计算为

$$|Z_{sh}| = \frac{U_{sh}}{I_{sh}};\quad r_{sh} = \frac{P_{sh}}{3I_{sh}^2};\quad x_{sh} = \sqrt{|Z_{sh}|^2 - r_{sh}^2}$$

式中，$I_{sh}$——短路电流，常取 $I_{sh} = I_{1N}$；

$U_{sh}$——短路试验时定子相电压（$I_{sh} = I_{1N}$ 时对应的电压）；

$P_{sh}$——短路试验时定子输入功率。

异步电动机的短路特性指的是 $I_{sh} = f(U_{sh})$，$P_{sh} = f(U_{sh})$。由于短路试验时，外施电压低于额定电压,为了顾及其实际运行现状,有关数据必须换算到额定电压时的量。

**3. 判别三相异步电动机定子绕组首尾端**

当电动机接线板损坏,定子绕组的 6 个线头分不清楚时,不可盲目接线,以免引起电动机内部故障,因此必须在分清 6 个线头的首尾端后才能接线。

(1) 用 36 V 交流电源和灯泡判别首尾端。

判别时的接线方式如图 1-15 所示,判别步骤如下。

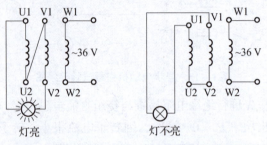

图 1-15 用 36 V 交流电源和灯泡判别首尾端

①用摇表和万用表的电阻挡分别找出三相绕组的各相两个线头。

②先将三相绕组的线头分别任意编号为 U1 和 U2、V1 和 V2、W1 和 W2。并把 V1、U2 连接起来,构成两相绕组串联。

③U1、V2 线头上接一只灯泡。

④W1、W2 两个线头上接通 36 V 交流电源,如果灯泡发亮,说明线头 U1、U2 和 V1、V2 的编号正确;如果灯泡不亮,则把 U1、U2 或 V1、V2 中任意两个线头及其编号对调一下即可。

⑤再按上述方法对 W1、W2 两线头进行判别。

(2) 用万用表或微安表判别首尾端。

方法一:

①先用摇表或万用表的电阻挡分别找出三相绕组各相的两个线头。

②假设各相绕组编号为 U1 和 U2、V1 和 V2、W1 和 W2。

③按如图 1-16 所示接线。用手转动电动机转子,如万用表(微安挡)指针不动,则证明假设的编号是正确的;若指针有偏转,说明其中有一相首尾端假设编号不对。应逐相对调重测,直至正确。

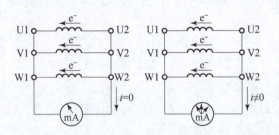

图 1-16 用 36 V 交流电源和灯泡判别首尾端

方法二：

①先分清三相绕组各相的两个线头，并将各相绕组端子假设为 U1 和 U2、V1 和 V2、W1 和 W2，如图 1-17 所示。

②观察万用表（微安挡）指针摆动的方向。合上开关的瞬间，若指针摆向大于 0 的一边，则接电池正极的线头与万用表负极所接的线头同为首端或尾端；如指针反向摆动，则接电池正极的线头与万用表正极所接的线头同为首端或尾端。

③将电池和开关接到另一相的两个线头进行测试，就可以正确判别各相的首尾端。

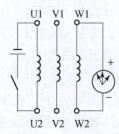

图 1-17 用万用表判别首尾端方法二

### 【知识点2】低压电器和低压开关

#### 1. 低压电器的基本知识

用于额定电压在交流 1 200 V 或直流 1 500 V 及其以下的电路中起通断、保护、控制和调节作用的电器，称为低压电器。无论在低压供电系统，还是在控制生产过程的电力拖动控制系统中，都大量使用各种类型的低压电器。

低压电器种类繁多，功能多样，用途广泛，结构各异，工作原理各不相同，分类方法多种多样。

（1）按用途分类。

1）控制电器：主要用于生产设备自动控制系统中对设备进行控制、检测和保护，如接触器、控制继电器、主令电器、电磁阀等。

2）保护电器：用来保护电动机和生产机，使其安全运行，如熔断器、电流继电器、热继电器等。

3）执行电器：用来带动生产机械运行和保持机械装置在固定位置上的一种执行元件，如电磁阀、电磁离合器等。

（2）按电器执行功能分类。

1）有触点电器：电器通断电路的执行功能由触点来实现。

2）无触点电器：电器通断电路的执行功能根据输出信号的逻辑电平来实现。

3）混合电器：有触点和无触点结合的电器。

（3）按操作方式分类。

1）手动电器：属于非自动切换的开关电器，如按钮、刀开关、转换开关、行程开关和主令电器等。

2）自动电器：接触器、继电器和断路器等。操作方式有人力操作、人力储能操作、电磁铁操作、电动机操作和气动操作等。

（4）按动作原理分类。

1）电磁式电器：它是根据电磁铁的原理工作的。例如接触器、继电器等。

2）非电量电器：它是依靠外力（人力或机械力）或某种非电量的变化而动作的电器。例如行程开关、按钮、速度继电器、热继电器等。

## 2. 低压开关

(1) 刀开关。

刀开关又称闸刀开关或隔离开关,是一种结构最简单且应用最广泛的手控低压电器,主要类型有负荷开关(如胶盖刀开关和铁壳开关)和板形刀开关。这里主要对胶盖刀开关(简称刀开关)进行介绍。刀开关又称开启式负荷开关,广泛用在照明电路和小容量(5.5 kW)、不频繁启动的动力电路的控制电路中。

安装刀开关时,瓷底应与地面垂直,手柄向上,易于灭弧,不得倒装或平装。倒装时手柄可能因自重落下而引起误合闸,危及人身和设备安全。刀开关图形符号及文字符号如图 1-18 所示。刀开关外形及结构示意图如图 1-19 所示。

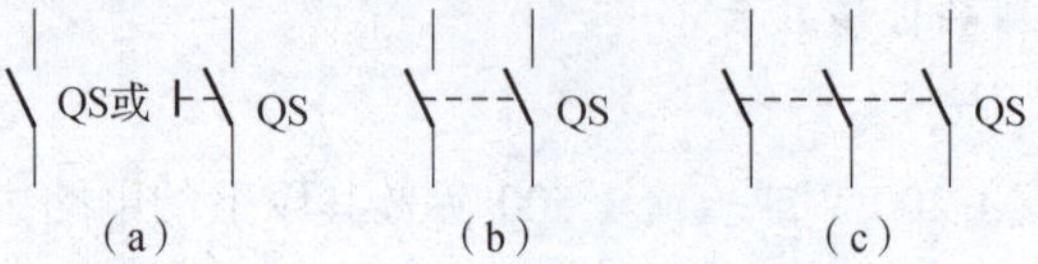

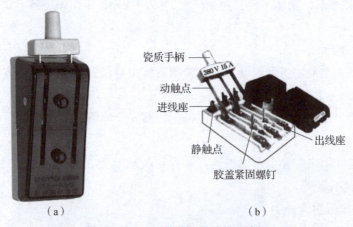

图 1-18 刀开关图形符号及文字符号
(a) 单极;(b) 双极;(c) 三极

图 1-19 刀开关外形及结构示意图
(a) 两级式开关外形图;(b) 三级式开关结构图

刀开关的主要技术参数有额定电流、额定电压、极数、控制容量等。

刀开关一般根据其控制回路的电压、电流来选择。刀开关的额定电压应大于或等于控制回路的工作电压。正常情况下,刀开关一般能接通和分断其额定电流,因此,对于普通负载可根据负载的额定电流来选择刀开关的额定电流。当用刀开关控制电动机时,考虑其启动电流可达 4~7 倍的额定电流,选择刀开关的额定电流,宜选为电动机额定电流的 3 倍左右。在选择胶盖瓷底刀开关时,应注意是三极的还是两极的。

(2) 组合开关。

组合开关又称转换开关。它实际上也是一种特殊的刀开关,只不过一般刀开关的操作手柄是在垂直安装面的平面内向上或向下转动,而组合开关的操作手柄则是平行于安装面的平面内向左或向右转动而已。组合开关多用在机床电气控制线路中,作为电源的引入开关,也可以用作不频繁地接通和断开电路、换接电源和负载,以及控制 5 kW 以下的小容量电动机的正反转和星三角启动。

组合开关外形及结构示意图如图 1-20 所示。其内部有三对静触点,分别用三层绝缘板相隔,各自附有连接线路的接线柱。三个动触点相互绝缘,与各自的静触点对应,套在共同的绝缘杆上。绝缘杆的一端安装有操作手柄,转动手柄即可完成三组触点之间的开、合或切换。开关内安装有速断弹簧,用以加速开关的分断速度。

图 1-20 组合开关外形及结构示意图
(a) 组合开关外形图;(b) 组合开关结构示意图

如果组合开关用于控制电动机正反转,在从正转切换到反转的过程中,必须先经过停止位置,待电动机停止后,再切换到反转位置。组合开关本身不带过载和短路保护装置,在它所控制的电路中,必须另外加装保护设备。转换开关应根据电源种类、电压等级、所需触点数和额定电流进行选用。转换开关在机床电气系统中多用作电源开关,一般不需要带负载接通或断开电源,而是在启动前空载接通电源,在应急、检修和长时间停用时应空载断开电源。转换开关可用于小容量电动机的启停控制。

(3) 低压断路器。

低压断路器又称自动开关或空气开关。它相当于刀开关、熔断器、热继电器和欠电压继电器的组合,是一种既有手动开关作用又能自动进行欠压、失压、过载和短路保护的电器。

各种低压断路器在结构上都有主触点及灭弧装置、各种脱扣器、自由脱扣机构和操作机构等部分组成。低压断路器工作原理与符号如图 1-21 所示。

1) 主触点及灭弧装置。

主触点是断路器的执行元件,用来接通和分断主电路,为提高其分断能力,主触点上装有灭弧装置。

2) 脱扣器。

脱扣器是断路器的感受元件,当电路出现故障时,脱扣器感测到故障信号后,经自由脱扣器使断路器主触点分断,从而起到保护作用。按接受故障不同,有以下几种脱扣器。

①分励脱扣器。用于远距离使断路器断开电路的脱扣器,其实质是一个电磁铁,由控制电源供电,可以按照操作人员指令或继电保护信号使电磁铁线圈通电,衔铁动作,使断路器

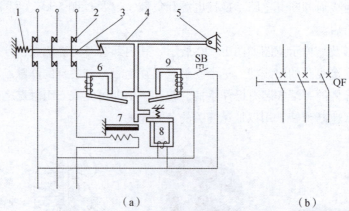

1—分闸弹簧；2—主触点；3—传动杆；4—锁扣；5—轴；6—过电流脱扣器；7—热脱扣器；
8—欠电压失电压脱扣器；9—分励脱扣器

图 1-21　低压断路器工作原理与符号

(a) 原理示意图；(b) 符号

切断电路。一旦断路器断开电路，分励脱扣器电磁线圈也就断电了，所以分励脱扣器是短时工作的。

②欠电压、失电压脱扣器。这是一个具有电压线圈的电磁机构，其线圈并接在主电路中。当主电路电压消失或降至一定值以下时，电磁吸力不足以继续吸持衔铁，在反力作用下，衔铁释放，衔铁顶板推动自由脱扣机构，将断路器主触点断开，实现欠电压与失电压保护。

③过电流脱扣器。其实质是一个具有电流线圈的电磁机构，电磁线圈串接在主电路中，流过负载电流。当正常电流通过时，产生的电磁吸力不足以克服反力，衔铁不被吸合；当电路出现瞬时过电流或短路电流时，吸力大于反力，使衔铁吸合并带动自由脱扣机构使断路器主触点断开，实现过电流与短路电流保护。

④热脱扣器。该脱扣器由热元件、双金属片组成，将双金属片热元件串接在主电路中，其工作原理与双金属片式热继电器相同。当过载到一定值时，由于温度升高，双金属片受热弯曲并带动自由脱扣机构，使断路器主触点断开，实现长期过载保护。

3) 自由脱扣机构和操作机构。

自由脱扣机构是用来联系操作机构和主触点的机构，当操作机构处于闭合位置时，也可操作分励脱扣机构进行脱扣，将主触点断开。操作机构是实现断路器闭合、断开的机构。通常电力拖动控制系统中的断路器采用手动操作机构，低压配电系统中的断路器有电磁铁操作机构和电动机操作机构两种。如图 1-22 所示为 DZ5-20 型低压断路器的外形和结构。

4) 低压断路器的主要技术数据和保护特性。

①低压断路器的主要技术数据。

a. 额定电压。指低压断路器在电路中长期工作时的允许电压值。

b. 低压断路器额定电流。指脱扣器允许长期通过的电流，即脱扣器额定电流。

c. 低压断路器壳架等级额定电流。指每一件框架或塑壳中能安装的最大脱扣器额定电流。

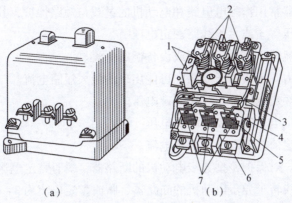

1—按钮；2—电磁脱扣器；3—自由脱扣机构；4—动触点；5—静触点；6—接线柱；7—发热元件。

图 1-22  DZ5-20 型低压断路器的外形和结构

(a) 外形；(b) 结构

d. 低压断路器的通断能力。指在规定操作条件下，低压断路器能接通和分断短路电流的能力。

e. 保护特性。指低压断路器的动作时间与动作电流的关系曲线。

f. 动作时间。指从出现短路的瞬间开始，到触点分离、电弧熄灭、电路被完全断开所需的全部时间。一般低压断路器的动作时间为 30～60 ms，限流式和快速断路器的动作时间通常小于 20 ms。

② 保护特性。

低压断路器的保护特性主要是指低压断路器长期过载和过电流保护特性，即低压断路器动作时间与热脱扣器和过电流脱扣器动作电流的关系曲线，如图 1-23 所示。图中 $ab$ 段为过载保护特性，具有反时限。$df$ 段为瞬时动作曲线，当故障电流超过 $d$ 点对应电流时，过电流脱扣器便瞬时动作。$ce$ 段为定时限延时动作曲线，当故障电流大于 $c$ 点对应电流时，过电流脱扣器经短时延时后动作，延时长短由 $c$ 点与 $d$ 点对应的时间差决定。根据需要，低压断路器的保护特性可以是两段式，如 $abdf$，既有过载延时又有短路瞬动保护；而 $abce$ 则为过载长延时和短路延时保护。

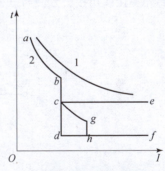

1—被保护对象的发热特性；
2—低压断路器保护特性。

图 1-23  低压断路器的保护特性

另外，还可有三段式的保护特性，如 $abcghf$ 曲线，既有过载长延时，短路短延时，又有特大短路的瞬动保护。为达到良好的保护作用，低压断路器的保护特性应与被保护对象的发热特性有合理的配合，即低压断路器的保护特性 2 应位于被保护对象发热特性 1 的下方，并以此来合理选择低压断路器的保护特性。

5）塑壳式低压断路器的选用。

塑壳式低压断路器根据用途分为配电用断路器、电动机保护用断路器和其他负载用断路器，用作配电线路、照明电路、电动机及电热器等设备的电源控制开关及保护。常用的有 DZ15、DZ20、H、T、3VE、S 等系列，后四种是引进国外技术生产的产品。

塑壳式低压断路器常用作配电电路和电动机的过载与短路保护,其选择原则是:

①断路器额定电压等于或大于线路额定电压。

②断路器额定电流等于或大于线路或设备额定电流。

③断路器通断能力等于或大于线路中可能出现的最大短路电流。

④欠电压脱扣器额定电压等于线路额定电压。

⑤分励脱扣器额定电压等于控制电源电压。

⑥长延时电流整定值等于电动机额定电流。

⑦瞬时整定电流:对保护笼型异步电动机的断路器,瞬时整定电流为 8~15 倍电动机额定电流;对于保护绕线转子异步电动机的断路器,瞬时整定电流为 3~6 倍电动机额定电流。

⑧6 倍长延时电流整定值的可返回时间等于或大于电动机实际启动时间。

使用低压断路器来实现短路保护要比熔断器性能更加优越,因为当三相电路发生短路时,很可能只有一相的熔断器熔断,造成单相运行。对于低压断路器,只要造成短路都会使开关跳闸,将三相电源全部切断,何况低压断路器还有其他自动保护作用。但它结构复杂,操作频率低,价格较高,适用于要求较高的场合。

【知识点3】 三相异步电动机通电电路

三相异步电动机检测合格后可以通电了,三相异步电动机使用的是三相电源,电动机和三相电源之间的连接是通过三相异步电动机上的一个接线盒。如图 1-24 所示为三相异步电动机接法,固定了定子三相绕组的六个接线端,在连接电源之前,三相异步电动机的定子绕组要先星接或角接,方便与三相电源接线构成电路回路。

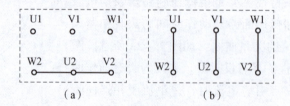

图 1-24 三相异步电动机接法
(a)星接;(b)角接

星接是将三相绕组的末端 U2,V2,W2 接在一起,首端 U1,V1,W1 接电源。

角接是将三相绕组首尾相连,然后三相电源相连。

为了接线方便,电动机的定子绕组接线端设定在电动机中的位置,一般是按照首端 U1,V1,W1 排列,尾端 W2,U2,V2 排列。这样星接时只要将尾端用短路片横着连在一起,首端接三相电。角接时上下用短路片相连,然后再接通三相电。

三相异步电动机星接通电试车步骤:

第一步,将三相异步电动机星接;

第二步,电动机接地端与地线连接;

第三步,合上电源开关,通电试车。

三相异步电动机角接通电试车:

第一步，将三相异步电动机角接；

第二步，电动机接地端与地线连接；

第三步，合上电源开关，通电试车。

除了负载及电气控制有特殊要求外，一般功率在 3 kW 以下的三相异步电动机采用星接，在 4 kW 以上的三相异步电动机采用角接。如果 6 个接线端的标签遗失、脱落或看不清时，不可盲目接线，以免引起电动机内部故障，必须分清三相异步电动机三相绕组的首尾端后才能接线。

三相异步电动机通电试车示意图如图 1 - 25 所示。

动画：三相异步电动机通电

图 1 - 25 三相异步电动机通电试车示意图

## 3.4 任务实施

【实施要求】

(1) 三相异步电动机通电前的检查。

①检查机械部分的装配质量。包括所有紧固螺钉是否拧紧，转子转动是否灵活、无扫膛、无松动，轴承是否有杂声等。

②测量绕组的绝缘电阻。用兆欧表测量电动机各相绕组之间及每相绕组与地（机壳）之间的绝缘电阻。对于绕线式异步电动机还要测量转子绕组、集电环对机壳和集电环之间的绝缘电阻。测量前应首先对兆欧表进行检验，同时要拆除电动机出线端子上的所有外部接线、星形或三角形连接片。按要求，电动机每 1 kV 工作电压的绝缘电阻不得低于 1 MΩ。电压在 1 kV 以下、容量为 1 000 kW 及以下的电动机，其绝缘电阻应不低于 0.5 MΩ。

③检查绕组的三相直流电阻。要求电动机的定子绕组、绕线式异步电动机转子绕组的三相直流电阻偏差应不小于 2%。对某些只更换个别线圈的电动机，直流电阻偏差应不超过 5%，若出现短路、断路、接地现象等，需对故障进行处理。

(2) 电动机的空载试车。

空载试车的目的是检查电动机通电空转时的状态是否符合要求。按铭牌要求接好电源线，在机壳上接好保护接地线进行空载试车，具体内容与要求如下。

①运行时检查电动机的通风冷却和润滑情况。电动机的通风是否良好，风扇与风扇罩应无相互擦碰现象，轴承应转动均匀、润滑良好。

②判断电动机运行音量是否正常。电动机运行音量应均匀，不得有嗡嗡声、擦碰声等异常声音。

③测量空载电流。在保证三相电压平衡的情况下，可以用配电柜上的电流表或钳形电流表检测空载电流。检测时应注意两个问题：一是空载电流与额定电流的百分比应在规定范围内；二是三相电流的不平衡程度，在5%左右即视为合格，若超过10%应视为不合格（即故障）。

④检查电动机温升是否正常。可将电动机及运行中所检测的有关数据记入表中。

**【工作流程】**

| 流程 | 任务单 ||||
|---|---|---|---|---|
| | 班级 | | 小组名称 | |
| 1. 岗位分工<br>小组成员按项目经理（组长）、电气设计工程师、电气试验员和项目验收员等岗位进行分工，并明确个人职责，合作完成任务。采用轮值制度，使成员在每个岗位都得到锻炼 | 团队成员 | 岗位 || 职责 |
| | | | | |
| | | | | |
| | | | | |
| | | | | |
| 2. 领取原料<br>项目经理（组长）填写物料和工具清单，领取器件并检查 | 物料和工具清单 ||||
| | 序号 | 物料或工具名称 | 规格 | 数量 | 检查是否完好 |
| | | | | | |
| | | | | | |
| | | | | | |
| | | | | | |
| 3. 通电前检查<br>电气设计工程师完成三相异步电动机通电前的检查 | 检查情况说明 ||||
| | | | | |

续表

| 流程 | 任务单 |||||
|---|---|---|---|---|---|
| | 班级 | | | 小组名称 | |
| 4. 空载试验<br>电气试验员完成三相异步电动机空载试验 | 空载试验电路图及原理分析 |||||
| 5. 短路试验<br>电气试验员完成三相异步电动机短路试验 | 短路试验电路图及原理分析 |||||
| 6. 电动机检查数据记录<br>电气试验员完成电动机检查试验数据记录 | 三相异步电动机检查的有关数据记录 |||||
| | 铭牌额定值 | 电压<br>____V | 电流<br>____A | 转速<br>____r/min | 功率<br>____kW | 接法<br>____ |
| | 实际检测 | 三相电源电压 | $U_{UV}$<br>____V | $U_{VW}$<br>____V | $U_{WU}$<br>____V |
| | | 三相绕组电阻 | U 相<br>____Ω | V 相<br>____Ω | W 相<br>____Ω |
| | | 绝缘电阻 | 对地绝缘 | | |
| | | | 相间绝缘 | | |
| | | 三相电流 | 空载 | | |
| | | | 满载 | | |
| | | 转速 | 空载 | | 满载 |
| 7. 空载试验数据记录<br>电气试验员完成电动机空载试验数据记录，总结问题 | 序号 | | 空载电流 | | 空载功率 |
| | | | | | |
| | | | | | |
| | | | | | |
| | | | | | |

续表

| 流程 | 任务单 | | | |
|---|---|---|---|---|
| | 班级 | | 小组名称 | |
| 8. 短路试验数据记录<br>电气试验员完成电动机短路试验数据记录，总结问题 | 序号 | 短路电压 | 短路电流 | 短路功率 |
| | | | | |
| | | | | |
| | | | | |
| | | | | |
| | | | | |
| | | | | |
| 9. 检查完成情况<br>项目验收员检查三相异步电动机通电试车完成情况并总结问题 | 完成情况 | | 遇到的问题 | |
| | | | | |

微课：电路装配及通电试车

## 3.5 任务评价

| 项目内容 | 评分标准 | 配分 | 扣分 | 得分 |
|---|---|---|---|---|
| 装前检查 | (1) 电动机质量检查，每漏一处扣3分。<br>(2) 电气元件漏检或错检，每处扣2分。 | 15 | | |
| 安装元件 | (1) 不按布置图安装，扣10分。<br>(2) 元件安装不牢固，每个扣2分。<br>(3) 安装元件时漏装螺钉，每个扣0.5分。<br>(4) 元件安装不整齐、不匀称、不合理，每个扣3分。<br>(5) 损坏元件，扣10分 | 15 | | |
| 布线 | (1) 不按电路图接线，扣15分。<br>(2) 布线不符合要求：主电路，每根扣2分；控制电路，每根扣1分。<br>(3) 接点松动、接点露铜过长、压绝缘层、反圈等，每处扣0.5分。<br>(4) 损伤导线绝缘或线芯，每根扣0.5分。<br>(5) 漏记线号不清楚、遗漏或误标，每处扣0.5分。<br>(6) 标记线号不清楚、遗漏或误标，每处扣0.5分 | 30 | | |
| 通电试车 | (1) 第一次试车不成功，扣10分。<br>(2) 第二次试车不成功，扣20分。<br>(3) 第三次试车不成功，扣30分 | 40 | | |
| 安全文明生产 | 违反安全、文明生产规程，扣5~40分 | | | |
| 定额时间 90 min | 每超时 5 min 扣 5 分 | | | |
| 备注 | 除定额时间外，各项目的最高扣分不应超过配分 | | | |
| 开始时间 | | 结束时间 | | 实际时间 |

指导教师签名_____ 日期_____

**笔记区**

【拓展阅读】

中国电机工业发展

知史明志：中国电机工业发展史

# 项目一  习题

**1. 选择题**

（1）某三相电动机的额定值如下：功率 10 kW、转速 1 420 r/min、效率 88%、电压 380 V，则额定电流为（　　）。

A. 26.3 A　　　　B. 15.2 A　　　　C. 18.4 A　　　　D. 以上答案都不对

（2）要使三相异步电动机反转，只要（　　）就能完成。

A. 降低电压　　　　　　　　　　　B. 降低电流

C. 将任意两根电源线对调　　　　　D. 降低线路功率

（3）在三相交流异步电动机定子绕组中通入三相对称交流电，则在定子与转子的空气隙间产生的磁场是（　　）。

A. 恒定磁场　　　　　　　　　　　B. 脉动磁场

C. 合成磁场　　　　　　　　　　　D. 旋转磁场

（4）$U_N$、$I_N$、$\eta_N$、$\cos\varphi_N$ 分别是三相异步电动机额定线电压，线电流、效率和功率因数，则三相异步电动机额定功率 $P_N$ 为（　　）。

A. $\sqrt{3}U_N I_N \eta_N \cos\varphi_N$　　　　　　B. $\sqrt{3}U_N I_N \cos\varphi_N$

C. $\sqrt{3}U_N I_N$　　　　　　　　　　D. $\sqrt{3}U_N I_N \eta_N$

（5）某三相异步电动机额定转速为 1 460 r/min，$p=2$，$f=50$ Hz，当负载转矩为额定转矩的一半时，其转速为（　　）。

A. 1 500 r/min　　　　　　　　　B. 1 480 r/min

C. 1 460 r/min　　　　　　　　　D. 1 440 r/min

**2. 判断题**

（1）电动机的额定功率，既表示输入功率也表示输出功率。　　　　　　　　　（　　）

（2）异步电动机的转子旋转速度总是小于旋转磁场速度。　　　　　　　　　　（　　）

（3）电动机稳定运行时，其电磁转矩与负载转矩基本相等。　　　　　　　　　（　　）

（4）异步是指转子转速与磁场转速存在差异。　　　　　　　　　　　　　　　（　　）

（5）转子都是鼠笼型结构。　　　　　　　　　　　　　　　　　　　　　　　（　　）

3. 简答题

(1) 三相异步电动机的旋转磁场是如何产生的？

(2) 试述三相异步电动机的转动原理，并解释"异步"的意义。

(3) 旋转磁场的转向由什么决定？如何改变旋转磁场的转向？

(4) 什么是三相异步电动机的转差率？额定转差率一般是多少？启动瞬时的转差率是多少？

(5) 当三相异步电动机的机械负载增加时，为什么定子电流会随转子电流的增加而增加？

# 项目二

## 三相异步电动机的基本控制

### 【项目简介】

根据生产机械的工作性质及加工工艺要求,其控制线路是多种多样的。然而任何控制线路,包括最复杂的线路都是由一些比较简单的、基本的控制线路组成的,所以熟悉和掌握基本控制线路是学习分析电气控制线路的基础。本项目5个任务对应5个基本控制电路,由浅入深,在任务中掌握常用的低压电器,通过5个基本控制电路的任务实践具备电气控制电路绘制、电路原理分析及装配能力。

### 【知识树】

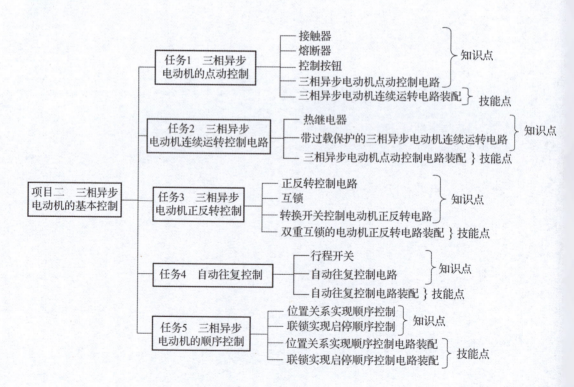

# 任务1 三相异步电动机的点动控制

## 1.1 任务引入

**【情境描述】**

在工厂中搬运重物要用到天车,需要为天车的控制系统组装一套三相异步电动机点动控制电路。

情境动画

**【任务要求】**

要求完成一台三相异步电动机点动控制电路装配,并通电试车。

## 1.2 任务分析

**【学习目标】**

掌握电气制图与识图基础知识,识记低压电器的分类、型号含义、产品标准及选用的要求;掌握控制按钮、交流接触器、刀开关、组合开关、熔断器的结构、符号、工作原理;掌握三相异步电动机的点动控制方法及原理,并能够正确地对电路进行装配。在任务实施中要具有安全规范操作的职业习惯。

**【分析任务】**

三相异步电动机的点动控制电路如图2-1所示,按下按钮电动机运行,松开按钮电动机停止。三相异步电动机的点动控制主要用于天车电动葫芦小型起吊设备的电动机控制,还广泛用于机床刀架、横梁、立柱的快速移动,机床的调整对刀等。

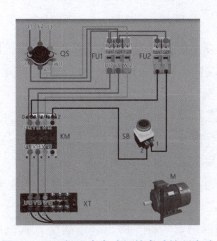

任务分析

图2-1 三相异步电动机的点动控制电路

## 1.3 知识链接

**【知识点1】接触器**

接触器是一种用于中远距离频繁地接通与断开交直流主电路及大容量控制电路的一种自

动开关电器。主要用于自动控制交、直流电动机，电热设备，电容器组等设备。接触器具有大的执行机构，大容量的主触点有迅速熄灭电弧的能力。当电路发生故障时，能迅速、可靠地切断电源，并有低压释放功能，与保护电器配合可用于电动机的控制及保护，故应用十分广泛。

接触器通常按电流种类分为交流接触器和直流接触器两类。

**1. 交流接触器的结构**

交流接触器结构如图2-2所示。

交流接触器的主要结构包括电磁系统、触点系统、灭弧系统和其他部件。

微课：交流接触器拆卸

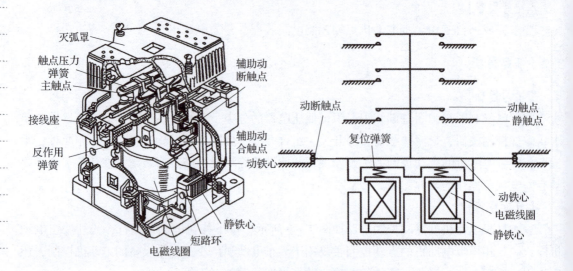

图2-2 交流接触器结构

（1）电磁系统。

电磁系统由线圈和动铁心（衔铁）、静铁心组成。电磁系统的作用是产生电磁吸力带动触点系统动作。在静铁心的端面上嵌有短路环，用以消除电磁系统的振动和噪声。

（2）触点系统。

触点系统包括3对主触点和数对辅助触点。主触点用来接通或分断主电路；辅助触点用来接通或分断控制电路，具有常开、常闭各两对。触点的常开与常闭是指电磁系统未通电动作前触点的原始状态。常开和常闭的桥式动触点是一起动作的，当吸引线圈通电时，常闭触点先分断，常开触点随即接通；线圈断电时，常开触点先恢复分断，随即常闭触点恢复原来的接通状态。

触点系统有主触点和辅助触点两种，中小容量的交、直流接触器的主、辅助触点一般都采用直动式双断口桥式结构，大容量的主触点采用转动式单断口指型触点。辅助触点在结构上通常是常开和常闭成对的。当线圈通电后，衔铁在电磁吸力作用下吸向铁心，同时带动动触点动作，实现常闭触点断开，常开触点闭合。当线圈断电或线圈电压降低时，电磁吸力消失或减弱，衔铁在释放弹簧作用下释放，触点复位，实现低压释放保护功能。

由于接触器主触点用来接通或断开主电路或大电流电路,在触点间隙中就会产生电弧。为了灭弧,小容量接触器常采用电动力吹弧、灭弧罩灭弧;对于大容量接触器常采用纵缝灭弧装置或栅片灭弧装置及真空灭弧装置灭弧。直流接触器常采用磁吹式灭弧装置来灭弧。

触点的接触形式有点接触、线接触和面接触三种,如图2-3所示。

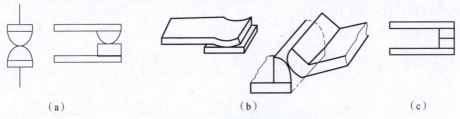

图 2-3 触点的接触形式
(a) 点接触; (b) 线接触; (c) 面接触

(3) 灭弧系统。

交流接触器在断开大电流电路或高电压电路时,在动、静触点之间会产生很强的电弧,电弧将灼伤触点,并使电路切断时间延迟。为此,10 A以上的接触器都有灭弧装置,通常可采用陶土制作的灭弧罩,或者用塑料加栅片制作的灭弧罩,电弧在灭弧罩内被分割、冷却,从而迅速熄灭。

(4) 其他部件:包括反作用弹簧、缓冲弹簧、触点压力弹簧、传动机构及外壳等。

## 2. 交流接触器的工作原理及符号

因接触器最主要的用途是控制电路的接通或断开,现以接触器控制电动机为例来说明其工作原理。如图2-4所示,当将按钮按下时,电磁线圈就经过按钮和熔断器接通到电源上。线圈通电后,会产生一个磁场将静铁心磁化,吸引动铁心,使它向着静铁心运动,并最终与静铁心吸合在一起。接触器触点系统中的动触点是同动铁心经机械机构固定在一起的,当动

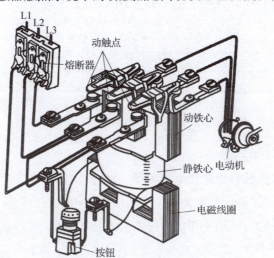

动画:交流接触器的工作原理

图 2-4 交流接触器的工作原理示意图

铁心被静铁心吸引向下运动时,动触点也随之向下运动,并与静触点结合在一起。这样,电动机便经接触器的触点系统和熔断器接通电源,开始启动运转。一旦电源电压消失或明显降低,以致电磁线圈没有励磁或励磁不足,动铁心就会因电磁吸力消失或过小而在释放弹簧的反作用力作用下释放,与静铁心分离。与此同时,和动铁心固定安装在一起的动触点也与静触点分离,使电动机与电源脱开,停止运转,这就是所谓的失电压保护。

交流接触器的符号如图 2-5 所示。

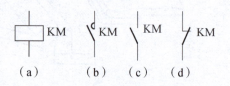

图 2-5　交流接触器的符号

### 3. 交流接触器的型号含义

交流接触器的典型产品有 CJ20、CJ21、CJ26、CJ29、CJ35、CJ40、NC、B、LC1-D、3TB 和 3TF 系列交流接触器等。其中 CJ20 是 20 世纪 80 年代我国统一设计的产品,CJ40 是 20 世纪 90 年代在 CJ20 基础上更新设计的产品。CJ21 是引进德国芬纳尔公司技术生产的,3TB 和 3TF（3TF 是在 3TB 基础上改进设计的产品,国内型号为 CJX3）是引进德国西门子公司技术生产的,B 系列是引进德国原 BBC 公司技术生产的,LC1-D（国内型号为 CJX4）是引进法国 TE 公司技术生产的。此外还有 CJ12、CJ15、CJ24 等系列大功率重任务交流接触器。

交流接触器的型号含义如图 2-6 所示。

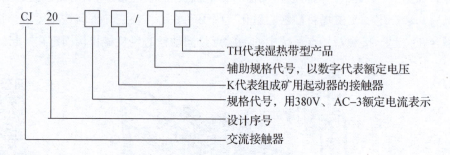

图 2-6　交流接触器的型号含义

### 4. 接触器的主要技术参数

接触器的主要技术参数有极数和电流种类、额定工作电压、额定工作电流（或额定控制功率）、约定发热电流、额定通断能力、线圈额定工作电压、允许操作频率、机械寿命和电气寿命、接触器线圈的启动功率和吸持功率、使用类别等。

（1）极数和电流种类。

按接触器接通与断开主电路电流种类不同,分为直流接触器和交流接触器,按接触器主触点的个数不同又分为两极、三极与四极接触器。

(2) 额定工作电压。

接触器额定工作电压是指主触点之间的正常工作电压值,也就是指主触点所在电路的电源电压。直流接触器额定电压有 110 V、220 V、440 V、660 V,交流接触器额定电压有 127 V、220 V、380 V、500 V、660 V。

(3) 额定工作电流。

接触器额定工作电流是指主触点正常工作时通过的电流值。直流接触器的额定工作电流有 40 A、80 A、100 A、150 A、250 A、400 A 及 600 A 等,交流接触器的额定工作电流有 10 A、20 A、40 A、60 A、100 A、150 A、250 A、400 A 及 600 A 等。

(4) 约定发热电流。

指在规定条件下试验时,电流在 8 h 工作制下,各部分温升不超过极限时接触器所承载的最大电流。对老产品只讲额定工作电流,对新产品(如 CJ20 系列)则有约定发热电流和额定工作电流之分。

(5) 额定通断能力。

指接触器主触点在规定条件下能可靠地接通和分断的电流值。在此电流值下接通电路时,主触点不应发生熔焊;在此电流下分断电路时,主触点不应发生长时间燃弧。电路中超出此电流值的分断任务,则由熔断器、断路器等承担。

常用交流接触器主要技术数据如表 2-1 所示。

表 2-1 常用交流接触器主要技术数据

| 型号 | 主触点额定电流/A | 辅助触点额定电流/A | 可控制电动机的最大功率/kW | | 吸引线圈电压/V | 额定操作频率/(次·h$^{-1}$) | 电寿命 AC-2/万次 | 机械寿命/万次 |
|---|---|---|---|---|---|---|---|---|
| | | | 220 V | 380 V | | | | |
| CJ0-10 | 10 | 5 | 2.5 | 4 | 36,100,127,220,380,440 | 1200 | 60 | 300 |
| CJ0-20 | 20 | | 5.5 | 10 | | | | |
| CJ0-40 | 40 | | 11 | 20 | | | | |
| CJ0-75 | 75 | 10 | 22 | 40 | 110,127,220,380 | 600 | | |
| CJ10-10 | 10 | 5 | 2.2 | 4 | 36,110,220,380 | 600 | 60 | 300 |
| CJ10-20 | 20 | | 5.5 | 10 | | | | |
| CJ10-40 | 40 | | 11 | 20 | | | | |
| CJ10-60 | 60 | | 17 | 30 | | | | |
| CJ10-100 | 100 | | 30 | 50 | | | | |
| CJ10-150 | 150 | | 43 | 75 | | | | |

CJ20 系列交流接触器技术数据如表 2-2 所示。

表 2-2 CJ20 系列交流接触器技术数据

| 型号 | 额定绝缘电压/V | 额定工作电压/V | 约定发热电流/A | 额定工作电流(AC-3)/A | 额定控制功率(AC-3)/kW | 额定操作频率(次·h$^{-1}$) | 动作特性 | 线圈控制功率/(V·A/W) 启动 | 线圈控制功率/(V·A/W) 吸持 | 机械寿命/万次 | 电寿命/万次 AC-3 | 电寿命/万次 AC-4 |
|---|---|---|---|---|---|---|---|---|---|---|---|---|
| CJ20-10 | 660 | 220 | 10 | 10 | 2.2 | 1 200 | 吸合电压范围 0.8$U_N$ ~1.1$U_N$ 释放电压范围 0.2$U_N$ ~0.7$U_N$ | 65/47.6 | 8.3/2.5 | 1 000 | 100 | 4 |
| CJ20-10 | 660 | 380 | 10 | 10 | 4 | 1 200 | | 65/47.6 | 8.3/2.5 | 1 000 | 100 | 4 |
| CJ20-10 | 660 | 660 | 10 | 5.8 | 4 | 600 | | 65/47.6 | 8.3/2.5 | 1 000 | 100 | 4 |
| CJ20-25 | 660 | 220 | 32 | 25 | 5.5 | 1 200 | | 93.1/60 | 13.9/4.1 | 1 000 | 100 | 4 |
| CJ20-25 | 660 | 380 | 32 | 25 | 11 | 1 200 | | 93.1/60 | 13.9/4.1 | 1 000 | 100 | 4 |
| CJ20-25 | 660 | 660 | 32 | 14.5 | 13 | 600 | | 93.1/60 | 13.9/4.1 | 1 000 | 100 | 4 |
| CJ20-40 | 660 | 220 | 55 | 40 | 11 | 1 200 | | 175/82.3 | 19/5.7 | 1 000 | 100 | 4 |
| CJ20-40 | 660 | 380 | 55 | 40 | 22 | 1 200 | | 175/82.3 | 19/5.7 | 1 000 | 100 | 4 |
| CJ20-40 | 660 | 660 | 55 | 25 | 22 | 600 | | 175/82.3 | 19/5.7 | 1 000 | 100 | 4 |
| CJ20-63 | 660 | 220 | 80 | 63 | 18 | 1 200 | | 480/153 | 57/16.5 | 600 | 120 | 5 |
| CJ20-63 | 660 | 380 | 80 | 63 | 30 | 1 200 | | 480/153 | 57/16.5 | 600 | 120 | 5 |
| CJ20-63 | 660 | 660 | 80 | 40 | 35 | 600 | | 480/153 | 57/16.5 | 600 | 120 | 5 |
| CJ20-100 | 660 | 220 | 125 | 100 | 28 | 1 200 | | 570/175 | 61/21.5 | 600 | 120 | 3 |
| CJ20-100 | 660 | 380 | 125 | 100 | 50 | 1 200 | | 570/175 | 61/21.5 | 600 | 120 | 3 |
| CJ20-100 | 660 | 660 | 125 | 63 | 50 | 600 | | 570/175 | 61/21.5 | 600 | 120 | 3 |
| CJ20-160 | 660 | 220 | 200 | 160 | 48 | 1 200 | | 855/325 | | 600 | 120 | 1.5 |
| CJ20-160 | 660 | 380 | 200 | 160 | 85 | 1 200 | | 855/325 | | 600 | 120 | 1.5 |
| CJ20-160 | 660 | 660 | 200 | 100 | 85 | 600 | | 855/325 | | 600 | 120 | 1.5 |

**5. 接触器的选用**

（1）接触器极数和电流种类的确定。根据主触点接通或分断电路的性质来选择直流接触器还是交流接触器。三相交流系统中一般选用三极接触器，当需要同时控制中性线时，则选用四极交流接触器。单相交流和直流系统中则常用两极或三极并联。一般场合选用电磁式接触器，易爆易燃场合应选用防爆型及真空接触器。

（2）根据接触器所控制负载的工作任务来选择相应使用类别的接触器。如负载是一般任务则选用 AC3 使用类别，负载为重任务则应选用 AC4 类别，如果负载为一般任务与重任务混合时,则可根据实际情况选用 AC3 或 AC4 类接触器,如选用 AC3 类时,应降级使用。

(3) 根据负载功率和操作情况来确定接触器主触点的电流等级。当接触器使用类别与所控制负载的工作任务相对应时,一般按控制负载电流值来决定接触器主触点的额定电流值;若不对应时,应降低接触器主触点电流等级使用。

(4) 根据接触器主触点接通与分断主电路电压等级来决定接触器的额定电压。

(5) 接触器吸引线圈的额定电压应由所接控制电路电压确定。

(6) 接触器触点数和种类应满足主电路和控制电路的要求。

(7) 允许操作频率。指接触器在每小时内可实现的最高操作次数。交、直流接触器允许操作频率有 600 次/h、1 200 次/h。

(8) 机械寿命和电气寿命。机械寿命是指接触器在需要修理或更换机构零件前所能承受的无载操作次数。电气寿命是在规定的正常工作条件下,接触器不需修理或更换的有载操作次数。

(9) 接触器线圈的启动功率和吸持功率。直流接触器启动功率和吸持功率相等。交流接触器启动视在功率一般为吸持视在功率的 5~8 倍。而线圈的工作功率是指吸持有功功率。

(10) 使用类别。接触器用于不同负载时,其对主触点的接通和分断能力要求不同,按不同使用条件来选用相应类别的接触器便能满足其要求。它们的主触点达到的接通和分断能力为:AC1 和 DC1 类允许接通和分断额定电流;AC2、DC3 和 DC5 类允许接通和分断 4 倍的额定电流;AC3 类允许接通 6 倍的额定电流和分断额定电流;AC4 类允许接通和分断 6 倍的额定电流。

【知识点 2】 熔断器

熔断器的种类很多,按其结构可分为半封闭插入式熔断器、有填料螺旋式熔断器、有填料封闭管式熔断器、无填料封闭管式熔断器、有填料管式快速熔断器、半导体保护用熔断器及自复熔断器等。

1. 熔断器的结构工作原理

熔断器的种类尽管很多,使用场合也不尽相同,但从其功能上来区分,一般可分为熔座(支持件)和熔体两个组成部分。熔体是熔断器的核心部件,一般用铅、铅锡合金、锌、银、铝及铜等材料制成;熔体的形状有丝状、片状或网状等;熔体的熔点温度一般在 200~300 ℃,熔座用于安装和固定熔体,而熔体则串联在电路中。当电路发生短路或者严重过载时,过大的电流通过熔体,熔体以其自身产生的热量而熔断,从而切断电路,起到保护作用,这也是熔断器的工作原理。

(1) 螺旋式熔断器。

螺旋式熔断器具有较好的抗振性能,灭弧效果与断流能力均优于瓷插式熔断器,被广泛用于机床电气控制设备中。螺旋式熔断器接线时要注意,电源进线接在瓷底座的下接线端上,负载线接在与金属螺纹壳相连的上接线端上。

常用螺旋式熔断器的型号有 RL6、RL7(取代 RL1、RL2)、RLS2(取代 RLS1)等。

螺旋式熔断器的外形和结构如图 2-7 所示。

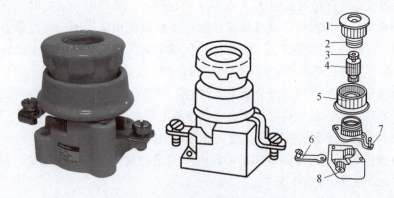

1—瓷帽；2—金属螺管；3—指示器；4—熔管；5—瓷套；6—下接线端；7—上接线端；8—瓷底座

图 2-7 螺旋式熔断器的外形和结构

(a) 外形；(b) 结构

(2) 半封闭插入式熔断器。

半封闭插入式熔断器结构简单、价格低廉、体积小、带电更换熔体方便，且具有较好的保护特性。曾长期在中小容量的控制电路和小容量低压分支电路中广泛使用。但由于其安全可靠性较差，目前已基本上被其他类型熔断器取代。半封闭插入式熔断器接线时要注意，电源进线接在瓷底座上接线端上，负载线接在下接线端上。

常用的型号有 RC1A 系列，其额定电压为 380V，额定电流有 5 A、10 A、15 A、30 A、60 A、100 A 和 200 A 等 7 个等级。

半封闭插入式熔断器的外形和结构如图 2-8 所示。

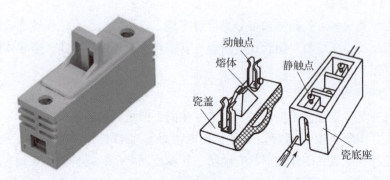

图 2-8 半封闭插入式熔断器的外形和结构

(3) 有填料封闭管式熔断器。

有填料封闭管式熔断器具有熔断迅速、分断能力强、无声光现象等良好性能，但结构复杂、价格昂贵。主要用于供电线路及要求分断能力较高的配电设备中。

常用有填料封闭管式熔断器的型号有 RT0、RT12、RT14、RT15、RT16 等系列。

有填料封闭管式熔断器的外形和结构如图 2-9 所示。

(4) 无填料封闭管式熔断器。

无填料封闭管式熔断器由夹座、熔断管和熔体等组成。主要型号有 RM10 系列等。

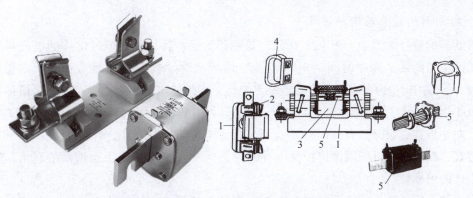

1—瓷座底；2—弹簧片；3—管体；4—绝缘手柄；5—熔体。

图 2-9 有填料封闭管式熔断器的外形和结构

RM10 系列有两个特点：一是采用钢纸管作熔管，当熔体熔断时，钢纸管内壁在电弧热量的作用下产生高压气体，使电弧迅速熄灭。二是采用变截面锌片作熔体，当电路发生短路故障时，锌片几处狭窄部位同时熔断形成空隙，因此，灭弧较为容易。一般与刀开关组合使用，用于低压电力网及成套配电设备中。

无填料封闭管式熔断器的外形和结构如图 2-10 所示。

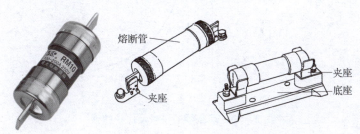

图 2-10 无填料封闭管式熔断器的外形和结构

（5）快速熔断器。

快速熔断器主要用于半导体元件或整流装置的短路保护。快速熔断器主要型号有 RS0、RS3、RS14 和 RLS2 等系列。由于半导体元件的过载能力很低，只能在极短的时间内承受较大的过载电流，因此要求短路保护器件具有快速熔断能力。快速熔断器的结构与有填料封闭管式熔断器基本相同，但熔体材料和形状不同，一般熔体用银片冲成有 V 形深槽的变截面形状。快速熔断器的外形和结构如图 2-11 所示。

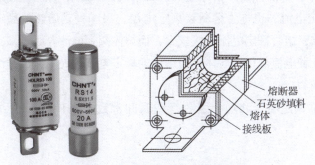

图 2-11 快速熔断器的外形和结构

## 2. 熔断器的符号及保护特性

熔断器的符号如图 2-12（a）所示。熔断器的保护特性是指流过熔体的电流与熔体熔断时间的关系曲线，称"时间-电流特性"曲线或称"安-秒特性"曲线，如图 2-12（b）所示。图中 $I_{min}$ 为最小熔化电流或临界电流，当熔体电流小于临界电流时，熔体不会熔断。最小熔化电流 $I_{min}$ 与熔体额定电流 $I_N$ 之比称为熔断器的熔化系数，即 $K = I_{min}/I_N$，当 $K$ 小时，对小倍数过载保护有利，但 $K$ 也不宜接近 1，当 $K$ 为 1 时，不仅熔体在 $I_N$ 下工作温度会过高，而且还有可能因保护特性本身的误差而发生熔体在 $I_N$ 下也熔断的现象，影响熔断器工作的可靠性。

当熔体采用低熔点的金属材料时，熔化时所需热量少，故熔化系数小，有利于过载保护；但材料电阻系数较大，熔体截面积大，熔断时产生的金属蒸汽较多，不利于熄弧，故分断能力较低。当熔体采用高熔点的金属材料时，熔化时所需热量大，故熔化系数大，不利于过载保护，而且可能使熔断器过热；但这些材料的电阻系数低，熔体截面小，有利于熄弧，故分断能力高。因此，不同熔体材料的熔断器在电路中保护作用的侧重点是不同的。

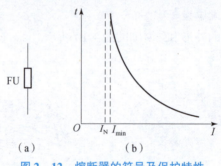

图 2-12 熔断器的符号及保护特性
（a）符号；（b）保护特性

## 3. 熔断器的主要技术参数

（1）额定电压。

这是从灭弧的角度出发，指熔断器长期工作时和分断后能承受的电压。其值一般大于或等于所接电路的额定电压。

（2）额定电流。

熔断器长期工作，各部件温升不超过允许温升的最大工作电流。熔断器的额定电流有两种，一种是熔管额定电流，也称为熔断器额定电流，另一种是熔体的额定电流。厂家为减少熔管额定电流的规格，熔管额定电流等级较少，而熔体额定电流等级较多，在一种电流规格的熔管内可分别安装几种电流规格的熔体，但熔体的额定电流最大不能超过熔管的额定电流。

（3）极限分断能力。

熔断器在规定的额定电压和功率因数（或时间常数）条件下，能可靠分断的最大短路电流。

（4）熔断电流。

通过熔体并使其熔化的最小电流。

### 4. 熔断器的选用

(1) 熔断器额定电压 $U_N$ 的选择。

熔断器额定电压 $U_N$ 应大于或等于线路的工作电压 $U_L$，即

$$U_N \geq U_L$$

(2) 熔断器额定电流 $I_N$ 的选择。

熔断器额定电流 $I_N$ 必须大于或等于所装熔体的额定电流 $I_{RN}$，即

$$I_N \geq I_{RN}$$

(3) 熔体额定电流 $I_{RN}$ 的选择。

1) 当熔断器保护电阻性负载时，熔体的额定电流等于或稍大于电路的工作电流 $I_L$ 即可，即

$$I_{RN} \geq I_L$$

2) 当熔断器保护一台电动机时，熔体的额定电流可按下式计算，即

$$I_{RN} \geq (1.5 \sim 2.5)I_N$$

式中，$I_N$ 为电动机额定电流，轻载启动或启动时间短时，系数可取得小些，相反若重载启动或启动时间长时，系数可取得大些。

### 5. 熔断器使用注意事项

(1) 低压熔断器的额定电压应与线路的电压相吻合，不能低于线路电压。

(2) 熔体的额定电流不可大于熔管（支持件）的额定电流。

(3) 熔断器的极限分断能力应高于被保护线路的最大短路电流。

(4) 安装熔体时必须注意不要使其受机械损伤，特别是较柔软的铅锡合金丝，以免发生误动作。

(5) 安装时应保证熔体和触刀以及触刀和刀座接触良好，以免因接触电阻过大而使温度过高发生误动作。

(6) 更换熔体时，要注意新换熔体的规格与旧熔体的规格相同，以保证动作的可靠性。

(7) 更换熔体或熔管，必须在不带电的情况下进行。

### 6. 熔断器的常见故障及处理方法

熔断器的常见故障及处理方法如表 2-3 所示。

表 2-3 熔断器的常见故障及处理方法

| 故障现象 | 可能原因 | 处理方法 |
| --- | --- | --- |
| 电动机启动瞬间，熔体便熔断 | (1) 熔体额定电流选择过小；<br>(2) 电路有短路或接地；<br>(3) 熔体安装时有损伤 | (1) 更换合适熔体；<br>(2) 排除短路或接地故障；<br>(3) 更换熔体 |
| 熔体未熔断但电路不通 | (1) 熔体或接线端接触不良；<br>(2) 紧固螺钉松动 | (1) 旋紧熔体或接线端；<br>(2) 旋紧螺钉或螺帽 |

## 【知识点3】 控制按钮

主令电器是一种在电气自动控制系统中用于发送或转换控制指令的电器。它一般用于控制接触器、继电器或其他电器线路，使电路接通或分断，从而实现对电力传输系统或生产过程的自动控制。主令电器通过接触器主触点的动作来"命令"电动机及其他控制对象的启动、停止或工作状态的变换，因此，称这类发布命令的电器为主令电器。

主令电器的种类很多，常用的主令电器有控制按钮、行程开关、万能转换开关和主令控制器等。

控制按钮在低压控制电路中用于手动发出控制信号及远距离控制，也称为按钮。用于接通分断 5 A 以下的小电流电路。按用途和触点结构的不同，分启动按钮、停止按钮和复合按钮。为了标明各按钮开关的作用，避免误操作，按钮帽常做成红、绿、黄、蓝、黑、白等颜色。有的按钮开关需用钥匙插入才能进行操作，有的按钮帽中还带指示灯。国产常用的控制按钮外形如图 2-13（a）所示，其图形和文字符号如图 2-13（b）所示。

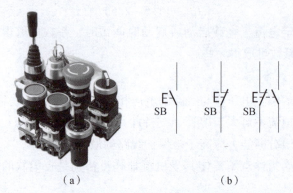

图 2-13 国产常用的控制按钮外形及其图形和文字符号
（a）控制按钮外形；（b）图形和文字符号

### 1. 控制按钮的基本结构及工作原理

控制按钮一般由按钮帽、复位弹簧、触点和外壳等部分组成，其结构示意图如图 2-14 所示。每个控制按钮中的触点形式和数量可根据需要装配成一常开一常闭到六常开六常闭等形式。

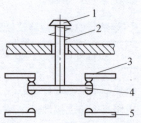

动画：按钮的基本结构及工作原理

1—按钮帽；2—复位弹簧；3—动触点；4—常闭触点；5—常开静触点。

图 2-14 控制按钮结构示意图

当外力向下压动操作头时，操作头带动动触点向下运动，使常闭触点断开，常开触点闭合，此时弹簧被压缩。当外力取消时，在复位弹簧反作用力的作用下，按钮恢复图中原状态。

## 2. 控制按钮的参数和型号含义

控制按钮的主要技术参数有额定电压、额定电流、结构型式、触点数及按钮颜色等。常用的控制按钮的额定电压为交流电压 380 V，额定工作电流为 5 A。常用的控制按钮有 LA18、LA19、LA20 及 LA25 等系列。

LA20 系列控制按钮型号含义如图 2-15 所示。

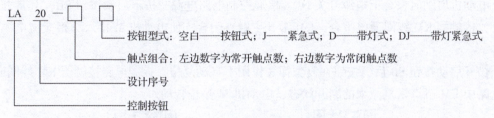

图 2-15  LA20 系列控制按钮型号含义

## 3. 控制按钮选用原则

(1) 根据使用场合，选择控制按钮的种类，如开启式、防水式、防腐式等。
(2) 根据用途，选择控制按钮的结构型式，如钥匙式、紧急式、带灯式等。
(3) 根据控制回路的需求，确定按钮数，如单钮、双钮、三钮、多钮等。
(4) 根据工作状态指示和工作情况的要求，选择按钮及指示灯的颜色。

## 【知识点 4】 三相异步电动机点动控制电路

三相异步电动机点动控制电路原理图如图 2-16 所示，分主电路、控制电路。主电路为从三相电源经开关 QF、熔断器 FU1、接触器 KM 的主触点到三相异步电动机的电路，控制电路则为接触器 KM 的电磁线圈的回路。

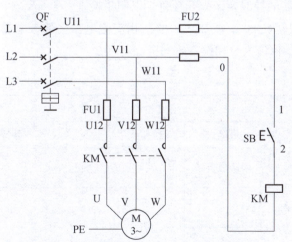

图 2-16  三相异步电动机点动控制电路原理图

## 1. 三相异步电动机点动控制电路绘制

(1) 在电气原理电路图中，电气元（部）件是按其功能而不是按其结构画在一起的。在图 2-16 中，接触器 KM 的主触点和电磁线圈就分别画在主电路和控制电路中，但应注意同一电器的所有部件必须用相同的文字符号标注。

（2）一般主电路画在左侧；控制电路和其他辅助电路画在右侧，且电路按动作顺序和信号流程自左至右排列。

（3）图中各电器应是未通电时的状态，二进制逻辑元件应是置零的状态，机械开关位置应是循环开始前的状态，即按电路的"常态"画出。

**2. 三相异步电动机点动控制电路工作原理**

电动机启动时，合上电源开关 QF，接通控制电路电源，按下启动按钮 SB，其常开触点闭合，接触器 KM 线圈通电吸合，KM 常开主触点闭合，使电动机 M 接入三相交流电源启动旋转。

松开启动按钮 SB 后，按钮在复位弹簧作用下自动复位，控制电路接触器 KM 线圈断电，主电路中 KM 触点恢复原来的断开状态，电动机 M 停止转动。

微课：三相异步电动机点动控制电路工作原理

仿真：三相异步电动机点动控制电路接线

## 1.4 任务实施

**【实施要求】**

（1）认真仔细连接电路并自检，确认无误后方可通电。

（2）连接电路时，要按照"先主后控、先串后并、上入下出、左进右出"的原则接线，做到心中有数。

（3）主、控制电路的导线要区分开颜色，以便于检查。

（4）实验所用电压为 380 V 或 220 V 的三相交流电，严禁带电操作，不可触及导电部件，尽可能单手操作，保证人身和设备的安全。

**【工作流程】**

| 流程 | 任务单 | | | |
|---|---|---|---|---|
| | 班级 | | 小组名称 | |
| 1. 岗位分工<br>小组成员按项目经理（组长）、电气设计工程师、电气安装员和项目验收员等岗位进行分工，并明确个人职责，合作完成任务。采用轮值制度，使小组成员在每个岗位都得到锻炼 | 团队成员 | 岗位 | | 职责 |
| | | | | |
| | | | | |
| | | | | |
| | | | | |

项目二 三相异步电动机的基本控制

续表

**笔记区**

| 流程 | 任务单 | | | | |
|---|---|---|---|---|---|
| | 班级 | | 小组名称 | | |
| 2. 领取原料<br>项目经理（组长）填写物料和工具清单，领取器件并检查 | 物料和工具清单 | | | | |
| | 序号 | 物料或<br>工具名称 | 规格 | 数量 | 检查是否<br>完好 |
| | | | | | |
| | | | | | |
| | | | | | |
| | | | | | |
| | | | | | |
| 3. 绘制电气原理图<br>电气设计工程师完成点动控制电路电气原理图的绘制 | 电气原理图 | | | | |
| 4. 分析电路原理<br>电气设计工程师完成点动控制电路原理分析 | 电路原理分析 | | | | |
| 5. 电气电路配盘<br>电气安装员完成点动控制电路配盘 | 工序 | | 完成情况 | | 遇到的问题 |
| | 电气元件布局 | | | | |
| | 电气元件安装 | | | | |
| | 电气元件接线 | | | | |
| 6. 电路检查<br>电气安装员与项目验收员一起完成点动控制电路检查 | 工序 | | 完成情况 | | 遇到的问题 |
| | | | | | |
| | | | | | |
| | | | | | |

续表

| 流程 | 任务单 | | | |
|---|---|---|---|---|
| | 班级 | | 小组名称 | |
| | 工序 | 完成情况 | | 遇到的问题 |
| 7. 通电试车 电气安装员与项目验收员完成点动控制电路验收 | | | | |

微课：电路装配及通电试车

## 1.5 任务评价

| 项目内容 | 评分标准 | 配分 | 扣分 | 得分 |
|---|---|---|---|---|
| 装前检查 | (1) 电动机质量检查，每漏一处扣 3 分；<br>(2) 电气元件漏检或错检，每处扣 2 分 | 15 | | |
| 安装元件 | (1) 不按布置图安装，扣 10 分；<br>(2) 元件安装不牢固，每只扣 2 分；<br>(3) 安装元件时漏装螺钉，每只扣 0.5 分；<br>(4) 元件安装不整齐、不匀称、不合理，每只扣 3 分；<br>(5) 损坏元件，扣 10 分 | 15 | | |
| 布线 | (1) 不按电路图接线，扣 15 分；<br>(2) 布线不符合要求：主电路，每根扣 2 分；控制电路，每根扣 1 分；<br>(3) 接点松动、接点露铜过长、压绝缘层、反圈等，每处扣 0.5 分；<br>(4) 损伤导线绝缘或线芯，每根扣 0.5 分；<br>(5) 标记线号不清楚、遗漏或误标，每处扣 0.5 分 | 30 | | |
| 通电试车 | (1) 第一次试车不成功，扣 10 分；<br>(2) 第二次试车不成功，扣 20 分；<br>(3) 第三次试车不成功，扣 30 分 | 40 | | |
| 安全文明生产 | 违反安全、文明生产规程，扣 5～40 分 | | | |
| 定额时间 90 min | 每超时 5 min 扣 5 分 | | | |
| 备注 | 除定额时间外，各项目的最高扣分不应超过配分 | | | |
| 开始时间 | | 结束时间 | 实际时间 | |

指导教师签名_____ 日期_____

笔记区

## 任务 2　三相异步电动机连续运转控制电路

### 2.1　任务引入

【情境描述】

在工厂中需要为一台土豆清洗机装配电气控制箱，它的电气控制电路是三相异步电动机连续运转控制电路。

【任务要求】

要求完成一台三相异步电动机连续运转控制电路装配，并通电试车。

情境动画

### 2.2　任务分析

【学习目标】

掌握热继电器的结构、符号、工作原理；了解自锁的概念及作用；掌握三相异步电动机连续运转控制方法及原理，并能够正确地对电路进行绘图及装配。在任务实施中要具有安全规范操作的职业习惯，培养安全意识、大局意识、协作意识、精益求精的工匠精神。

任务分析

【分析任务】

三相异步电动机连续运转控制电路如图 2-17 所示，首先看一下通电操作，合上低压断路器，通上电源，按下启动按钮，电动机转动，松开按钮后电动机继续运行，按下停止按钮，电动机停转。它和点动控制相比，按下启动按钮，电动机运转后，松开启动按钮不会因为按钮弹簧弹开，断开电路而停转，电动机会连续运行。三相异步电动机连续运转电路适用于需要电动机持续运行，不需要频繁起停的场合。在很多机床电气控制及自动生产线中，需要一个长时间连续的动力，就需要用到连续运转电路。比如这次任务中的土豆清洗机就需要用到三相异步电动机连续运转控制电路。

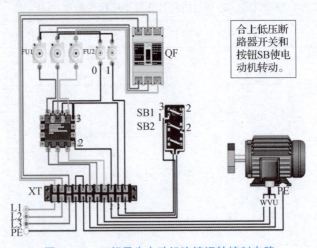

动画：连续运转控制电路操作

图 2-17　三相异步电动机连续运转控制电路

## 2.3 知识链接

**【知识点1】热继电器**

热继电器在电路中用于电动机的过载保护。电动机过载是指电动机的实际使用功率超过电动机的额定功率。电动机在实际运行中，常遇到过载情况。若过载不大，时间较短，绕组温升不超过允许范围，是允许的。但过载时间较长，绕组温升超过了允许值，将会加剧绕组老化，从而缩短电动机的使用寿命，严重时会烧毁绕组。因此，凡是长期运行的电动机必须设置过载保护。

热继电器外观及符号如图2-18所示。

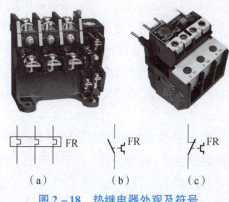

图2-18 热继电器外观及符号
(a) 热元件；(b) 常开触点；(c) 常闭触点

### 1. 热继电器的结构及工作原理

双金属片式热继电器主要由热元件、主双金属片、触点系统、动作机构、复位按钮、电流整定装置和温度补偿元件等部分组成，如图2-19所示。

动画：热继电器
工作原理

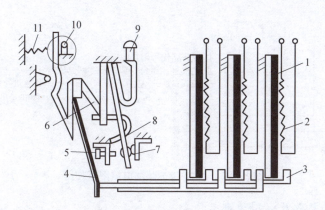

1—主双金属片；2—电阻丝；3—导板；4—补偿双金属片；5—螺钉；6—推杆；7—静触点；8—动触点；
9—复位按钮；10—调节凸轮；11—弹簧。

图2-19 双金属片式热继电器结构原理图

热继电器是利用电流流过发热元件产生热量来使检测元件受热弯曲，进而推动机构动作的一种保护电器。由于发热元件具有热惯性，因此在电路中不能用于瞬时过载保护，更不能做短路保护,主要用作电动机的长期过载保护。在电力拖动控制系统中应用最广的是双金属片式热继电器。

双金属片是热继电器的感测元件,它是将两种线胀系数不同的金属片以机械辗压的方式使其形成一体,线胀系数大的称为主动片,线胀系数小的称为被动片。而环绕其上的电阻丝串接于电动机定子电路中,流过电动机定子线电流,反映电动机过载情况。由于电流的热效应,使双金属片变热产生线膨胀,于是双金属片向被动片一侧弯曲,当电动机正常运行时,热元件产生的热量虽能使双金属片弯曲,但还不足以使热继电器的触点动作;只有当电动机长期过载时,过载电流流过热元件,使双金属片弯曲位移增大,经一定时间后,双金属片弯曲到推动导板,并通过补偿双金属片与推杆将静触点与动触点分开,此常闭触点串接于接触器线圈电路中,触点分开后,接触器线圈断电,接触器主触点断开电动机定子电源,实现电动机的过载保护。

微课:热继电器复位调节

调节凸轮用来改变补偿双金属片与导板间的距离,达到调节整定动作电流的目的。此外,调节复位螺钉来改变常开触点的位置,使继电器工作在手动复位或自动复位两种工作状态下。调试手动复位时,在故障排除后需按下复位按钮才能使常闭触点闭合。

微课:热继电器整定电流调节

补偿双金属片可在规定范围内补偿环境温度对热继电器的影响,当环境温度变化时,主双金属片与补偿双金属片同时向同一方向弯曲,使导板与补偿双金属片之间的推动距离保持不变。这样,继电器的动作特性将不受环境温度变化的影响。

### 2. 热继电器的型号含义

热继电器主要产品型号有 JR20、JRS1、JR0、JR10、JR14 和 JR15 等系列,引进产品有 T 系列、3UA 系列和 LR1-D 系列等。其中,JR15 为两相结构,其余大多为三相结构,并可带断相保护装置;JR20 为更新换代产品,用来与 CJ20 型交流接触器配套使用。

JR20 系列热继电器型号含义如图 2-20 所示。

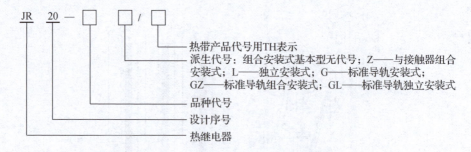

图 2-20 JR20 系列热继电器型号含义

### 3. 热继电器的参数及选用原则

热继电器的主要技术参数有额定电压、额定电流、相数、热元件编号、整定电流及整定电流调节范围等。

热继电器的选用原则如下。

(1)一般情况下可选用两相结构的热继电器。对于电网电压均衡性较差,无人看管的电动机、大容量电动机或共用一组熔断器的电动机，宜选用三相结构的热继电器。三相绕组作三角形接法的电动机，应采用有断相保护装置的三相热继电器作过载保护。

（2）热元件的额定电流等级一般大于电动机的额定电流。整定电流是指热元件能够长期通过而不至于引起热继电器动作的电流。热元件选定后，再根据电动机的额定电流调整热继电器的整定电流，使整定电流与电动机的额定电流基本相等。

（3）双金属片式热继电器一般用于轻载、不频繁启动的过载保护。对于重载、频繁启动的电动机则可用过电流继电器（延时型）作它的过载保护。因为热元件受热变形需要时间，故热继电器不能作短路保护。

（4）对于工作时间较短、间歇时间较长的电动机以及虽然长期工作但过载的可能性很小的电动机（如排风机），可以不设过载保护。

（5）对于重复短时工作制的电动机（如起重电动机等），由于电动机不断重复升温，热继电器双金属片的温升跟不上电动机绕组的温升变化，因而电动机将得不到可靠保护。因此，不宜采用双金属片式热继电器。

【知识点2】 带过载保护的三相异步电动机连续运转电路

### 1. 电路的组成

三相异步电动机连续运转电路如图 2-21 所示，我们看到这个电路用到的低压电器有断路器、熔断器、接触器、按钮和热继电器。

### 2. 电路原理

连续运转控制是相对点动控制而言的，它是指在按下启动按钮，电动机启动后，若松开按钮，电动机仍然能够通电连续运转，除非按下停止按钮使电动机停止运转。

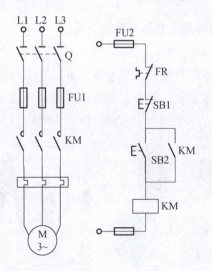

微课：三相异步电动机连续运转电路工作原理

图 2-21 三相异步电动机连续运转电路

（1）启动。

按下 SB2→KM 线圈通电吸合→KM 主触点闭合→电动机 M 启动
　　　　　　　　　　→KM 辅助常开触点闭合→进行自锁

在电路中，接触器 KM 的辅助常开触点与启动按钮 SB2 并联，当松开 SB2 后，接触 KM 的线圈仍能依靠其辅助常开触点保持通电，使电动机能连续运行，这一作用称为自锁。显然，如果没有自锁，当按下按钮 SB2 时电动机运行，如果松手电动机即停转，这就成为点动控制。

（2）停止。

按下 SB1→KM 线圈断电释放→KM 主触点断开→电动机 M 停转
　　　　　　　　　　　　　　→KM 辅助常开触点断开→解除自锁

（3）电路中的保护环节。

①短路保护。

由熔断器 FU1、FU2 分别对主电路和控制电路实行短路保护。

②过载保护。

由热继电器 FR 实现。FR 的热元件串联在电动机的主电路中，当电动机过载电流达到一定程度时，FR 的常闭触点断开，KM 因线圈断电而释放，从而切断电动机三相交流电路。

③失压保护。

电路每次都必须按下启动按钮 SB2，电动机才能通电启动运行，这就保证了在突然停电而又恢复供电时，不会因电动机自行启动而造成设备和人身事故。通常把这种在突然停电时能够自动切断电动机电源的保护称为失压（或零压）保护。

④欠压保护。

如果电源电压过低（如降至额定电压的 85% 以下），则接触器电磁线圈产生的电磁吸力不足，接触器会在复位弹簧的作用下释放，从而切断电动机电源。该接触器控制电路对电动机有欠压保护的作用。

【知识点3】三相异步电动机连续运转电路装配

1. 材料准备

电路装配前，首先要准备好材料。需要准备的材料有器件材料和电工工具，器件材料要按照电路清单列表将需要的接触器、熔断器等低压电器和导线等耗材准备好。电工工具是装配过程中常使用到的十字和一字螺丝刀以及剥线钳、尖嘴钳等，如图 2-22 所示。

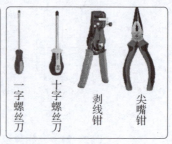

微课：三相异步电动机连续运转电路装配

图 2-22　材料和工具

2. 检测工作

装配前进行器件和电动机的检测工作，保证器件和电动机的完好。

(1) 低压电器的检测。

首先对外观检查,是否有裂纹和构件的残缺,对触点检查,触点有没有污垢,是否发生了变形,这些都会导致触点接触不良,如果有这些情况,应该更换器件。

其次对器件检测（见图2-23）,检测各触点线圈通断是否正常。

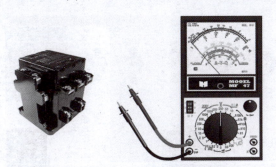

动画：器件检测

图2-23　器件检测

通常使用万用表检测器件的电气性能是否正常,以接触器线圈检测为例,了解一下检测的步骤。

第一步,将万用表调到欧姆挡的1 K或×100挡位上,调零。

第二步,将万用表的红表笔笔头和黑表笔笔头分别接在线圈的两个触点上,如果万用表的指针迅速偏转到某个值,则可以判断线圈是好的。如果指针没有发生偏转,说明线圈里面发生了断路。如果指针发生偏转,并指在零刻度线或者非常接近零刻度线,说明线圈发生了短路。

(2) 电动机的检测。

使用兆欧表进行电动机检测（见图2-24）,保证电动机性能完好。对三相异步电动机的检测要使用到兆欧表。检测的方法是,将兆欧表接线柱L接在电动机绕组上,摇动兆欧表的发动机手柄,其转速一般为120 r/min。若指针指向0,则电动机线圈或设备绝缘损坏,若指针指向无穷,则表明线圈或设备与外壳绝缘良好,若有读数则是电动机绕组对地绝缘电阻。用兆欧表的两接线柱E和L分别接电动机的两相绕组,摇动兆欧表的发动机手柄,其转速一般为120 r/min,在指针稳定后读数。若指针指向0,则电动机线圈通路,若指针指向无穷大,则表明线圈已断线,若有读数则是电动机绕组的相间绝缘电阻。一般在1 MΩ以上可以认为是合格的。

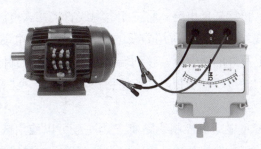

动画：电动机检测

图2-24　电动机检测

## 3. 器件布置与安装

器件布置（见图 2-25）要合理规范，首先按照接线图规定的位置将电气元件摆放在安装底板上，各元件的安装位置应齐整、匀称、间距合理，以保证电路的美观整齐；其次再定位打孔，将各电气元件加以固定。

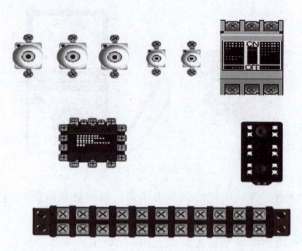

动画：器件布置

图 2-25 器件布置

当进行元件安装时，电源开关和发热元件应安装在电气柜的上部或者后部，并且电源开关的受电端子应安装在控制板的外侧，接触器一般放在中部，端子排一般放在控制柜的最下方。元件的安装位置应该整齐、匀称、间距合理，便于元件的更换与散热。外形尺寸与结构类似的电器可安放在一起，以利于加工、安装和配线。

熔断器一般放在电源开关附近，空出一定的间距方便接线。

低压断路器与控制柜上边缘的间距一般最少保持在 15 cm 以保证主电缆能够有足够的安装空间。熔断器与接触器、接触器与端子排之间也要保证一定的距离，以保证在二次侧导线安装时能够有足够的空间，一般保持在 20 cm 以上。

按钮一般放在控制板下方，端子排附近，方便接线。

端子排与控制柜下边缘的间距一般应保持在 15 cm 以上以保证接入外部控制对象时能够有足够的安装空间。

## 4. 按图接线

接线应先接主电路，再接辅助电路。将三相电源线直接接入电源开关的上接线端子。主电路从电源开关的下接线端子开始，所用导线的横截面应根据电动机的工作电流来适当选取。导线准备好后，套上写好的线号管，接到端子上。接线应做到横平竖直，分布对称。电动机接线盒至安装底板上的接线端子板之间应使用护套线连接。注意做好电动机外壳的接地保护线。

辅助电路（对中小容量电动机控制线路而言）一般可以使用截面积为 1.5 mm$^2$ 左右的导线连接。将同一走向的相邻导线并成一束，接入螺钉端子的导线先套好线号管，将芯线按顺时针方向围成圆环，压接入端子，避免旋紧螺钉时将导线挤出，排除虚接处。

### 5. 通电试车

（1）对照原理图、接线图逐线检查，防止错接、漏接。

（2）检查所有端子接线的接触情况，排除虚接处。

（3）万用表检查。

检查控制电路时，插好熔断器 FU2 的瓷盖，将万用表拨到 R×10 或 R×100 挡，万用表表笔接电源开关下方控制电路所用的电源端，应测得断路；按下按钮 SB2，应测得接触器 KM 线圈的电阻值。若有异常，可移动表笔，逐步缩小故障范围，这是一种快速可靠的探查方法。

（4）通电试车。完成上述检查后，清点工具，清理安装板上的线头杂物，检查三相电源电压。一切正常后，在指导老师的监护下通电试车。合上低压电路器通电，按下启动按钮，电机转动，松开按钮后电机继续运转，按下停止按钮，电机停转。电路运行正常，电路装配成功。

## 2.4 任务实施

【实施要求】

（1）认真仔细连接电路并自检，确认无误后方可通电。

（2）连接电路时，要按照"先主后控、先串后并、上入下出、左进右出"的原则接线，做到心中有数。

（3）主、控制电路的导线要区分开颜色，以便于检查。

（4）实验所用电压为 380 V 或 220 V 的三相交流电，严禁带电操作，不可触及导电部件，尽可能单手操作，保证人身和设备的安全。

仿真：三相异步电动机连续运转电路的装配

【工作流程】

| 流程 | 任务单 | | | |
|---|---|---|---|---|
| | 班级 | | 小组名称 | |
| 1. 岗位分工<br>小组成员按项目经理（组长）、电气设计工程师、电气安装员和项目验收员等岗位进行分工，并明确个人职责，合作完成任务。采用轮值制度，使小组成员在每个岗位都得到锻炼 | 团队成员 | 岗位 | | 职责 |
| | | | | |
| | | | | |
| | | | | |
| | | | | |

续表

| 流程 | 任务单 | | | | |
|---|---|---|---|---|---|
| | 班级 | | | 小组名称 | |
| 2. 领取原料<br>项目经理（组长）填写物料和工具清单，领取器件并检查 | 物料和工具清单 | | | | |
| | 序号 | 物料或工具名称 | 规格 | 数量 | 检查是否完好 |
| | | | | | |
| | | | | | |
| | | | | | |
| | | | | | |
| | | | | | |
| 3. 绘制电气原理图<br>电气设计工程师完成三相异步电动机连续运转电路电气原理图的绘制 | 电气原理图 | | | | |
| 4. 分析电路原理<br>电气设计工程师完成三相异步电动机连续运转电路原理分析 | 电路原理分析 | | | | |
| 5. 电气电路配盘<br>电气安装员完成三相异步电动机连续运转电路配盘 | 工序 | | 完成情况 | | 遇到的问题 |
| | 电气元件布局 | | | | |
| | 电气元件安装 | | | | |
| | 电气元件接线 | | | | |
| 6. 电路检查<br>电气安装员与项目验收员一起完成三相异步电动机连续运转电路检查 | 工序 | | 完成情况 | | 遇到的问题 |

续表

| 流程 | 任务单 | | | |
|---|---|---|---|---|
| | 班级 | | 小组名称 | |
| 7. 通电试车<br>电气安装员与项目验收员完成三相异步电动机连续运转电路验收 | 工序 | 完成情况 | | 遇到的问题 |
| | | | | |

电路装配及通电试车

## 2.5 任务评价

| 项目内容 | 评分标准 | 配分 | 扣分 | 得分 |
|---|---|---|---|---|
| 装前检查 | (1) 电动机质量检查，每漏一处扣 3 分；<br>(2) 电气元件漏检或错检，每处扣 2 分 | 15 | | |
| 安装元件 | (1) 不按布置图安装，扣 10 分；<br>(2) 元件安装不牢固，每只扣 2 分；<br>(3) 安装元件时漏装螺钉，每只扣 0.5 分；<br>(4) 元件安装不整齐、不匀称、不合理，每只扣 3 分；<br>(5) 损坏元件，扣 10 分 | 15 | | |
| 布线 | (1) 不按电路图接线，扣 15 分；<br>(2) 布线不符合要求：主电路，每根扣 2 分；控制电路，每根扣 1 分；<br>(3) 接点松动、接点露铜过长、压绝缘层、反圈等，每处扣 0.5 分；<br>(4) 损伤导线绝缘或线芯，每根扣 0.5 分；<br>(5) 标记线号不清楚、遗漏或误标，每处扣 0.5 分 | 30 | | |
| 通电试车 | (1) 第一次试车不成功，扣 10 分；<br>(2) 第二次试车不成功，扣 20 分；<br>(3) 第三次试车不成功，扣 30 分 | 40 | | |
| 安全文明生产 | 违反安全、文明生产规程，扣 5~40 分 | | | |
| 定额时间 90 min | 每超时 5 min 扣 5 分 | | | |
| 备注 | 除定额时间外，各项目的最高扣分不应超过配分 | | | |
| 开始时间 | 结束时间 | | 实际时间 | |

指导教师签名_____ 日期_____

# 任务 3　三相异步电动机正反转控制

## 3.1　任务引入

**【情境描述】**

在工厂中有很多货梯，为了控制货梯的上升下降，需要为货梯的控制系统组装一套三相异步电动机正反转控制电路。

情境动画

**【任务要求】**

要求完成一台三相异步电动机正反转控制电路装配，并通电试车。

## 3.2　任务分析

**【学习目标】**

了解电动机正、反转各种控制电路的构成和工作原理，掌握电气互锁的概念、构成及作用。能够准确地对电动机正反转电路绘图及安装。掌握电动机正反转电路的检测及通电调试方法。在任务实施中要具有安全规范操作的职业习惯，培养安全意识、大局意识、协作意识、精益求精的工匠精神。

**【分析任务】**

三相异步电动机正反转控制电路如图 2-26 所示，按下正转按钮电动机正向运行，按下反转按钮，电动机反向运行。在日常生活或工业生产中，许多机械往往要求运动部件可以向正反两个方向运动，比如电梯的上升与下降，伸缩起重器的前进与后退，调节手柄的上下升降等，它们都是由三相异步电动机正反转控制电路来实现的。

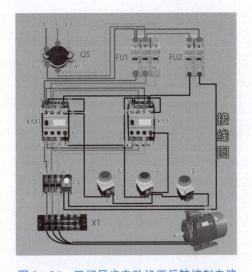

任务分析

图 2-26　三相异步电动机正反转控制电路

## 3.3 知识链接

### 【知识点1】正反转控制电路

#### 1. 实现正反转

电源相序（见图2-27）决定了三相异步电动机转子转动的方向，当改变通入电动机定子绕组的三相电源相序，即把接入电动机三相电源进线中的任意两相对调接线时，电动机就可以反转。

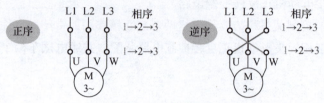

图2-27 电源相序

#### 2. 正反转控制电路

如图2-28所示是无互锁的正反转控制电路，是将两个单向旋转控制电路组合而成。主电路由正、反转接触器KM1、KM2的主触点来实现电动机三相电源任意两相的换相，即正转用接触器KM1和反转用的接触器KM2，它们分别用正转按钮SB1和反转按钮SB2控制。从主电路中可以看出，这两个接触器的主触点所接通的电源相序不同，KM1按L1—L2—L3相序接线，KM2则按L3—L2—L1相序接线，从而实现电动机正反转。当需要正转启动时，按下正转启动按钮SB2，KM1线圈通电吸合并自锁，电动机正向启动并运转；当需要反转启动时，按下反转启动按钮SB3，KM2线圈通电吸合并自锁，电动机便反向启动并运转。

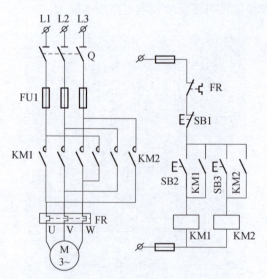

微课：正反转控制电路分析

图2-28 无互锁的正反转控制电路

但此电路在操作时容易出现严重问题，如在按下正转启动按钮SB2，电动机已进入正转运行后，发生又按下反转启动按钮SB3的误操作时，由于正反转接触器KM1、KM2线圈均通电吸合,其主触点均闭合,于是发生电源两相短路,致使熔断器 FU1 熔体熔断,电动机无法工作。因此,该电路在任何时候只能允许一个接触器通电工作。为此,通常在控制电路中加入互锁,从而防止正反转接触器 KM1、KM2 线圈同时通电,制止短路的发生。

【知识点 2】互锁

互锁即互相锁住,互相禁止的意思。一设备"动作"时,禁止另一设备"进入动作状态"。

### 1. 接触器互锁的正反转控制电路

将 KM1、KM2 正反转接触器常闭辅助触点串接在对方线圈电路中,形成相互制约的控制,这种相互制约的控制关系称为互锁,这两对起互锁作用的常闭触点称为互锁触点。

具有电气互锁的正反转控制电路如图 2-29 所示。线路中采用了两个接触器,即正转用接触器 KM1 和反转用接触器 KM2,它们分别用正转按钮 SB2 和反转按钮 SB3 控制。从主电路中可以看出,这两个接触器的主触点所接通的电源相序不同,KM1 按 L1—L2—L3 相序接线,KM2 则按 L3—L2—L1 相序接线。

由主电路看出接触器 KM1 和 KM2 的主触点决不允许同时闭合,否则将造成两相电源短路事故。为了避免两个接触器同时得电动作,就要在正反转控制电路中分别串接对方接触器的一对常闭辅助触点,这种互锁称为电气互锁,这样,当一个接触器得电动作时,通过其常闭触点使另一个接触器不得电动作,接触器间这种相互制约的作用叫接触器互锁。

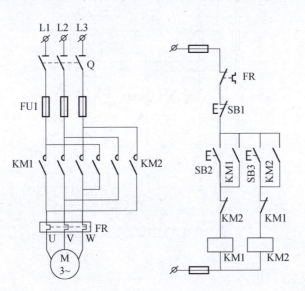

微课:电气互锁正反转电路分析

图 2-29　具有电气互锁的正反转控制电路

电路工作原理:

先合上电源开关 Q。

正转控制:

按下 SB2→KM1 线圈得电→KM1 自锁触点闭合自锁
　　　　　　　　　　→KM1 主触点闭合→电动机 M 正转启动连续运转

反转控制：
按下 SB3→KM2 线圈得电→KM2 自锁触点闭合自锁
　　　　　　→KM2 主触点闭合→电动机 M 反转启动连续运转
停止：按下 SB1，整个控制电路失电，主触点分断，电动机 M 失电停转

从以上分析可见，该线路的优点是工作可靠，但缺点是操作不便，正、反转变换时需要按下停止按钮。

为了克服接触器互锁的正反转控制线路操作不便的缺点，可以采用按钮互锁的正反转控制线路，这种正反转控制线路的工作原理与接触器互锁的正反转控制线路的工作原理基本相同。

2. 按钮、接触器双重互锁的正反转控制电路

为了克服接触器的正反转控制线路和按钮互锁的正反转控制线路的不足，在接触器互锁的基础上又增加了一对按钮互锁，这对互锁是将正、反转启动按钮的常闭辅助触点串接在对方接触器线圈电路中，这种互锁称为按钮互锁，又称机械互锁。如图 2-30 所示是具有双重互锁的正反转控制电路。

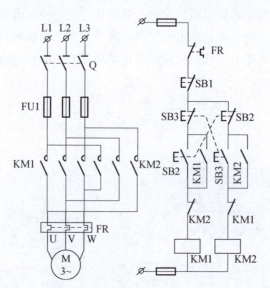

微课：双重互锁正反转电路分析

图 2-30　具有双重互锁的正反转控制电路

电路工作原理：
先合上电源开关 Q。
正转控制：
按下 SB2→SB2 常闭触点先分断对 KM2 互锁
　　　　　→SB2 常开触点后闭合→KM1 线圈得电→KM1 自锁触点闭合自锁
　　　　　　　　　　　　　　　　→KM1 主触点闭合→电动机 M 正转启动连续运转
　　　　　　　　　　　　　　　　→KM1 互锁触点分断对 KM2 互锁
反转控制：

按下 SB3→SB3 常闭触点先分断→KM1 线圈失电→KM1 自锁触点分断
　　　　　　　　　　　　　→KM1 主触点分断→电动机 M 正转失电
　　　　　　　　　　　　　→KM1 互锁触点恢复闭合→KM2 线圈得电
　　→SB3 常开触点后闭合
　　→KM2 自锁触点闭合自锁
　　→KM2 主触点闭合→电动机 M 启动连续反转
　　→KM2 联锁触点分断对 KM1 互锁

停止：按下 SB1→整个控制电路失电→主触点分断→电动机 M 失电停转。

该电路可以实现不按停止按钮，由正转直接变反转，或由反转直接变正转。这是因为按钮互锁触点可实现先断开正在运行的电路，再接通反向运转电路，称为正-反-停电路。

【知识点3】 转换开关控制电动机正反转电路

转换开关控制电动机正反转电路如图2-31所示。图中 SC 是转换开关，SC 有4对触点，3个工作位置。当 SC 置于上、下方不同位置时，通过其触点来改变电动机定子接入三相交流电源的相序，进而改变电动机的旋转方向。在这里，接触器 KM 作为线路接触器使用。转换开关 SC 为电动机旋转方向预选开关，由按钮来控制接触器，再由接触器主触点来接通或断开电动机三相电源，实现电动机的启动和停止。

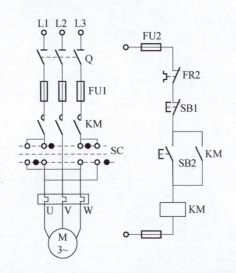

图 2-31　转换开关控制电动机正反转电路

## 3.4　任务实施

【实施要求】

（1）认真仔细连接电路并自检，确认无误后方可通电。

（2）连接电路时，要按照"先主后控、先串后并、上入下出、左进右出"的原则接线，做到心中有数。

（3）主、控制电路的导线要区分开颜色，以便于检查。

(4) 实验所用电压为 380 V 或 220 V 的三相交流电,严禁带电操作,不可触及导电部件,尽可能单手操作,保证人身和设备的安全。

**【工作流程】**

| 流程 | 任务单 | | | | |
|---|---|---|---|---|---|
| | 班级 | | | 小组名称 | |
| 1. 岗位分工<br>小组成员按项目经理（组长）、电气设计工程师、电气安装员和项目验收员等岗位进行分工,并明确个人职责,合作完成任务。采用轮值制度,使小组成员在每个岗位都得到锻炼 | 团队成员 | 岗位 | | 职责 | |
| | | | | | |
| | | | | | |
| | | | | | |
| | | | | | |
| | | | | | |
| 2. 领取原料<br>项目经理（组长）填写物料和工具清单,领取器件并检查 | 物料和工具清单 | | | | |
| | 序号 | 物料或工具名称 | 规格 | 数量 | 检查是否完好 |
| | | | | | |
| | | | | | |
| | | | | | |
| | | | | | |
| | | | | | |
| 3. 绘制电气原理图<br>电气设计工程师完成正反转控制电路电气原理图的绘制 | 电气原理图 | | | | |
| 4. 分析电路原理<br>电气设计工程师完成正反转控制电路原理分析 | 电路原理分析 | | | | |

续表

| 流程 | 任务单 | | |
|---|---|---|---|
| | 班级 | 小组名称 | |
| | 工序 | 完成情况 | 遇到的问题 |
| 5. 电气电路配盘<br>电气安装员完成正反转控制电路配盘 | 电气元件布局 | | |
| | 电气元件安装 | | |
| | 电气元件接线 | | |
| | 工序 | 完成情况 | 遇到的问题 |
| 6. 电路检查<br>电气安装员与项目验收员一起完成正反转控制电路检查 | | | |
| | 工序 | 完成情况 | 遇到的问题 |
| 7. 通电试车<br>电气安装员与项目验收员完成正反转控制电路验收 | | | |

电路装配及通电试车

## 3.5 任务评价

| 项目内容 | 评分标准 | 配分 | 扣分 | 得分 |
| --- | --- | --- | --- | --- |
| 装前检查 | （1）电动机质量检查，每漏一处扣3分；<br>（2）电气元件漏检或错检，每处扣2分 | 15 | | |
| 安装元件 | （1）不按布置图安装，扣10分；<br>（2）元件安装不牢固，每只扣2分；<br>（3）安装元件时漏装螺钉，每只扣0.5分；<br>（4）元件安装不整齐、不匀称、不合理，每只扣3分；<br>（5）损坏元件，扣10分 | 15 | | |
| 布线 | （1）不按电路图接线，扣15分；<br>（2）布线不符合要求：主电路，每根扣2分；控制电路，每根扣1分；<br>（3）接点松动、接点露铜过长、压绝缘层、反圈等，每处扣0.5分；<br>（4）损伤导线绝缘或线芯，每根扣0.5分；<br>（5）标记线号不清楚、遗漏或误标，每处扣0.5分 | 30 | | |
| 通电试车 | （1）第一次试车不成功，扣10分；<br>（2）第二次试车不成功，扣20分；<br>（3）第三次试车不成功，扣30分 | 40 | | |
| 安全文明生产 | 违反安全、文明生产规程，扣5～40分 | | | |
| 定额时间90 min | 每超时5 min扣5分 | | | |
| 备注 | 除定额时间外，各项目的最高扣分不应超过配分 | | | |
| 开始时间 | 结束时间 | | 实际时间 | |

指导教师签名_____　　日期_____

## 任务 4　自动往复控制

### 4.1　任务引入

**【情境描述】**

龙门刨床（见图 2-32）主运动为刨刀往复直线运动，需要为龙门刨床的控制系统组装一套自动往复控制电路。

情境动画

图 2-32　龙门刨床

**【任务要求】**

要求完成一台龙门刨床自动往复控制电路装配，并通电试车。

### 4.2　任务分析

**【学习目标】**

掌握行程开关的结构、符号、工作原理、选用与检测，理解自动往复控制电路的控制原理及设计技巧，能够准确地对自动往复控制电路绘图及安装。在任务实施中要具有安全规范操作的职业习惯，培养安全意识、劳动意识、协作意识、精益求精的工匠精神。

**【分析任务】**

龙门刨床在加工时刨台需要频繁地往复运动。工农业生产中，很多机械设备需要自动往复运动，例如机床的工作台、高炉的加料设备等。如图 2-33 所示是自动往复控制电路。通过通电操作，工作台在碰到两端的电气元件后，自动反向运动。两端的电气元件叫行程开关，是实现自动往复运动的关键。

### 4.3　知识链接

**【知识点1】行程开关**

行程开关（见图 2-34）是一种主令电器，又称限位开关或位置开关。它利用生产机械运动部件的碰撞使其内部触点动作，分段或切断电路，从而控制生产机械行程、位置或改变

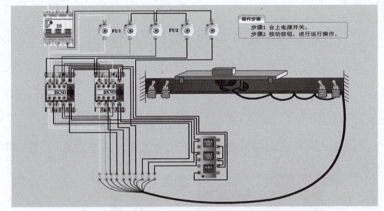

任务分析

图 2-33　自动往复控制电路

其运动状态。它的作用与按钮相同,是一种利用生产机械某些部件的碰撞接通或断开某些电路从而达到一定控制要求的电器。主要用于控制生产机械行程、位置或改变其运动状态。常用的有 LX10、JLXK1 等系列。

微课：行程开关

图 2-34　行程开关

**1. 行程开关的结构和工作原理**

行程开关的种类很多,最常见的有按钮式和旋转式两种。旋转式又有单轮旋转式和双滚轮旋转式两种,如图 2-35 所示。

(a)　　　　　　　　　(b)

图 2-35　行程开关的种类
(a) 按钮式；(b) 旋转式

行程开关的结构主要分为三个部分：操作头（感测部分）、触点系统（执行部分）和外壳。更具体分解的话有滚轮、杠杆、转轴、复位弹簧、撞块、微动开关、凸轮、调节螺钉等部件，如图 2-36 所示。

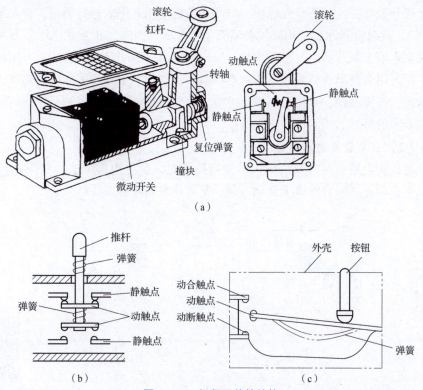

图 2-36 行程开关的结构
(a) 滚轮式行程开关结构；(b) 直动式行程开关结构；(c) 微动式行程开关结构

行程开关内部有一对常开触点和一对常闭触点。当碰触行程开关的滚轮时，内部操作系统动作，使常开触点闭合，常闭触点断开。行程开关的符号如图 2-37 所示。

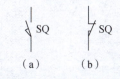

图 2-37 行程开关的符号
(a) 常开触点；(b) 常闭触点

动画：行程开关工作原理

通过按钮式行程开关来分析下它的工作原理。未撞击行程开关推杆时，行程开关常闭触点处于闭合状态，常开触点处于断开状态，当机械部分撞击行程开关推杆时，弯形片状弹簧中间被压下，两侧向上弯曲，顶着动触点上升，行程开关常闭触点先断开，常开触点后闭合，回位弹簧变形挤压，当机械部分离开行程开关推杆时，回位弹簧复位，弯形片状弹簧复位，行程开关常开触点先复位，常闭触点后复位。

## 2. 行程开关的检查和检测

行程开关使用之前，要对行程开关进行检查和检测。

（1）对器件外观进行检查。

查看是否有破损，然后按下行程开关滚轮，看是否有卡顿现象。

（2）对器件进行检测。

打开行程开关外壳，卸下外壳螺丝，打开上盖板。用万用表进行测量，首先把万用表调到"声讯挡"，校对没问题后，用红黑表笔测量常开触点两端，正常状态下，万用表不发出声响，表明触点处于断开状态，按下滚轮，发出蜂鸣声，表明触点闭合。对常闭触点的测量方法相同，用万用表红黑表笔测量常闭触点两端，正常状态下万用表发出蜂鸣声，表明触点处于闭合状态，按下滚轮，万用表不发出声响，表明触点断开。通过测量，我们能够判断所使用的行程开关的好坏。

【知识点2】自动往复控制电路

自动往复控制电路（见图2-38）的控制要求是，合上电源开关，按下正转或反转按钮，工作台会在两点之间自动改变运动方向，从而往复循环运动。

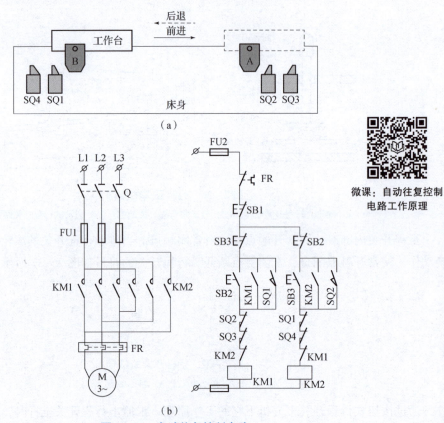

图2-38 自动往复控制电路

### 1. 电路工作原理

合上主电路与控制电路电源开关，按下正转启动按钮 SB2，KM1 线圈通电并自锁，电动机正转启动旋转，拖动工作台前进向右移动，当移动到位时，撞块 A 压下 SQ2，其常闭触点断开，常开触点闭合，前者使 KM1 线圈断电，后者使 KM2 线圈通电并自锁，电动机由正转变为反转，拖动工作台由前进变为后退，工作台向左移动。当后退到位时，撞块 B 压下

SQ1，使 KM2 断电，KM1 通电，电动机由反转变为正转，拖动工作台变后退为前进，如此周而复始实现自动往复工作。当按下停止按钮 SB1 时，电动机停止，工作台停下。当行程开关 SQ1、SQ2 失灵时，电动机换向无法实现，工作台继续沿原方向移动，撞块将压下 SQ1 或 SQ2 限位开关，使相应接触器线圈断电释放，电动机停止，工作台停止移动，从而避免运动部件因超出极限位置而发生事故，实现限位保护。

### 2. 自动往复控制电路故障分析

①通电试车观察故障现象。

合上电源开关，按下正转或反转启动按钮，工作台运行，发现工作台碰撞到 SQ1 时，工作台停止并没有反方向运行，这不符合控制要求，说明电路有故障。

②分析电路查找故障点。

当工作台碰到行程开关 SQ1 时，电路中它的常闭触点会断开 KM2 线圈得电，停止当前运动，它的常开触点会闭合从而接通 KM1 线圈的电路，进而反向运行，但从故障现象发现，它虽然停止当前动作，但并没有反向运行，说明它并没有接通 KM1 线圈电路，因此故障的原因应该就在 SQ1 的常开触点，这时应该检查一下 SQ1 的两条连线是否接好，然后将故障排除。

## 4.4 任务实施

【实施要求】

（1）认真仔细连接电路并自检，确认无误后方可通电。

（2）连接电路时，要按照"先主后控、先串后并、上入下出、左进右出"的原则接线，做到心中有数。

（3）主、控制电路的导线要区分开颜色，以便于检查。

（4）实验所用电压为 380 V 或 220 V 的三相交流电，严禁带电操作，不可触及导电部件，尽可能单手操作，保证人身和设备的安全。

【工作流程】

| 流程 | 任务单 | | | |
|---|---|---|---|---|
| | 班级 | | 小组名称 | |
| 1. 岗位分工<br>小组成员按项目经理（组长）、电气设计工程师、电气安装员和项目验收员等岗位进行分工，并明确个人职责，合作完成任务。采用轮值制度，使小组成员在每个岗位都得到锻炼 | 团队成员 | 岗位 | | 职责 |
| | | | | |
| | | | | |
| | | | | |

续表

**笔记区**

| 流程 | 任务单 | | | | |
|---|---|---|---|---|---|
| | 班级 | | | 小组名称 | |
| 2. 领取原料<br>项目经理（组长）填写物料和工具清单，领取器件并检查 | 物料和工具清单 | | | | |
| | 序号 | 物料或工具名称 | 规格 | 数量 | 检查是否完好 |
| | | | | | |
| | | | | | |
| | | | | | |
| | | | | | |
| | | | | | |
| 3. 绘制电气原理图<br>电气设计工程师完成自动往复运动电路电气原理图的绘制 | 电气原理图 | | | | |
| 4. 分析电路原理<br>电气设计工程师完成自动往复运动电路原理分析 | 电路原理分析 | | | | |
| 5. 电气电路配盘<br>电气安装员完成自动往复运动电路配盘 | 工序 | 完成情况 | | 遇到的问题 | |
| | 电气元件布局 | | | | |
| | 电气元件安装 | | | | |
| | 电气元件接线 | | | | |
| 6. 电路检查<br>电气安装员与项目验收员一起完成自动往复运动电路检查 | 工序 | 完成情况 | | 遇到的问题 | |
| | | | | | |

续表

| 流程 | 任务单 | | | |
|---|---|---|---|---|
| | 班级 | | 小组名称 | |
| | 工序 | 完成情况 | | 遇到的问题 |
| 7. 通电试车<br>电气安装员与项目验收员完成自动往复运动电路验收 | | | | |

电路装配及通电试车

## 4.5 任务评价

| 项目内容 | 评分标准 | 配分 | 扣分 | 得分 |
|---|---|---|---|---|
| 装前检查 | （1）电动机质量检查，每漏一处扣 3 分；<br>（2）电气元件漏检或错检，每处扣 2 分 | 15 | | |
| 安装元件 | （1）不按布置图安装，扣 10 分；<br>（2）元件安装不牢固，每只扣 2 分；<br>（3）安装元件时漏装螺钉，每只扣 0.5 分；<br>（4）元件安装不整齐、不匀称、不合理，每只扣 3 分；<br>（5）损坏元件，扣 10 分 | 15 | | |
| 布线 | （1）不按电路图接线，扣 15 分；<br>（2）布线不符合要求：主电路，每根扣 2 分；控制电路，每根扣 1 分；<br>（3）接点松动、接点露铜过长、压绝缘层、反圈等，每处扣 0.5 分；<br>（4）损伤导线绝缘或线芯，每根扣 0.5 分；<br>（5）标记线号不清楚、遗漏或误标，每处扣 0.5 分 | 30 | | |
| 通电试车 | （1）第一次试车不成功，扣 10 分；<br>（2）第二次试车不成功，扣 20 分；<br>（3）第三次试车不成功，扣 30 分 | 40 | | |
| 安全文明生产 | 违反安全、文明生产规程，扣 5~40 分 | | | |
| 定额时间 90 min | 每超时 5 min 扣 5 分 | | | |
| 备注 | 除定额时间外，各项目的最高扣分不应超过配分 | | | |
| 开始时间 | 结束时间 | | 实际时间 | |

指导教师签名_____    日期_____

## 任务 5　三相异步电动机的顺序控制

### 5.1　任务引入

**【情境描述】**

在很多机床设备及生产线中，需要多台电动机运行，如皮带输送机系统，这个系统均由两台电动机 M1、M2 组成，为了保证正常运行，需要设计并装配一套两台电动机顺序启动和逆序停止电路。

**【任务要求】**

要求完成两台电动机顺序启动和逆序停止电路设计及装配，并通电试车。

情境动画

### 5.2　任务分析

**【学习目标】**

掌握顺序控制方法，能够设计绘制多台电动机顺序控制电路，掌握顺序控制电路装配及通电调试方法。在任务实施中要具有安全规范操作的职业习惯，培养安全意识、大局意识、协作意识、精益求精的工匠精神。

**【分析任务】**

如图 2-39 所示，此皮带输送机系统由两台电动机 M1、M2 组成，系统运行时为了防止压带或堵转，保证正常运行，对两台电动机启动和停止顺序有要求，启动时，M2 先启动，M1 后启动，停机时先停止 M1，后停止 M2，这就需要顺序控制。顺序控制就是指根据生产工艺的要求，按先后顺序启动或停止电动机。它的作用是保证生产系统（设备）按工艺要求安全可靠地工作。

任务分析

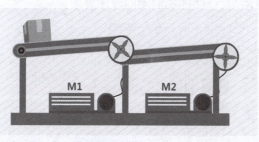

图 2-39　皮带输送机系统

动画：皮带输送机系统

### 5.3　知识链接

微课：位置关系实现顺序控制

**【知识点 1】位置关系实现顺序控制**

可以通过位置关系实现多台电动机启动的顺序控制，有两种方法，一种是在主电路中通过位置关系来实现顺序控制，另一种是在控制电路中通过位置关系来实现顺序控制。

如图 2-40 所示是在主电路中通过位置关系实现顺序启动的电气原理图。这个电路的特点是后起电动机 M2 的主电路接在先起电动机 M1 接触器 KM1 的主触点的下面。这样就保证了只有 KM1 主触点闭合，电动机 M1 启动后，M2 才有可能启动。在控制电路中，将由 SB2 控制 KM2 实现第二台电动机的控制。虽然在控制电路中，两台电动机启动电路并联，两台电动机启动按钮都可以先按下接通控制电路，但是因为两台电动机在主电路中的位置关系，决定了就算是先按下第二台电动机 M2 的启动按钮，第二台电动机 M2 也无法启动，只有第一台电动机启动按钮按下，KM1 线圈得电，KM1 主触点闭合，第一台电动机得电运转，第二台电动机 M2 的主电路才能接通电源，才能启动。

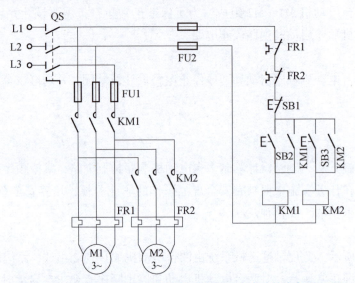

图 2-40 在主电路中通过位置关系实现顺序启动的电气原理图

如图 2-41 所示是在控制电路中通过位置关系实现顺序启动的电气原理图。在控制电路中，将电动机 M2 的控制电路与接触器 KM1 的线圈并联，保证了 KM1 得电后，KM2 才可能接通，从而实现了 M1 启动后，M2 才能启动的顺序要求。

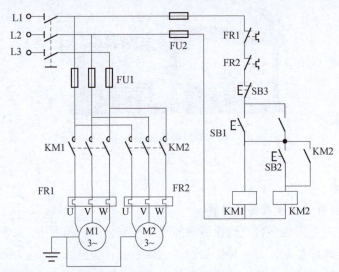

图 2-41 在控制电路中通过位置关系实现顺序启动的电气原理图

主电路的两台电动机可以是并联关系,也可以将后启动电动机的主电路下移,接在先启动电动机控制接触器主触点的下方,实现主电路和控制电路通过位置关系实现的双重顺序控制。

如图 2-42 所示是主电路和控制电路通过位置关系实现的双重顺序控制。

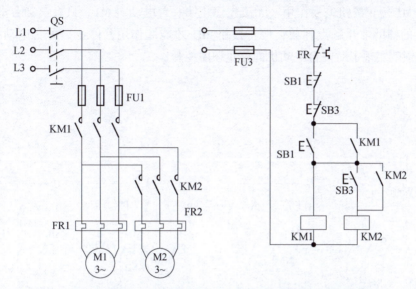

图 2-42　主电路和控制电路通过位置关系实现的双重顺序控制

电路原理分析如下:

合上电源开关,接通电源,按下启动按钮 SB2,接触器 KM1 线圈得电,KM1 主触点闭合,电动机 M1 得电运转,同时,KM1 辅助常开触点闭合,自锁。第一台电动机启动完毕后,主电路和控制电路为第二台电动机启动做好了电源准备,这时按下 SB3,接通第二台电动机控制回路,KM2 线圈得电,KM2 主触点闭合,M2 得电运转,KM2 辅助常开触点闭合,自锁,第二台电动机启动完毕。由此,就完成了第一台电动机 M1 先启动,第二台电动机 M2 后启动的顺序控制。

通过位置关系来实现顺序启动的控制,不管是在主电路还是控制电路实现,方法实质是一样的。

【知识点2】联锁实现启停顺序控制

通过联锁可以实现多台电动机启动和停止的顺序控制。如图 2-43(a)所示,主电路中电动机 M1 和 M2 各自可以独立启动和停止,相互没有制约,但由于控制电路不同,它们可以有不同的控制顺序。

微课:位置关系实现顺序控制

如图 2-43(b)所示,在电动机 M2 的控制电路中,串接了接触器 KM1 的常开辅助触点,构成联锁。显然,只要 KM1 常开触点不闭合(M1 不启动),KM2 线圈就不能得电,M2 电动机就不能启动。从而实现了第一台电动机 M1 先启动后,第二台电动机 M2 才能启动的顺序控制。

如图 2-43(c)所示,在第二台电动机 M2 控制电路中增加了一只停止按钮 SB3,可以单独停止 M2 而不影响 M1。这样电路控制就更加合理了。

联锁除了能控制启动顺序，也能控制停止顺序。如图 2-43（d）所示，在第一台电动机 M1 停止按钮 SB1 两端并联上 KM2 的辅助常开触点，这样，当第二台电动机 M2 运行，KM2 线圈通电情况下，KM2 的辅助常开触点就会短路停止按钮 SB1，构成联锁，从而使第一台电动机 M1 停止按钮失去作用，无法先停止第一台电动机 M1。只有第二台电动机失电停转，KM2 的辅助常开触点释放，停止按钮 SB1 才能起作用，停止第一台电动机 M1。由此，通过联锁就实现了对两台电动机的停止顺序控制。

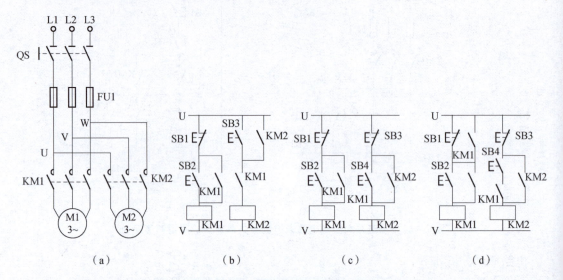

图 2-43 联锁实现启停顺序控制

在这个控制电路中，通过联锁实现了 M1 先启动，M2 后启动的顺序启动，又实现了 M2 先停止，M1 才能停止的逆序停止，这就叫做顺序启动，逆序停止。

不管是对启动顺序还是停止顺序的控制，都是利用接触器的辅助触点构成联锁来实现的，一种是将接触器辅助常闭触点串在要锁的控制电路中，控制启动顺序，另一种是将接触器辅助常开触点并在要锁的停止按钮两端，控制停止顺序，方法的运用需要慢慢体会，灵活运用。

## 5.4　任务实施

【实施要求】

（1）认真仔细连接电路并自检，确认无误后方可通电。

（2）连接电路时，要按照"先主后控、先串后并、上入下出、左进右出"的原则接线，做到心中有数。

（3）主、控制电路的导线要区分开颜色，以便于检查。

（4）实验所用电压为 380 V 或 220 V 的三相交流电，严禁带电操作，不可触及导电部件，尽可能单手操作，保证人身和设备的安全。

仿真：顺序控制电路接线

项目二 三相异步电动机的基本控制

【工作流程】

| 流程 | 任务单 | | | | |
|---|---|---|---|---|---|
| | 班级 | | | 小组名称 | |
| 1. 岗位分工<br>小组成员按项目经理（组长）、电气设计工程师、电气安装员和项目验收员等岗位进行分工，并明确个人职责，合作完成任务。采用轮值制度，使小组成员在每个岗位都得到锻炼 | 团队成员 | | 岗位 | | 职责 |
| | | | | | |
| | | | | | |
| | | | | | |
| | | | | | |
| | | | | | |
| 2. 领取原料<br>项目经理（组长）填写物料和工具清单，领取器件并检查 | 物料和工具清单 | | | | |
| | 序号 | 物料或工具名称 | 规格 | 数量 | 检查是否完好 |
| | | | | | |
| | | | | | |
| | | | | | |
| | | | | | |
| 3. 绘制电气原理图<br>电气设计工程师完成顺序控制电路电气原理图的绘制 | 电气原理图 | | | | |
| 4. 分析电路原理<br>电气设计工程师完成顺序控制电路原理分析 | 电路原理分析 | | | | |

笔记区

续表

| 流程 | 任务单 | | | |
|---|---|---|---|---|
| | 班级 | | 小组名称 | |
| 5. 电气电路配盘<br>电气安装员完成顺序控制电路配盘 | 工序 | 完成情况 | | 遇到的问题 |
| | 电气元件布局 | | | |
| | 电气元件安装 | | | |
| | 电气元件接线 | | | |
| 6. 电路检查<br>电气安装员与项目验收员一起完成顺序控制电路检查 | 工序 | 完成情况 | | 遇到的问题 |
| | | | | |
| 7. 通电试车<br>电气安装员与项目验收员完成顺序控制电路验收 | 工序 | 完成情况 | | 遇到的问题 |
| | | | | |

## 5.5 任务评价

| 项目内容 | 评分标准 | 配分 | 扣分 | 得分 |
|---|---|---|---|---|
| 装前检查 | （1）电动机质量检查，每漏一处扣3分；<br>（2）电气元件漏检或错检，每处扣2分 | 15 | | |
| 安装元件 | （1）不按布置图安装，扣10分；<br>（2）元件安装不牢固，每只扣2分；<br>（3）安装元件时漏装螺钉，每只扣0.5分；<br>（4）元件安装不整齐、不匀称、不合理，每只扣3分；<br>（5）损坏元件，扣10分 | 15 | | |
| 布线 | （1）不按电路图接线，扣15分；<br>（2）布线不符合要求：主电路，每根扣2分；控制电路，每根扣1分；<br>（3）接点松动、接点露铜过长、压绝缘层、反圈等，每处扣0.5分；<br>（4）损伤导线绝缘或线芯，每根扣0.5分；<br>（5）标记线号不清楚、遗漏或误标，每处扣0.5分 | 30 | | |
| 通电试车 | （1）第一次试车不成功，扣10分；<br>（2）第二次试车不成功，扣20分；<br>（3）第三次试车不成功，扣30分 | 40 | | |
| 安全文明生产 | 违反安全、文明生产规程，扣5～40分 | | | |
| 定额时间 90 min | 每超时 5 min 扣 5 分 | | | |
| 备注 | 除定额时间外，各项目的最高扣分不应超过配分 | | | |
| 开始时间 | 结束时间 | | 实际时间 | |

指导教师签名_____    日期_____

【拓展阅读】

电气安全无小事

遵规明责：电气安全无小事

# 项目二　习题

**1. 选择题**

（1）交流接触器的作用是（　　）。

A. 频繁通断主回路　　　　　　　B. 频繁通断控制回路

C. 保护主回路　　　　　　　　　D. 保护控制回路

（2）热继电器中双金属片的弯曲作用是由于双金属片（　　）。

A. 温度效应不同　　　　　　　　B. 强度不同

C. 膨胀系数不同　　　　　　　　D. 所受压力不同

（3）下列电器中不能实现短路保护的是（　　）。

A. 熔断器　　　　　　　　　　　B. 热继电器

C. 过电流继电器　　　　　　　　D. 空气开关

（4）熔断器的额定电流应（　　）所装熔体的额定电流。

A. 大于　　　　　　　　　　　　B. 大于或等于

C. 小于　　　　　　　　　　　　D. 小于或等于

（5）电机正反转运行中的两接触器必须实现相互间（　　）。

A. 联锁　　　　B. 自锁　　　　C. 禁止　　　　D. 记忆

（6）欲使接触器 KM1 动作后接触器 KM2 才能动作，需要（　　）。

A. 在 KM1 的线圈回路中串入 KM2 的常开触点

B. 在 KM1 的线圈回路中串入 KM2 的常闭触点

C. 在 KM2 的线圈回路中串入 KM1 的常开触点

D. 在 KM2 的线圈回路中串入 KM1 的常闭触点

**2. 判断题**

（1）热继电器在电路中既可作短路保护，又可作过载保护。（　　）

（2）接触器按主触点通过电流的种类分为直流和交流两种。（　　）

（3）电气原理图设计中，应尽量减少通电电器的数量。（　　）

（4）电气接线图中，同一电气元件的各部分不必画在一起。（　　）

（5）电气原理图中所有电器的触点都按没有通电或没有外力作用时的开闭状态画出。

（　　）

3. 简答题

(1) 在电动机的电路中,熔断器和热继电器的作用是什么?能否相互替代?

(2) 常用的触点有哪几种形式?

(3) 什么是自锁?自锁有哪些作用?

(4) 什么是互锁控制?实现电动机正反转互锁控制的方法有哪两种?它们有什么不同?

(5) 试画出电气控制电路图。其中有三台电动机 M1、M2、M3,启动时,M1 先启动,M2 后启动,M3 最后启动,停止时 M3 先停止,M2 后停止,M1 最后停止。

# 项目三

# 三相异步电动机的启动制动调速

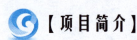

## 【项目简介】

本项目将学习三相异步电动机的启动、制动和调速的方法及控制电路实现，通过对三相异步电动机启动、制动、调速的分析和学习，将进一步了解各基本控制电路的结构和控制规律，强化电气控制系统的分析和设计能力的同时，培养学生电气控制系统的安装与维护能力。电动机的启动、制动和调速为接触器继电器控制系统，由于电路结构简单，易于掌握、维修、价格低廉，得到广泛的应用。由于各种生产机械的工艺过程不同，其控制电路也千差万别，但都遵循一定的原则和规律，都是由多个基本的控制环节组成。因此，掌握电气控制电路的基本环节，可以为机床设备等更复杂的电气控制系统的分析及设备维修打下良好的基础。

## 【知识树】

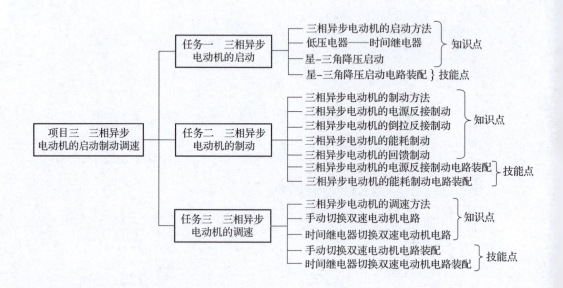

# 任务1 三相异步电动机的启动

## 1.1 任务引入

**【情境描述】**

工厂中有一台大容量三相异步电动机,因为启动电流过大,需要为它选择及装配启动电路。

**【任务要求】**

要求完成一台三相异步电动机星转三角形降压启动电路装配,并通电试车。

情境动画

## 1.2 任务分析

**【学习目标】**

了解常用的三相异步电动机的启动方法,掌握时间继电器的原理和使用方法。能够准确选择启动电路。掌握星转三角形降压启动电路装配。在任务实施中要具有安全规范操作的职业习惯,培养安全意识、大局意识、协作意识、精益求精的工匠精神。

微课:任务分析

**【分析任务】**

三相异步电动机的启动是指三相异步电动机从接入电网开始转动时起,到达额定转速为止的这一段过程。三相异步电动机直接启动时电流很大,一般为额定电流的4~7倍。

大启动电流会带来不良的后果:

(1) 启动电流过大使电压下降,启动转矩不够,使电动机根本无法启动。

(2) 使电动机绕组发热,绝缘老化,从而缩短了电动机的使用寿命。

(3) 造成过流保护装置误动作、跳闸。

(4) 使电网电压产生波动,进而影响连接在电网上的其他设备的正常运行。

所以针对三相异步电动机需要选择合适的启动方式。

## 1.3 知识链接

**【知识点1】三相异步电动机的启动方法**

为了防止启动的大电流,三相异步电动机启动主要采用两种方式,对于容量在10 kW以下的小容量电动机或符合下列经验公式的启动电流小的情况可以采用直接启动的方式,否则为了防止启动时过大的电流,就要采用降压启动的方法。

微课:三相异步电动机的启动方法

(1) 容量在10 kW以下。

(2) 符合下列经验公式:

$$\frac{I_{st}}{I_N} < \frac{3}{4} + \frac{供电变压器容量(kV \cdot A)}{4 \times 启动电动机功率(kW)}$$

### 1. 直接启动

直接启动是指将额定电压直接加在电动机定子绕组端。项目二所学三相异步电动机基本控制电路，如点动控制、连续运转控制、正反转控制等都是采用的直接启动。

三相异步电动机直接启动虽然启动线路简单、所需设备少，但启动时启动电流大，因此只能用于小功率电动机上，对功率稍大的三相异步电动机一般采用降压启动，即启动时降低加在电动机定子绕组上的电压，启动结束后再加额定电压运行。

### 2. 降压启动

降压启动一般来说不是降低电源电压，而是采用某种方法，使加在电动机定子绕组上的电压降低。降压启动的目的是减小启动电流，但由于电动机的电磁转矩与定子相电压的平方成正比，在降压启动的同时也减小了电动机的启动转矩。因此这种启动对电网有利，但对被拖负载的启动不利，适用于对启动转矩要求不高的场合。

降压启动常用的方法有定子串电阻或电抗降压启动、自耦变压器降压启动和星形－三角形降压启动等。

（1）定子串电阻或电抗降压启动。

电动机启动时，在定子电路中串入电阻或电抗，使加在电动机定子绕组上的相电压 $U_。$ 低于电源相电压 $U_x$（即全压启动时的定子额定相电压），启动电流小于全压启动时的启动电流 $I$。定子串电阻启动原理电路图及等效电路图如图 3-1 所示。

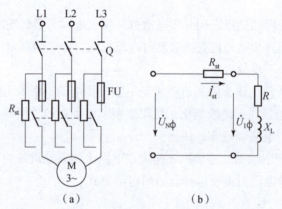

图 3-1　定子串电阻启动原理电路图及等效电路图
（a）原理电路图；（b）等效电路图

这种启动方法具有启动平稳、运行可靠、设备简单的优点，但启动转矩随电压的平方降低，只适合空载或轻载启动，同时启动时电能损耗较大，对于小容量电动机往往采用串电抗降压启动。

（2）自耦变压器降压启动。

自耦变压器用作电动机降压启动时，就称为启动补偿器，其原理电路图及一二次电压、电流关系电路图如图 3-2 所示。启动时，自耦变压器的高压侧接电网，低压侧（有抽头供选择）接电动机定子绕组。启动结束，切除自耦变压器，电动机定子绕组直接接至额定电压运行。

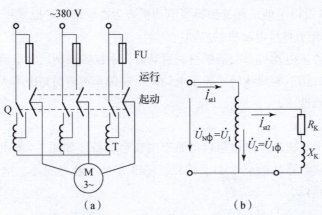

**图3-2 自耦变压器降压启动原理电路图及一二次电压、电流关系电路图**
(a) 原理电路图；(b) 一二次电压、电流关系电路图

在限制启动电流相同情况下，采用自耦变压器降压启动可获得比串电阻或电抗降压启动更大的启动转矩，这是自耦变压器降压启动的主要优点之一。自耦变压器降压启动的另一优点是，启动补偿器的二次绕组一般有三个抽头，用户可根据电网允许的启动电流和机械负载所需的启动转矩来选择。采用自耦变压器启动线路较复杂，设备价格较高，且不允许频繁启动。

（3）星形-三角形降压启动。

这种启动方法只适用于定子绕组在正常工作时为三角形联结的三相异步电动机。电动机定子绕组的六个端头都引出并接到换接开关上，如图3-3所示。启动时，定子绕组接成星形联结，这时电动机在相电压 $U_x = U_N/\sqrt{3}$ 的电压下启动，待电动机转速升高后，再改接成三角形联结，使电动机在额定电压下正常运转。

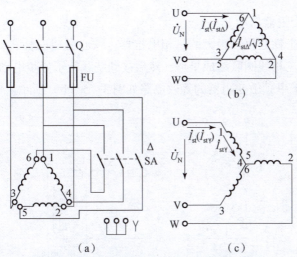

**图3-3 笼型异步电动机 Y-△降压启动**
(a) Y-△降压启动电路图；(b) △接全压启动；(c) Y接降压启动

Y-△降压启动具有设备简单，成本低，运行比较可靠的优点。启动电流降到全压启动的1/3，限流效果好；但启动转矩仅为全压启动时的1/3，故此种方法只适用于空载或轻载

启动。Y系列4kW及以上的三相笼型异步电动机皆为△联结,可以采用Y-△降压启动。

(4) 三相绕线转子异步电动机的启动。

对于大、中型容量电动机,当需要重载启动时,不仅要限制启动电流,而且要有足够大的启动转矩。为此选用三相绕线转子异步电动机,并在其转子回路中串入三相对称电阻或频敏变阻器来改善启动性能。

1) 转子串电阻启动。

绕线转子异步电动机转子串电阻启动原理图和启动特性如图3-4所示。启动时,合上电源开关Q,三个接触器的触点KM1、KM2、KM3都处于断开状态,电动机转子串入全部电阻 $R_{st1} + R_{st2} + R_{st3}$ 启动。

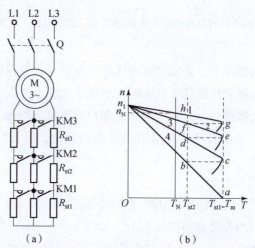

图3-4 绕线转子异步电动机转子串电阻启动原理图和启动特性
(a) 原理图;(b) 启动特性

2) 转子串频敏变阻器启动。

频敏变阻器是一个铁心损耗很大的三相电抗器,铁心做成三柱式,由较厚的钢板叠成,每柱上绕一个线圈,三相线圈联结成星形,然后接到绕线转子异步电动机转子绕组上,如图3-5(a)所示。转子串频敏变阻器的等效电路如图3-5(b)所示。

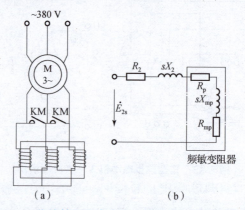

图3-5 绕线转子异步电动机转子串频敏变阻器启动
(a) 频敏变阻器结构与接线;(b) 转子串频敏变阻器的等效电路

绕线转子三相异步电动机转子串频敏变阻器启动，具有减小启动电流、增大启动转矩的优点，同时又具有转子等效电阻随电动机转速自动升高且连续减小的优点，所以启动过程平滑性好。

(5) 软启动器。

近些年来，由于电力电子技术的飞速发展，用晶闸管来实现调节三相交流电压的技术已非常成熟，价格也已达到合理的程度，因此采用晶闸管交流调压装置的软启动器迅速发展，并很快取代传统的降压启动方式而占领市场。

三相异步电动机的软启动旨在启动时降低加在三相异步电动机定子绕组上的电压以限制启动电流，减小其对电动机及电网的冲击，同时达到节能的目的。软启动的方式有液阻软启动、磁阻软启动、晶闸管软启动等。从启动时间、控制方式、节能效果等多方面比较，以晶闸管软启动效果最优，代表了软启动的发展方向。

晶闸管软启动器是一种集电机软启动、软停车、节能和多种保护功能于一体的新颖电动机控制装置。它采用三相反并联晶闸管作为调压器，将其接入电源和电动机定子之间。这种电路如三相全控桥式整流电路。使用软启动器启动电动机时，晶闸管的输出电压逐渐增加，电动机逐渐加速，直到晶闸管全导通，电动机工作在额定电压的机械特性上，实现平滑启动，降低启动电流，避免启动过流跳闸。待电机达到额定转速时，启动过程结束，软启动器自动用旁路接触器 KM 的主触点取代已完成任务的晶闸管，为电动机正常运转提供额定电压，以降低晶闸管的热损耗，既延长软启动器的使用寿命，提高其工作效率，又使电网避免了谐波污染。晶闸管软启动器电路原理图如图 3-6 所示，软启动器同时还提供软停车功能，软停车与软启动过程相反，电压逐渐降低，转速逐渐下降到 0，避免自由停车引起的转矩冲击。

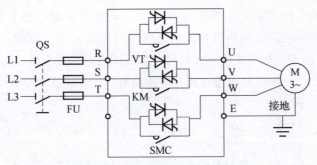

图 3-6　晶闸管软启动器电路原理图

启动过程中，电流上升变化的速率可以根据电动机负载调整设定。电流上升速率大，则启动转矩大，启动时间短。该启动方式是应用最多的启动方式，尤其适用于风机、泵类负载的启动。在我国国民经济中应用较多的领域有电力、冶金、建材、机床、石化和化工、市政、煤炭等行业。

晶闸管软启动具有以下保护功能。

1) 过载保护功能软启动器引进了电流控制环节，因而随时跟踪检测电动机电流的变化状况。通过增加过载电流的设定和反时限控制模式，实现了过载保护功能，使电机过载时关断晶闸管并发出报警信号。

2）缺相保护功能工作时，软启动器随时检测三相线电流的变化，一旦发生断流，即可作出缺相保护反应。

3）过热保护功能通过软启动器内部热继电器检测晶闸管散热器的温度，一旦散热器温度超过允许值后自动关断晶闸管，并发出报警信号。

4）其他功能通过电子电路的组合，还可在系统中实现种种联锁保护。

软启动设备分高压软启动设备和低压软启动设备两种，且有多种型号可供选择，控制的三相异步电动机功率可从几百瓦到几百千瓦。

【知识点2】低压电器——时间继电器

时间继电器又称延时继电器，是一种具有定时作用的继电器，其在电路中起着使控制电路延时动作的作用。比如当信号输入后，经一定的延时才有信号输出，因此时间继电器在控制电路中用于时间的控制。

微课：时间继电器

常用的时间继电器有电磁式、空气阻尼式、电动式和电子式（晶体管式）4类，如图3-7所示。

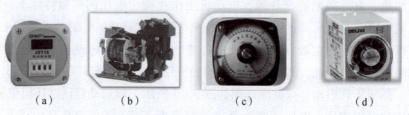

图3-7 时间继电器

(a) 电磁式；(b) 空气阻尼式；(c) 电动式；(d) 电子式（晶体管式）

时间继电器的图形和文字符号如图3-8所示。通常时间继电器上有好几组辅助触点。瞬动触点是指当时间继电器的感测机构接收到外界动作信号后，该触点立即动作（与接触器一样），通电延时触点是指当接收输入信号（如线圈通电）后，要经过一定时间（延时时间）后，该触点才动作，断电延时触点则在线圈断电后，要经过一定时间该触点才动作。

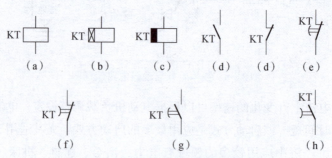

图3-8 时间继电器的图形和文字符号

(a) 线圈一般符号；(b) 通电延时线圈；(c) 断电延时线圈；(d) 常开触点、常闭触点（瞬时动作）；
(e) 延时断开瞬时闭合常闭触点；(f) 瞬时断开延时闭合常闭触点；(g) 延时闭合瞬时断开常开触点；
(h) 瞬时闭合延时断开常开触点

### 1. 空气阻尼式时间继电器

空气阻尼式时间继电器又称空气式时间继电器或气囊式时间继电器。它主要由电磁系统、触点系统（包括瞬动触点和延时触点）、延时机构三部分组成。JS7-A 系列空气阻尼式时间继电器外形与结构如图 3-9 所示。它的电磁系统与交流接触器的电磁系统相仿，由线圈、E 字形静铁心和衔铁、反作用弹簧和弹簧片等组成。

动画 时间继电器结构

空气阻尼式时间继电器典型产品有 JS7、JS23、JSK 系列时间继电器。JS23 系列时间继电器以一个具有 4 个瞬动触点的中间继电器为主体，再加上一个延时机构组成。

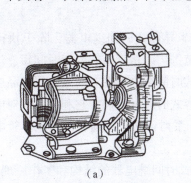
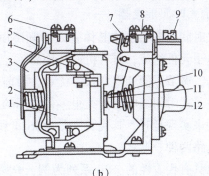

(a)　　　　　　　　　　(b)

1—线圈；2—释放弹簧；3—衔铁；4—铁心；5—弹簧片；6—瞬时触点；7—杠杆；8—延时触点；
9—调节螺钉；10—推杆；11—活塞杆；12—塔形弹簧。

**图 3-9　JS7-A 系列空气阻尼式时间继电器外形与结构**
(a) 外形；(b) 结构

JS7-A 系列空气阻尼式时间继电器结构原理如图 3-10 所示。现以通电延时型为例说明其工作原理。当线圈 1 通电后，衔铁 3 吸合，活塞杆 6 在塔形弹簧 7 作用下带动活塞 13 及橡皮膜 9 向上移动，橡皮膜下方空气室的空气变得稀薄，形成负压，活塞杆只能缓慢移动，其移动速度由进气孔气隙大小来决定。经一段延时后，活塞杆通过杠杆 15 压动微动开关 14，使其触点动作，起到通电延时作用。

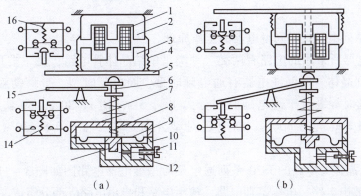

(a)　　　　　　　　　　(b)

1—线圈；2—铁心；3—衔铁；4—释放弹簧；5—推板；6—活塞杆；7—塔形弹簧；8—弱弹簧；9—橡皮膜；
10—空气室壁；11—调节螺钉；12—进气孔；13—活塞；14，16—微动开关；15—杠杆。

**图 3-10　JS7-A 系列空气阻尼式时间继电器结构原理**
(a) 通电延时型；(b) 断电延时型

当线圈断电时，衔铁释放，橡皮膜下方空气室内的空气通过活塞肩部所形成的单向阀迅速排出，使活塞杆、杠杆、微动开关迅速复位。由线圈通电至触点动作的一段时间即为时间继电器的延时时间，延时长短可通过调节螺钉 11 来调节进气孔气隙大小来改变。

动画：时间继电器工作原理

微动开关 16 在线圈通电或断电时，在推板 5 的作用下都能瞬时动作，其触点为时间继电器的瞬动触点。

空气阻尼式时间继电器具有结构简单、延时范围较大、价格较低的优点，但其延时精度较低，没有调节指示，适用于延时精度要求不高的场合。

### 2. 电子式时间继电器

电子式时间继电器也称晶体管式时间继电器或半导体式时间继电器，除了执行继电器外，均由电子元件组成，具有机械结构简单、延时范围广、精度高、返回时间短、消耗功率小、耐冲击、调节方便和寿命长等优点。目前电子式时间继电器在时间继电器产品中已成主流产品。电子式时间继电器种类很多，常用的是阻容式时间继电器。它利用电容对电压变化的阻尼作用来实现延时。其代表产品为 JS14 和 JS20 系列，JS20 系列有单结晶体管电路及场效晶体管电路两种。

下面以具有代表性的 JS20 系列为例，介绍电子式时间继电器的结构和工作原理。

（1）JS20 系列电子式时间继电器的结构。

该系列时间继电器采用插座式结构，所有元器件均装在印制电路板上，然后用螺钉使之与插座紧固，再装入塑料罩壳，组成本体部分。

在罩壳顶面装有铭牌和整定电位器的旋钮。铭牌上有该时间继电器最大延时时间的十等分刻度。使用时旋动旋钮即可调整延时时间，并有指示灯，当继电器吸合后指示灯亮。外接式的整定电位器不装在继电器的本体内，而用导线引接到所需的控制板上。

安装方式有装置式与面板式两种。装置式备有带接线端子的胶木底座，它与继电器本体部分采用接插连接，并用扣攀锁紧，以防松动；面板式可直接把时间继电器安装在控制台的面板上，它与装置式的结构大体一样，只是采用 8 脚插座代替装置式的胶木底座。

（2）JS20 系列电子式时间继电器的工作原理。

该时间继电器所采用的电路有两类：一类是单结晶体管电路；另一类是场效应晶体管电路。JS20 系列晶体管时间继电器有通电延时型、断电延时型、带瞬动触点的通电延时型 3 种型式。延时等级对于通电延时型分为 1 s，5 s，10 s，30 s，60 s，120 s，180 s，300 s，600 s，1 800 s，3 600 s。断电延时型分为 1 s，5 s，10 s，30 s，60 s，120 s，180 s 等。

采用场效应晶体管电路的 JS20 系列通电延时型继电器电路图如图 3 - 11 所示，它由稳压电源、RC 充放电电路、电压鉴别电路、输出电路和指示电路等部分组成。

电路工作原理：接通交流电源，经整流、滤波和稳压后，直流电压经波段开关上的电阻 $R_0$，$R_{P_1}$，$R_2$ 向电容 $C_2$ 充电。开始时 VF 场效应晶体管截止，晶体管 VT、晶闸管 VTH 也处于截止状态。随着充电的进行，电容器 $C_2$ 上的电压由 0 按指数曲线上升，直至 $U_{CS}$ 上升到

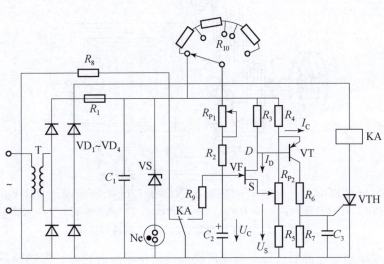

图 3-11 采用场效应晶体管电路的 JS20 系列通电延时型继电器电路图

$U_{CS} > U_P$（夹断电压）时 VF 导通。这是由于 $I_D$ 在 $R_3$ 上产生电压降，$D$ 点电位开始下降，一旦 $D$ 点电位降低到 VT 的发射极电位以下时，VT 导通。VT 的集电极电流 $I_C$ 在 $R_4$ 上产生压降，使场效应晶体管 $U$ 降低，即负栅偏压越来越小。所以对 VF 来说，$R_4$ 起正反馈作用，使 VT 导通，并触发晶闸管 VTH 使它导通，同时使继电器 KA 动作，输出延时信号。从时间继电器接通电源，$C_2$ 开始被充电到 KA 动作这段时间即为通电延时动作时间。KA 动作后，$C_2$ 经 KA 常开触点对电阻 $R_0$ 放电，同时氖泡 Ne 指示灯启辉，并使场效应晶体管 VF 和晶体管 VT 都截止，为下次工作做准备。但此时晶闸管 VTH 仍保持导通，除非切断电源，使电路恢复到原来状态，继电器 KA 才释放。

JS20 系列电子式时间继电器产品品种齐全，具有延时时间长（用 100 μF 的电容可获得 1 h 延时）、线路较简单、延时调节方便、性能较稳定、延时误差小、触点容量较大等优点。但也存在延时易受温度与电源波动的影响、抗干扰能力差、修理不便、价格高等缺点。

常用电子式时间继电器的型号有 JS20、JS13、JS14、JS14P 和 JS15 等系列。国外引进生产的产品有 ST、HH、AR 等。

### 3. 电动式时间继电器

电动式时间继电器是利用微型同步电动机拖动减速齿轮，经传动机构获得延时动作的时间继电器。JS11 型电动式时间继电器结构原理如图 3-12 所示。它由同步电动机 8、离合电磁铁 13、减速齿轮 7、差动轮系 6、复位游丝 5、触点系统 11、12、脱扣机构 10 及延时整定装置 1 等部分组成。

电动式时间继电器由同步电动机、传动机构、离合器、凸轮、调节旋钮和触点几部分组成。它的工件原理与钟表走动原理相仿，当同步电动机接通电源后，即带动传动机构一起转动，经过一定延时后，凸轮推动动作机构，使继电器的触点动作，发出信号。

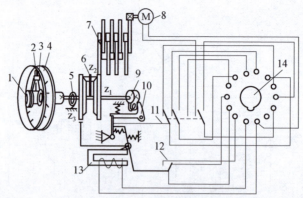

1—延时整定装置；2—指针定位；3—指针；4—刻度盘；5—复位游丝；6—差动轮系；7—减速齿轮；8—同步电动机；9—凸轮；10—脱扣机构；11—延时触点；12—瞬动触点；13—离合电磁铁；14—接线插座。

图 3 – 12　JS11 型电动式时间继电器结构原理

当同步电动机接通电源后，带动减速齿轮与差动轮系一起转动，差动轮系 $z_1$ 与 $z_3$ 在轴上空转，$z_2$ 在另一轴上空转，而转轴不转。当需要延时时，接通（或断开）离合电磁铁的励磁线圈电路，使离合电磁铁吸合（或释放），从而将齿轮 $z_3$ 刹住。于是，齿轮 $z_2$ 的旋转只能以 $z_3$ 为轨迹连同其轴做圆周运动。当轴上的凸轮随着轴转动到适当的位置时，它就推动脱扣机构，使延时触点动作，并通过一对常闭触点的分断，切断同步电动机的电源。需要继电器复位时，只要断开（或接通）离合电磁铁的电源，所有机构都将在复位游丝的作用下恢复至原始状态。

电动式时间继电器的延时时间不受电源电压波动及环境温度变化的影响，调整方便、重复精度高、延时范围大（可长达数十小时）；但结构复杂、寿命短、受电源频率影响较大，不适合频繁工作。电动式时间继电器主要用于需要准确延时动作的控制系统中。

电动式时间继电器常用的型号有 JS11、JS10、JS – 17、7PR4040 和 7PR4140 系列等。

#### 4. 时间继电器的选用

1）根据控制电路的控制要求选择通电延时型还是断电延时型。

2）根据对延时精度要求不同选择时间继电器类型。对延时精度要求不高的场合，一般选用电磁式或空气阻尼式时间继电器；对延时精度要求高的场合，应选用晶体管式或电动式时间继电器。

3）应注意电源参数变化的影响。对于电源电压波动大的场合，选用空气阻尼式比采用晶体管式好；而在电源频率波动大的场合，不宜采用电动式时间继电器。

4）应注意环境温度变化的影响。在环境温度变化较大场合，不宜采用晶体管式时间继电器。

5）对操作频率也要加以注意，因为操作频率过高不仅会影响电气寿命，还可能导致延时误动作。

6）考虑延时触点种类、数量和瞬动触点种类、数量是否满足控制要求。

### 【知识点3】星 – 三角降压启动

星 – 三角降压启动的基本原理是利用电动机定子绕组连接方法的改变来达到降压启动目

的：如果三相异步电动机在正常运行时定子绕组为三角形联结，则可以在启动时先将定子绕组接成星形，待启动后再接回三角形。常用的有手动控制、接触器控制和时间继电器控制3种方法。

### 1. 手动星－三角启动器

手动星－三角启动器的外形、接线原理图如图3－13所示，触点闭合表如表3－1所示。启动器的手柄有Y（启动）、△（运行）和0（停机）3个位置。三相定子绕组接线中可见：当定子绕组三个出线端U2、V2、W2连在一起，U1、V1、W1接三相电源时为Y接。当U1W2相连，V1U2相连，W1V2相连，接三相电源时为△接。启动时，将手柄扳到Y位置，图中触点1，2，5，6，8闭合，电动机定子绕组星形联结启动。启动完毕后，将手柄扳到三角形联结位置，图中触点5，6断开而1，2，3，4，7，8闭合，电动机定子绕组三角形联结全压运行。要停机时，将启动器手柄扳回0位置，全部触点断开，电动机停机。手动星－三角启动器不带任何保护，所以要与低压断路器、熔断器等配合使用。其产品有QX1和QX2两个系列。

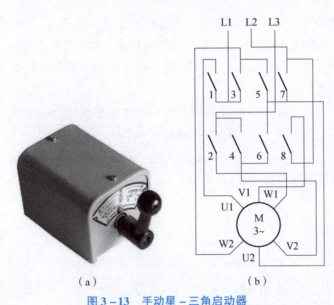

图3－13 手动星－三角启动器
(a) 外形图；(b) 接线原理图

表3－1 触点闭合表

| 触点标号 | 手柄位置 | | |
| --- | --- | --- | --- |
| | 启动 Y | 停止 0 | 运行 △ |
| 1 | × | | × |
| 2 | × | | × |
| 3 | | | × |
| 4 | | | × |

续表

| 触点标号 | 手柄位置 | | |
|---|---|---|---|
| | 启动 Y | 停止 0 | 运行 △ |
| 5 | × | | |
| 6 | × | | |
| 7 | | | × |
| 8 | × | | × |

注：×为接通。

手动星–三角降压启动器具有结构简单、操作方便、价格低等优点，当电动机容量较小时，一般优先考虑采用。

**2. 手动转换接触器控制星–三角降压启动电路**

手动转换接触器控制星–三角降压启动电路如图 3–14 所示。该电路使用按钮控制，SB2 为星形降压启动按钮，SB3 为三角形全压运行按钮，SB1 为停止按钮。

电路工作原理：按下 SB2→KM2 线圈有电→KM2 辅助常开触点闭合（自锁）→KM2 主触点闭合（接通电源）

→KM1 线圈有电→KM1 主触点闭合→电动机星形联结启动

经过一定时间后：按下 SB3→KM1 线圈断电→KM1 主触点断开

→KM3 线圈有电→KM3 辅助常开触点闭合（自锁）→KM3 主触点闭合→电动机三角形联结运行

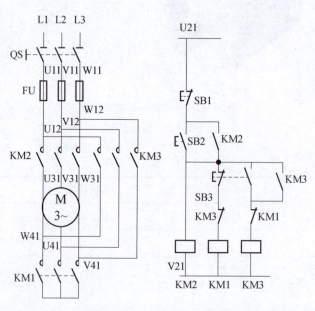

图 3–14 手动转换接触器控制星–三角降压启动电路

三相异步电动机用星-三角启动时，启动转矩只有用三角形直接启动时的 1/3，因此星-三角启动只能用于电动机空载或轻载启动。用本电路启动电动机时，在按下 SB2 按钮使电动机以星形联结启动后，如果操作者忘记按下（或未按下）SB3 按钮，让电动机以三角形联结运行，则电动机就以星形联结连续运行，就有可能使电动机烧损。故此法的安全性、可靠性较差，为避免此种情况，可采用自动转换接触器控制星-三角降压启动电路。

### 3. 自动转换接触器控制星-三角降压启动电路

这种电路已有定型产品，称为自动星-三角启动器。它由 3 个交流接触器、1 个热继电器、2~3 个按钮开关和 1 个时间继电器组成，有的为开启式，有的装在金属箱内，有的产品还带有指示灯和主电路电流表，和控制按钮一道装箱盖上。

微课：自动转换接触器控制星-三角降压启动电路

自动转换接触器控制星-三角降压启动电路原理如图 3-15 所示，电动机的启动控制过程如下。

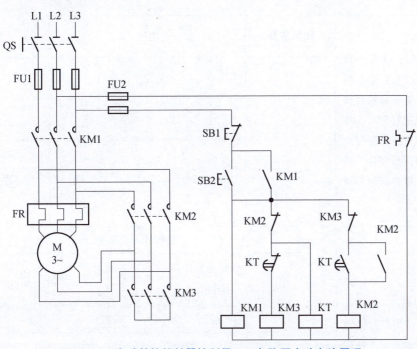

图 3-15 自动转换接触器控制星-三角降压启动电路原理

（1）合上电源开关 QS，按下启动按钮 SB2，接触器 KM1，KM3 和时间继电器 KT 的线圈同时通电，其常开触点闭合自锁，电动机以星形联结启动。

（2）随着时间推移，电动机转速上升，电流下降，此时时间继电器 KT 延时动断触点断开，接触器 KM3 失电，断开星形联结；KT 延时常开触点闭合，接触器 KM2 通电闭合自锁，电动机换接成三角形联结运行。

（3）需停止时，按下停止按钮 SB1，接触器 KM1，KM2 断电，电动机停转。

电动机采用星-三角降压启动，具有电路结构简单、成本低等特点。但使用时必须清楚，这种方法仅仅适用于电动机轻载启动的场合。

## 1.4 任务实施

**【实施要求】**

（1）认真仔细连接电路并自检，确认无误后方可通电。

（2）连接电路时，要按照"先主后控、先串后并、上入下出、左进右出"的原则接线，做到心中有数。

（3）主、控制电路的导线要区分开颜色，以便于检查。

（4）实验所用电压为 380 V 或 220 V 的三相交流电，严禁带电操作，不可触及导电部件，尽可能单手操作，保证人身和设备的安全。

**【工作流程】**

| 流程 | 任务单 | | | |
|---|---|---|---|---|
| | 班级 | | 小组名称 | |
| 1. 岗位分工<br>小组成员按项目经理（组长）、电气设计工程师、电气安装员和项目验收员等岗位进行分工，并明确个人职责，合作完成任务。采用轮值制度，使小组成员在每个岗位都得到锻炼 | 团队成员 | 岗位 | | 职责 |
| | | | | |
| | | | | |
| | | | | |
| | | | | |
| | 物料和工具清单 | | | |
| 2. 领取原料<br>项目经理（组长）填写物料和工具清单，领取器件并检查 | 序号 | 物料或工具名称 | 规格 | 数量 | 检查是否完好 |
| | | | | | |
| | | | | | |
| | | | | | |
| | | | | | |
| 3. 绘制电气原理图<br>电气设计工程师完成正反转控制电路电气原理图的绘制 | 电气原理图 | | | |

续表

| 流程 | 任务单 | | | |
|---|---|---|---|---|
| | 班级 | | 小组名称 | |
| 4. 分析电路原理<br>电气设计工程师完成正反转控制电路原理分析 | 电路原理分析 | | | |
| 5. 电气电路配盘<br>电气安装员完成正反转控制电路配盘 | 工序 | 完成情况 | | 遇到的问题 |
| | 电气元件布局 | | | |
| | 电气元件安装 | | | |
| | 电气元件接线 | | | |
| 6. 电路检查<br>电气安装员与项目验收员一起完成正反转控制电路检查 | 工序 | 完成情况 | | 遇到的问题 |
| 7. 通电试车<br>电气安装员与项目验收员完成正反转控制电路验收 | 工序 | 完成情况 | | 遇到的问题 |

仿真操作：星－三角降压启动接线

实物操作：星－三角降压启动装配

## 1.5 任务评价

| 项目内容 | 评分标准 | 配分 | 扣分 | 得分 |
|---|---|---|---|---|
| 装前检查 | (1) 电动机质量检查，每漏一处扣 3 分；<br>(2) 电气元件漏检或错检，每处扣 2 分 | 15 | | |
| 安装元件 | (1) 不按布置图安装，扣 10 分；<br>(2) 元件安装不牢固，每只扣 2 分；<br>(3) 安装元件时漏装螺钉，每只扣 0.5 分；<br>(4) 元件安装不整齐、不匀称、不合理，每只扣 3 分；<br>(5) 损坏元件，扣 10 分 | 15 | | |
| 布线 | (1) 不按电路图接线，扣 15 分；<br>(2) 布线不符合要求：主电路，每根扣 2 分；控制电路，每根扣 1 分；<br>(3) 接点松动、接点露铜过长、压绝缘层、反圈等，每处扣 0.5 分；<br>(4) 损伤导线绝缘或线芯，每根扣 0.5 分；<br>(5) 标记线号不清楚、遗漏或误标，每处扣 0.5 分 | 30 | | |
| 通电试车 | (1) 第一次试车不成功，扣 10 分；<br>(2) 第二次试车不成功，扣 20 分；<br>(3) 第三次试车不成功，扣 30 分 | 40 | | |
| 安全文明生产 | 违反安全、文明生产规程，扣 5~40 分 | | | |
| 定额时间 90 min | 每超时 5 min 扣 5 分 | | | |
| 备注 | 除定额时间外，各项目的最高扣分不应超过配分 | | | |
| 开始时间 | 结束时间 | 实际时间 | | |

指导教师签名_____    日期_____

# 任务 2　三相异步电动机的制动

## 2.1　任务引入

**【情景描述】**

在工厂中，有很多生产设备在运行的过程中，为防止危险的发生或者碰撞，有时我们需要运行中的电动机快速停止，以达到精准控制的目的，电动机的制动本质实际上是电磁转矩与转速反向，下面我们来完成电动机的制动任务。

情境动画

**【任务要求】**

理解电源反接制动的原理和方法，掌握三相异步电动机电源反接制动控制电路的控制原理及设计技巧，在此基础上完成电源反接制动控制线路的制作与调试。理解三相异步电动机的能耗制动、倒拉反接制动和回馈制动的方法及原理，掌握三相异步电动机单向能耗控制电路的控制原理及设计技巧，在此基础上完成单向能耗控制线路的制作与调试。

## 2.2　任务分析

**【学习目标】**

能够理解三相异步电动机的电源反接制动的原理和方法、能耗制动、倒拉反接制动和回馈制动的方法及原理；能够掌握三相异步电动机电源反接制动控制电路的控制原理、设计技巧以及三相异步电动机单向能耗控制电路的控制原理和设计技巧。在任务实施中要具有持之以恒的精神和严于律己的学习态度。

微课：任务分析

**【分析任务】**

电动机在启动、调速和反转运行时有一个共同的特点，即电动机的电磁转矩和电动机的旋转方向相同，此时，我们称电动机处于电动运行状态。三相异步电动机还有一类运行状态称为制动，其制动方法主要有两类：机械制动和电气制动。本任务详细介绍电气制动的方法及其工作原理，并根据三相异步电动机电源反接制动控制电路的控制原理、设计技巧以及三相异步电动机单向能耗控制电路的控制原理和设计技巧，完成电路的接线与试车运行。

## 2.3　知识链接

**【知识点 1】三相异步电动机的制动方法**

三相异步电动机的制动方法包括机械制动和电气制动。机械制动是利用机械装置使电动机从电源切断后迅速停转。它的结构有多种形式，应用较普遍的是电磁抱闸，又称为制动电磁铁。它主要用于起重机械上吊重物时，使重物能迅速而又准确地停留在某一位置上。制动电磁铁主要由线圈、衔铁、闸瓦和闸轮组成，如图 3-16 所示。其工作原理如下：电磁线圈一般与电动机的定子绕组并联，在电动机接通电源的同时，电磁线圈也通电，其衔铁被吸引，利用电磁力把制动闸瓦松开，电动机可以自由转动；当电动机被切断电源时，电磁线圈也断电，其衔铁释放，制动闸在弹簧的作用下，抱紧装在电动机轴上的制动轮，获得快速而准确的停车。制动电磁铁使用三相交流电源，制动力矩较大，工作平稳可靠，制动时无自振。电磁线圈连接方式与电动机定子绕组连接方式相同，有三角形联结和星形联结。

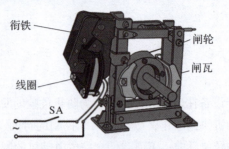

微课：三相异步电动机的制动方法

图 3-16　电磁抱闸结构图

三相异步电动机电气制动有反接制动、能耗制动及回馈制动三种方法。

## 【知识点2】三相异步电动机的电源反接制动

### 1. 电源反接制动的原理

电源反接制动的方法：改变电动机定子绕组与电源的连接相序。电源的相序改变，旋转磁场立即反转，从而使转子绕组中感应电动势、电流和电磁转矩都改变方向，因机械惯性，转子转向未变，电磁转矩与转子的转向相反，电动机进行制动，称为电源反接制动。反接制动的关键在于电动机电源相序的改变，且当转速下降接近 0 时，能自动将电源切除。三相异步电动机电源反接制动电路图如图 3-17（a）所示。三相绕线型异步电动机 M 在反制动前，运转接触器 KM1 常开主触点闭合，反接制动接触器 KM2 常开主触点断开，常闭辅助触点闭合，将转子电阻短接。电动机定子接入正相序三相交流电源，三相旋转磁场按顺时针方向，以 $n_1$ 转速旋转，在转子导体中产生转子感应电动势和电流，该电流与定子旋转磁场作用产生顺时针方向的电磁转矩 $T$，在 $T$ 作用下驱动转子顺时针方向以 $n$ 转速旋转，且 $n<n_1$，如图 3-17（b）所示，电动机处于电动运行状态。

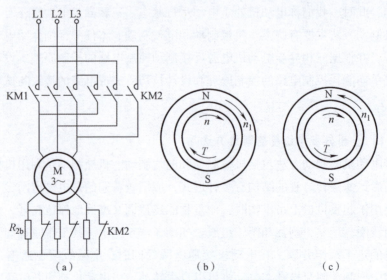

图 3-17　三相异步电动机电源反接制动
（a）电路图；（b）电动运转状态；（c）电源反接制动状态

停车反接制动时，运转接触器 KM1 主触点断开，切断电动机正相序三相交流电源；反接制动接触器 KM2 常开主触点闭合，常闭辅助触点断开，前者使电动机定子接入反相序三相交流电源，后者将电阻 $R_{2b}$ 串入电动机转子电路。此时定子旋转磁场以 $n_1$ 转速逆时针方向旋转，转子依机械惯性仍以顺时针方向旋转，如图 3-17（c）所示。转子导体以 $(n_1+n)$ 的转速切割定子磁场，产生大的转子感应电动势和电流，该电流与定子磁场作用产生逆时针方向的电磁转矩 $T$，该 $T$ 方向正好与转子依惯性旋转的顺时针方向相反，起制动作用，使 $n$ 迅速下降。随着 $n$ 的下降，$T$ 也逐渐下降，当 $n≈0$ 时应立即断开电动机反相序三相交流电源，否则电动机将反向启动。为了限制过大的反接制动电流及反接制动转矩，在绕线型三相异步电动机转子中串入电阻 $R_{2b}$ 来消耗能量。同时，应注意反接制动不宜过于频繁。综上所述，三相异步电动机电源反接制动的要点是：

动画：反接制动电路工作原理

1）三相异步电动机定子三相交流电源一定要反接（相序接反）。

2）三相异步电动机转子或定子电路串入反接制动电阻，以限制反接制动电流与反接制动转矩。

3）当电动机转速 $n≈0$ 时，及时切断反相序三相交流电源，防止电动机反向启动。

4）反接制动不宜过于频繁，否则电动机将过热烧毁。

### 2. 单向电源反接制动控制电路的设计

单向电源反接制动控制电路如图 3-18 所示。图中，KM1 为单向旋转接触器，KM2 为反接制动接触器，KS 为速度继电器。KM2 主触点上串联的 $R$ 为反接制动电阻，用来限制反接制动时电动机的绕组电流，防止因制动电流太大造成电动机过载。启动时，按下启动按钮 SB2，接触器 KM1 通电并自锁，电动机通电运行。电动机正常运转时，速度继电器 KS 的动合触点闭合，为反接制动作好准备。制动时，按下停止按钮 SB1，KM1 线圈断电，电动机 M 脱离电源，此时由于电动机的惯性，转速仍较高，KS 的动合触点仍处于闭合状态。所以 SB1 动合触点闭合时，反接制动接触器 KM2 线圈得电并自锁，其主触点闭合，使电动机得到相序相反的三相交流电源，进入反接制动状态，转速迅速下降。当转速接近 0 时，速度继电器动合触点复位，接触器 KM2 线圈断电，反接制动结束。

动画：反接制动电路构成

微课：电路分析

### 【知识点 3】 三相异步电动机的倒拉反接制动

三相异步电动机倒拉反接制动用于三相绕线转子异步电动机拖动位能性负载情况下，具体来说用于桥式起重机主钩电动机重载低速下放重物的场合。此时绕线转子异步电动机定子仍按提升重物时接入是正相序三相交流电源，转子电路接入大的转子电阻 $R_{2b}$，电动机轴上拖动重物 $G$，由重物 $G$ 产生方向恒定的重物负载转矩 $T_L$，如图 3-19 所示。由于电动机提升重物时接入的是正相序三相交流电源，故电磁转矩 $T$ 为提升重物方向，恰与负载转矩 $T_L$ 方向相反。但因转子串入 $R_{2b}$，使转子电流较小，电磁转矩 $T$ 较小，而负载转矩 $T_L$ 较大，且 $T_L>T$，使电动机转速 $n$ 下降，随着 $n$ 的下降，转子感应电动势与转子电流增大，$T$ 增大，但 $T_L$ 仍大于 $T$，$n$ 再下降，直至 $n=0$，此时 $T_L$ 还大于 $T$，在 $T_L$ 重力负载转矩作用下使转子反转成为 $-n$，定子正向旋转磁场与转子反转相对转速为 $(n_1+n)$，随着电动机反向转速升

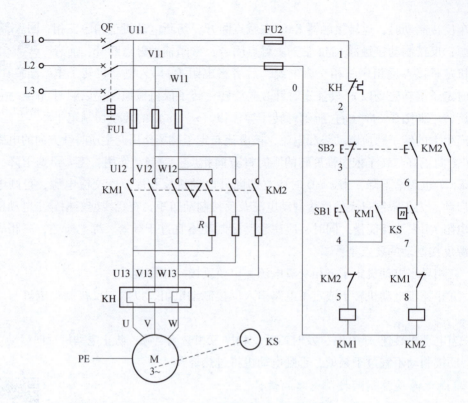

图 3-18 单向电源反接制动控制电路

高,转子感应电动势、转子电流、电磁转矩 $T$ 加大,直至 $T = T_L$ 时,电动机稳定工作在下放重物的某一转速下,从而获得起重机重载时的低速稳定下放。此时电动机定子是按提升重物的正相序接通三相交流电源,对于重物下放来说是"倒着拉",成为"倒拉";产生的电磁转矩 $T$ 方向是提升重物方向,可是转子在重力负载转矩 $T_L$ 作用下按下放方向即反向转动,所以 $T$ 方向与 $n$ 方向相反,$T$ 成为制动转矩,电动机为"制动"状态;为使 $T < T_L$,在电动机转子中串入较大的制动电阻 $R_{2b}$。所以这种制动称为"倒拉反接"制动。

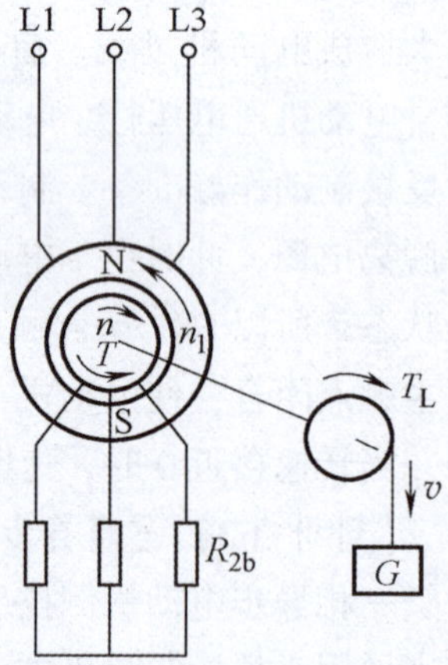

综上所述,三相绕线转子异步电动机倒拉反接制动的要点是:

1)电动机定子按提升方向接入正相序三相交流电源。
2)电动机转子电路串入足够大的电阻 $R_{2b}$。
3)电动机拖动的是位能性负载且 $T_L$ 足够大。

图 3-19 三相异步电动机倒拉反接制动原理分析

【知识点4】三相异步电动机的能耗制动

1. 三相异步电动机的能耗制动工作原理

能耗制动是把原处于电动运行状态的电动机定子绕组从三相交流电源上切除,迅速将其接入直流电源,通入直流电流,如图 3-20(a)所示。流过电动机定子绕组的直流电流在电动机定子内产生一个静止的恒定磁场,电动机转子因惯性仍按原方向旋转,转子导体切割恒定磁场产生转子感应电动势和转子电流，该电流与恒定磁场相互作用产生电磁转矩 $T$，该电磁转矩 $T$ 方向与转子旋转 $n$ 方向相反，成为制动转矩，与系统摩擦负载转矩 $T_L$ 共同作用，使电动机转速 $n$ 迅速下降，如图 3-20（b）所示。直到 $n=0$ 时，转子导体不再切割恒定磁场，转子感应电动势为 0，转子电流为 0，电磁转矩为 0，制动过程结束，这是一种制动停车的制动，由于这种制动是将转子动能转换为电能，消耗在转子回路电阻上，动能耗尽，转子停转，故称能耗制动。调节能耗制动时通入直流电流的大小可改变恒定磁场强弱，从而改变能耗制动强弱，故在直流电路中串入可变电阻 $R_{pf}$。

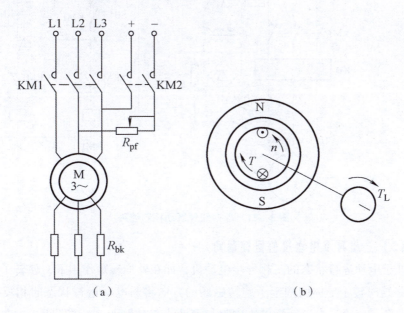

图 3-20 三相异步电动机能耗制动
(a) 原理接线图；(b) 制动原理图

三相异步电动机能耗制动具有制动平稳，能实现准确、快速停车，不会出现反向启动等特点。能耗制动时，电动机从交流电网切除，不再从电网吸取交流电能，只吸收少量的直流电能，所以从能量角度讲比较经济。但随着转速降低，制动转矩减小，会使制动效果变差。能耗制动适用于要求准确停车，启动、制动频繁的场合。

2. 按时间原则控制的能耗制动控制线路

单向能耗制动控制线路如图 3-21 所示。KM1 为正常运行接触器，变压器与整流器将两相电流进行降压整流，得到脉动直流电；KM2 为直流电源接触器，将直流制动电流通入电动机绕组，并串入制动电阻 $R_p$。制动电流通入电动机的时间由启动时间继电器 KT 的延时长短决定。在电动机正常运行的时候，若按下停止按钮 SB1，电动机由于 KM1 断电释放而脱离三相交流电源。时间继电器 KT 线圈与 KM2 线圈同时通电，电动机因接入单向脉动直流电流而进入能耗制动状态。当其转子的惯性速度接近 0 时，时间继电器 KT 延时打开的动断触点断开接触器 KM2 的线圈电路。由于 KM2 动合辅助触点的复位，时间继电器 KT 线圈的电源也被断开，电动机能耗制动结束。

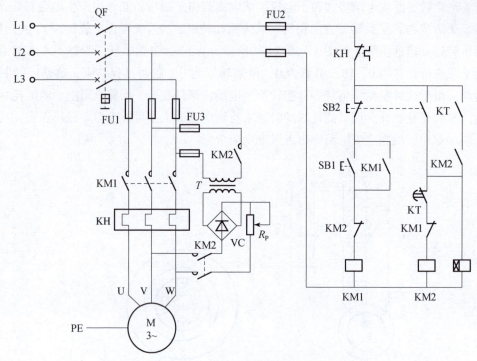

图 3-21 单向能耗制动控制线路

**【知识点5】三相异步电动机的回馈制动**

对于已处于电动运行状态的三相异步电动机，如在外加转矩作用下，使转子转速 $n$ 大于同步转速 $n_1$，这时转子导体切割定子旋转磁场的方向将与电动运行状态时相反，因而转子感应电动势、转子电流、电磁转矩的方向都与电动状态时相反，电磁转矩 $T$ 方向与转子转速 $n$ 方向相反，成制动转矩，对 $n$ 起制动作用。由于电动机在外加转矩作用下使 $n>n_1$，不但不从电网吸取电功率，反而向电网输出功率，由电动机向电网反馈的电能是由拖动系统的机械能转换而来的，故称回馈制动或再生发电制动。回馈制动发生在起重机提升机构电动机高速下放重物时或电动机由高速挡换为低速挡的过程中，对应的是反向回馈制动与正向回馈制动。

起重机提升机构的电动机是应用反向回馈制动来获得重物高速稳定下放的。三相绕线转子异步电动机原工作在正转提升重物的正转电动状态，如图 3-22（a）所示。为获得电动机反向回馈制动高速稳定下放重物，将三相绕线转子异步电动机定子接入反相序三相电源，转子电路串入电阻 $R$，此时电动机定子旋转磁场转速 $n_1$ 由原电动状态的逆时针旋转变为顺时针旋转，电动机转速 $n$ 因机械惯性仍按原正转电动状态逆时针旋转，产生的电磁转矩 $T$ 为顺时针方向，$T$ 方向与 $n$ 转动方向相反，进行反接制动，使逆时针方向转速 $n$ 迅速下降，如图 3-22（b）所示。当 $n=0$ 时，在电磁转矩 $T$ 与负载转矩 $T_L$ 共同作用下，电动机快速反向启动，$n$ 成为顺时针方向旋转并加速，电动机处于反向启动并加速状态，如图 3-22（c）所示。当电动机加速到等于同步转速 $-n_1$ 时，虽然电磁转矩 $T=0$，但由于重力负载转矩 $T_L$ 的作用，仍使电动机继续加速并超过同步转速，此时转子绕组切割旋转磁场方向与电动机反向电动状态时相反，电磁转矩 $T$ 方向与转速 $n$ 方向相反（$n$ 为负、$T$ 为正），成为制动转矩，进入反向回馈制动。电动机在 $T_L$ 作用下，$n$ 加速，$T$ 加大，当 $T = T_L$，电动机稳定运行在高于同步转速的某一高速下，重物获得稳定的高速下放，电动机处于稳定反向回馈制动状态运行，如图 3-22（d）所示。

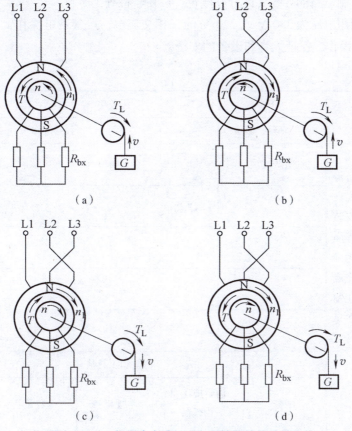

图 3-22 三相异步电动机反向回馈制动物理过程
(a) 正转电动状态；(b) 反接制动状态；(c) 反向启动并加速状态；(d) 反向回馈制动状态

正向回馈制动发生在变极调速或变频调速过程中，当高速挡变为低速挡的降速时，（如由 2 极换接到 4 极运行），电动机 4 极同步转速为 1 500 r/min，而电动机因惯性，转子转速 $n > 1\ 500$ r/min，电动机进入正向回馈制动，使 $n$ 迅速下降，当 $n = 1\ 500$ r/min 时，正向回馈制动结束且 $T = 0$，但在负载转矩 $T_L$ 作用下 $n$ 继续下降，同时电磁转矩 $T$ 增加，直至 $T = T_L$ 时，电动机在低于 1 500 r/min 转速下稳定运行。所以三相异步电动机变极调速时的正向回馈制动，是在电动机由高速降至低速挡同步转速过程中出现的电气制动。

## 2.4 任务实施

【实施要求】

（1）注意检查整流器的耐压值、额定电流值是否符合要求。接线时注意 KM1、KM2 的进出线，防止接错造成短路。控制电路的 FR 出线端连接的端子多，应特别注意，防止错接造成线路故障。

(2) 对拆装或修理后的直流电动机进行检查和试验，确认无误后方可通电。

(3) 连接电路时，要按照"先主后控、先串后并、上入下出、左进右出"的原则接线，做到心中有数。

(4) 主、控制电路的导线要区分开颜色，以便于检查。

(5) 实验所用电压为 380 V 或 220 V 的三相交流电，严禁带电操作，不可触及导电部件，尽可能单手操作，保证人身和设备的安全。

【工作流程】

| 流程 | 任务单 | | | | |
|---|---|---|---|---|---|
| | 班级 | | | 小组名称 | |
| 1. 岗位分工<br>小组成员按项目经理（组长）、电气设计工程师、电气安装员和项目验收员等岗位进行分工，并明确个人职责，合作完成任务。采用轮值制度，使小组成员在每个岗位都得到锻炼 | 团队成员 | | 岗位 | | 职责 |
| | | | | | |
| | | | | | |
| | | | | | |
| | | | | | |
| 2. 领取原料<br>项目经理（组长）填写物料和工具清单，领取器件并检查 | 物料和工具清单 | | | | |
| | 序号 | 物料或工具名称 | 规格 | 数量 | 检查是否完好 |
| | | | | | |
| | | | | | |
| | | | | | |
| | | | | | |
| | | | | | |
| 3. 绘制电气原理图<br>电气设计工程师完成单向电源反接制动控制电路、单向能耗控制电路电气原理图的绘制 | 电气原理图 | | | | |

续表

| 流程 | 任务单 | | | |
|---|---|---|---|---|
| | 班级 | | 小组名称 | |
| **4. 分析电路原理**<br>电气设计工程师完成单向电源反接制动控制电路、单向能耗控制电路原理分析 | 电路原理分析 | | | |
| **5. 电气电路配盘**<br>电气安装员完成单向电源反接制动控制电路、单向能耗控制电路配盘 | 工序 | 完成情况 | | 遇到的问题 |
| | 电气元件布局 | | | |
| | 电气元件安装 | | | |
| | 电气元件接线 | | | |
| **6. 电路检查**<br>电气安装员与项目验收员一起完成单向电源反接制动控制电路、单向能耗控制电路检查 | 工序 | 完成情况 | | 遇到的问题 |
| | | | | |
| **7. 通电试车**<br>电气安装员与项目验收员完成单向电源反接制动控制电路、单向能耗控制电路验收 | 工序 | 完成情况 | | 遇到的问题 |
| | | | | |

仿真操作：能耗制动电路布盘

## 2.5 任务评价

| 项目内容 | 评分标准 | 配分 | 扣分 | 得分 |
|---|---|---|---|---|
| 装前检查 | (1) 电动机质量检查，每漏一处扣 3 分；<br>(2) 电气元件漏检或错检，每处扣 2 分 | 15 | | |
| 安装元件 | (1) 不按布置图安装，扣 10 分；<br>(2) 元件安装不牢固，每只扣 2 分；<br>(3) 安装元件时漏装螺钉，每只扣 0.5 分；<br>(4) 元件安装不整齐、不匀称、不合理，每只扣 3 分；<br>(5) 损坏元件，扣 10 分 | 15 | | |
| 布线 | (1) 不按电路图接线，扣 15 分；<br>(2) 布线不符合要求：主电路，每根扣 2 分；控制电路，每根扣 1 分；<br>(3) 接点松动、接点露铜过长、压绝缘层、反圈等，每处扣 0.5 分；<br>(4) 损伤导线绝缘或线芯，每根扣 0.5 分；<br>(5) 标记线号不清楚、遗漏或误标，每处扣 0.5 分 | 30 | | |
| 通电试车 | (1) 第一次试车不成功，扣 10 分；<br>(2) 第二次试车不成功，扣 20 分；<br>(3) 第三次试车不成功，扣 30 分 | 40 | | |
| 安全文明生产 | 违反安全、文明生产规程，扣 5~40 分 | | | |
| 定额时间 90 min | 每超时 5 min 扣 5 分 | | | |
| 备注 | 除定额时间外，各项目的最高扣分不应超过配分 | | | |
| 开始时间 | 结束时间 | 实际时间 | | |

指导教师签名_____  日期 _____

# 任务 3  三相异步电动机的调速

## 3.1 任务引入

**【情境描述】**

在工厂中，风机、生产机械传动机构等常常会遇到需要调速的情况，目前，为了适应厂区生产需求，工厂中有一台风机需要改造成高、低两个速度运转。

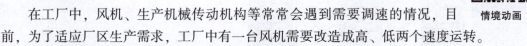
情境动画

**【任务要求】**

要求完成一台三相异步电动机调速控制电路装配，并通电试车。

## 3.2 任务分析

**【学习目标】**

了解三相异步电动机调速的方法和特点，掌握双速电动机高、低两种不同速度时电动机定子绕组的连接方法和控制线路的工作原理。能够准确地对双速电动机控制电路进行绘图及安装。掌握双速电动机控制电路的检测及通电调试方法。在任务实施中要具有安全规范操作的职业习惯，培养安全意识、大局意识、协作意识、精益求精的工匠精神。

**【分析任务】**

在实际生产过程中，根据加工工艺的要求，生产机械传动机构的运行速度经常需要进行调节，这种负载不变，人为调节转速的过程称为调速。近年来，随着电力电子技术的发展，异步电动机的调速性能大有改善，交流调速应用日益广泛。调速通常有机械调速和电气调速两种方法，通过改变电动机运行参数而改变旋转速度的调速方法称为电气调速。

三相异步电动机转速为

$$n = 60f_1(1-s)/p$$

式中，$f_1$——电源频率；

$s$——转差率；

$p$——电动机定子绕组磁极对数。

微课：任务分析

由上式可知，三相异步电动机调速方法有变极调速、变频调速和改变转差率调速 3 种。本次任务主要在了解三相异步电动机调速方法的基础上，掌握双速电动机控制电路的工作原理及接线。双速电动机控制电路的接线图如图 3-23 所示。

## 3.3 知识链接

**【知识点 1】三相异步电动机的调速方法**

### 1. 变极调速

变极调速是指通过改变电动机磁极对数 $p$，对电动机调速的方法。在电源频率不变的条件下，改变电动机的磁极对数 $p$，电动机的同步转速就会发生变化，从而达到改变电动机转速的目的。若磁极对数减少一半，同

微课：三相异步电动机的调速方法

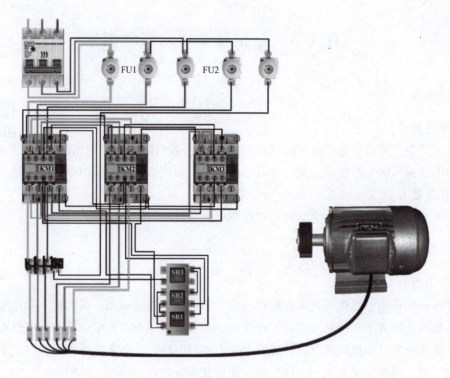

图 3-23 双速电动机控制电路的接线图

步转速就提高一倍，电动机转速也几乎升高一倍。

通常用改变定子绕组的接线方式来改变磁极对数，这种电动机称为多速电动机。一般仅适用于笼型异步电动机，因笼型转子感应的磁极对数能自动与定子相适应。多速电动机一般有双速、三速、四速之分，下面就以双速电动机为例说明变极调速的实现方法。

双速电动机定子绕组连接方式常用的有两种：一种是从星形改成双星形，写作 Y/YY，该方法可保持电磁转矩不变，适用于起重机、传输带运输等恒转矩的负载。另一种是从三角形改成双星形，写作△/YY，该方法可保持电动机的输出功率基本不变，适用于金属切削机床类的恒功率负载。上述两种接法都可使电动机磁极对数减少一半，转速提高一倍。

(1) △-YY 联结。

△-YY 联结形式如图 3-24 所示，电动机低速运转时，将定子绕组的 U1，V1，W1 端接三相交流电源，U2，V2，W2 端开路不接，此时电动机定子绕组为△接法，该联结方式磁极对数 $p=2$。电动机高速运转时，将定子绕组的 U1，V1，W1 端短接，U2，V2，W2 端接三相交流电源，此时电动机定子绕组为 YY 接法，磁极对数 $p=1$。由于这两种联结时电动机的磁极对数 $p$ 减小了一半，故电动机的转速也提高了一倍。

注意，△-YY 联结的双速电动机，启动时只能在△联结下低速启动，再转到 YY 联结下高速启动。此外，为了使电动机转向不变，转换成 YY 联结时应把绕组的相序改接一下，否则电动机将反转。

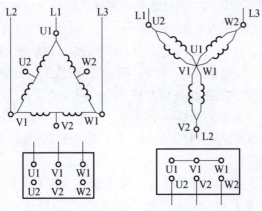

图 3 – 24  △ – YY 联结形式

(2) Y – YY 联结。

Y – YY 联结形式如图 3 – 25 所示，电动机低速运转时，将定子绕组的 U1，V1，W1 端接三相交流电源，U2，V2，W2 端开路不接，此时电动机定子绕组为 Y 接法，该联结方式磁极对数 $p=2$。电动机高速运转时，将定子绕组的 U1，V1，W1 端短接，U2，V2，W2 端接三相交流电源，此时电动机定子绕组为 YY 接法，磁极对数 $p=1$。

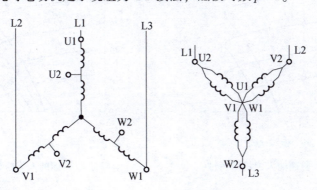

图 3 – 25  Y – YY 联结形式

2. 变频调速

变频调速是现代电力传动的一个主要发展方向，已广泛应用于工业自动控制中。

由三相异步电动机转速公式

$$n=(1-s)60f_1/p$$

可知，只要连续改变电动机交流电源的频率 $f_1$，就可实现连续调速。由于交流电源的额定频率 $f_N=50\ Hz$，所以变频调速有额定频率以下调速和额定频率以上调速两种。

(1) 额定频率以下调速。

三相异步电动机的每相电压 $U$ 为

$$U \approx E = 4.44 f_1 N_1 K_1 \phi_m$$

若电源电压 $U$ 不变，当降低电源频率 $f_1$ 时，则必使电动机每极磁通 $\phi_m$ 增加，$\phi_m$ 的增加将进入磁化曲线饱和段，磁路饱和使铁心饱和，从而导致励磁电流和铁损耗的大量增加，电动机温升过高等,这是不允许的。因此在变频调速的同时,应使磁通 $\phi_m$ 不变,那就必须降低电源电压,使 $U/f_1$ 或 $E/f_1$ 为常数。

1) 保持 $E/f_1$ 为常数。降低电源频率 $f_1$ 时,保持 $E/f_1$ 为常数,则使磁通量 $\phi_m$ 为常数,是恒磁通或恒转矩调速方式。保持 $E/f_1$ 不变,降低 $f_1$ 调速的人为机械特性如图 3-26 所示。

降低电源频率 $f_1$ 调速的人为机械特性的特点为:同步速度 $n_1$ 与频率 $f_1$ 成正比,最大转矩 $T_{max}$ 不变,转速降落 $\Delta n$ = 常数,特性斜率不变。这种变频调速方法机械特性较硬,在一定静差率的要求下,调速范围宽,而且稳定性好。由于频率可以连续调节,因此变频调速为无级调速,平滑性好,效率较高。

2) 保持 $U/f_1$ 为常数。降低电源频率 $f_1$,保持 $U/f_1$ 为常数,则磁通量 $\phi_m$ 近似为常数,在这种情况下,当降低频率 $f_1$ 时,最大转矩 $T_{max}$ 变小,转速降落 $\Delta n$ 不变。特别在低频低速时的机械特性会变坏,保持 $U/f_1$ 不变,降低 $f_1$ 调速的人为机械特性如图 3-27 所示。其中虚线是恒磁通调速时 $T_{max}$ 为常数的机械特性,以示比较。该调速方式在低频段可近似为恒转矩调速方式。

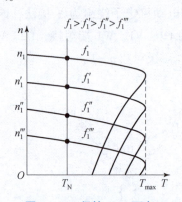

图 3-26 保持 $E/f_1$ 不变,降低 $f_1$ 调速的人为机械特性

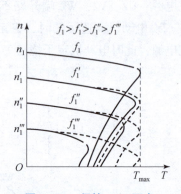

图 3-27 保持 $U/f_1$ 不变,降低 $f_1$ 调速的人为机械特性

(2) 额定频率以上的调速。

当电源频率 $f_1$ 在额定频率以上调节时,电动机的定子相电压是不允许在额定相电压以上调节的,否则会危及电动机的绝缘。因此,升高频率向上调速时,只能保持电压为 $U$ 不变,频率越高,磁通 $\phi_m$ 越低,是一种降低磁通升速的方法,故属于恒功率调速。

异步电动机变频调速的电源是一种能调压的变频装置。如何能取得经济、可靠的变频电源,是实现异步电动机变频调速的关键,也是目前电力拖动系统的一个重要发展方向。目前,多采用由晶闸管或自关断功率晶体管器件组成的变频器。

变频调速由于其调速性能优越,即主要是能平滑调速、调速范围广、效率高,又不受直流电动机换向带来的转速与容量的限制,因此已经在很多领域获得广泛应用,如轧钢机、工业水泵、鼓风机、起重机、纺织机、球磨机化工设备及家用空调器等。主要缺点是系统较复杂、成本较高。

### 3. 改变转差率调速

改变电源电压调速、绕线式转子电路串电阻调速和串级调速都属于改变转差率调速。这些调速方法的共同特点是在调速过程中都产生大量的转差功率。前两种调速方法都是把转差功率消耗在转子电路里，很不经济，而串级调速则能将转差功率加以吸收或大部分反馈给电网，提高了经济性能。

（1）改变电源电压调速。此法用于笼型异步电动机，靠改变转差率 $s$ 调速。对于转子电阻大、机械特性曲线较软的笼型异步电动机，采用此法调速的范围很宽。缺点是低压时机械特性太软，转速变化大，若带通风机类负载，则调速明显。过去改变电源电压调速都采用定子绕组串电抗器来实现，目前已广泛采用晶闸管交流调压线路来实现。

（2）绕线式转子电路串电阻调速。在绕线式异步电动机转子电路中串入电阻，在一定的负载转矩下，电阻在一定范围内越大时，转速越低。这种调速方法优点是所需设备简单，可在一定范围内进行调速。缺点是有级调速，且随转速降低特性变软，损耗较大，调整范围有限，主要应用于起重、运输设备等小型电动机调速中。

（3）串级调速。串级调速就是在异步电动机的转子回路串入一个三相对称的附加电动势，其附加电动势必须与转子电动势同频率，改变附加电动势的大小和相位，就可以调节电动机的转速。若引入附加电动势后使电动机转速降低，则称为低同步串级调速；若引入附加电动势后导致电动机转速升高，则称为超同步串级调速。这种调速方法广泛用于水泵、风机的节能调速和不可逆轧钢机、压缩机等生产机械。

【知识点2】手动切换双速电动机电路

双速电动机是通过改变定子绕组的接法，从而改变电动机的磁极对数而实现的调速。

手动切换双速电动机电路如图 3-28 所示，主电路中 KM1 为三角形联结接触器，实现低速控制。KM2，KM3 为双星形联结接触器，实现高速控制。其工作过程如下：

微课：双速电动机控制电路分析

（1）合上电源开关 QF。

（2）低速运转控制：

按下 SB1→SB1 常闭触点先分断对 KM2、KM3 线圈联锁

→SB1 常开触点后闭合→KM1 线圈得电→KM1 自锁触点闭合自锁

→KM1 主触点闭合→电动机 M 定子绕组接成三角形低速运转

→KM1 互锁触点断开→KM2，KM3 线圈不能得电

（3）在低速运转情况下，切到高速运转：

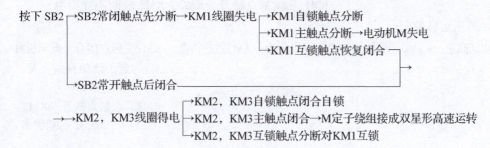

（4）停止：按下 SB3→整个控制电路失电→主触点分断→电动机 M 失电停转。

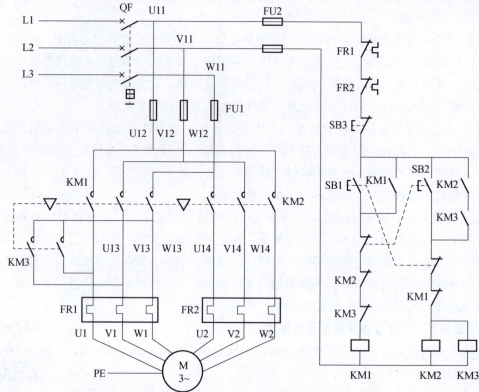

图 3-28　手动切换双速电动机电路

【知识点3】 时间继电器切换双速电动机电路

时间继电器控制双速电动机电路如图 3-29 所示，KM1 为电动机的三角形联结接触器，KM2、KM3 为电动机双星形联结接触器，KT 为电动机低速转换为高速的通电延时时间继电器。电路工作原理为：

（1）合上电源开关 QF。

（2）低速运转控制：

SA 切到低速→KM1 线圈得电→KM1 主触点闭合→电动机 M 定子绕组接成三角形低速运转
　　　　　　→KM1 互锁触点断开→KM2、KM3 线圈不能得电

（3）高速运转控制：

SA 切到高速→KT 线圈得电→KT 常开触点闭合→KM1 线圈得电→KM1 主触点闭合→电动机 M
　　　　　　　　　　　　　　　　　　　　　　　　　　　　　　定子绕组接成三角
　　　　　　　　　　　　　　　　　　　　　　　　　　　　　　形低速运转
　　　　　　　　　　　　　　　　　　　　　　　　　→KM1 互锁触点断开→KM2、
　　　　　　　　　　　　　　　　　　　　　　　　　　　KM3 线圈不能得电

KT延时几秒后 → 延时断开触点断开 → KM1线圈失电

　　　　　　　→ 延时闭合触点闭合 → KM2线圈得电

→ KM1线圈失电 → KM1主触点闭合 → 电动机M失电
　　　　　　→ KM1互锁触点恢复闭合
→ KM2线圈得电 → KM2常开触点闭合 → KM3线圈得电 → KM3主触点闭合 → M定子绕组接成双星形高速运转
　　　　　　→ KM2主触点闭合

（4）停止：按下SB3→所有接触器、继电器的线圈失电→触点复位→电动机断电停止运转。

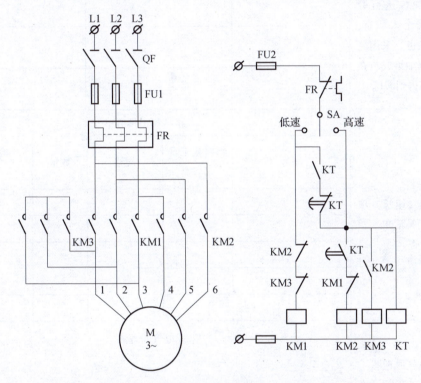

图3-29　时间继电器控制双速电动机电路

## 3.4　任务实施

【实施要求】

（1）认真仔细连接电路并自检，确认无误后方可通电。

（2）连接电路时，要按照"先主后控、先串后并、上入下出、左进右出"的原则接线，做到心中有数。

（3）主、控制电路的导线要区分开颜色，以便检查。

（4）实验所用电压为380 V或220 V的三相交流电，严禁带电操作，不可触及导电部件，尽可能单手操作，保证人身和设备的安全。

仿真操作：双速电动机控制电路仿真配盘

【工作流程】

| 流程 | 任务单 | | | |
|---|---|---|---|---|
| | 班级 | | 小组名称 | |
| 1. 岗位分工<br>小组成员按项目经理（组长）、电气设计工程师、电气安装员和项目验收员等岗位进行分工，并明确个人职责，合作完成任务。采用轮值制度，使小组成员在每个岗位都得到锻炼 | 团队成员 | 岗位 | | 职责 |
| | | | | |
| | | | | |
| | | | | |
| | | | | |
| 2. 领取原料<br>项目经理（组长）填写物料和工具清单，领取器件并检查 | 物料和工具清单 | | | |
| | 序号 | 物料或工具名称 | 规格 | 数量 | 检查是否完好 |
| | | | | | |
| | | | | | |
| | | | | | |
| | | | | | |
| 3. 绘制电气原理图<br>电气设计工程师完成双速电机控制电路电气原理图的绘制 | 电气原理图 | | | |
| 4. 分析电路原理<br>电气设计工程师完成双速电机控制电路原理分析 | 电路原理分析 | | | |

续表

| 流程 | 任务单 | | |
|---|---|---|---|
| | 班级 | 小组名称 | |
| 5. 电气电路配盘<br>电气安装员完成双速电机控制电路配盘 | 工序 | 完成情况 | 遇到的问题 |
| | 电气元件布局 | | |
| | 电气元件安装 | | |
| | 电气元件接线 | | |
| 6. 电路检查<br>电气安装员与项目验收员一起完成双速电机控制电路检查 | 工序 | 完成情况 | 遇到的问题 |
| | | | |
| 7. 通电试车<br>电气安装员与项目验收员完成双速电机控制电路验收 | 工序 | 完成情况 | 遇到的问题 |
| | | | |

笔记区

## 3.5 任务评价

| 项目内容 | 评分标准 | 配分 | 扣分 | 得分 |
| --- | --- | --- | --- | --- |
| 装前检查 | （1）电动机质量检查，每漏一处扣3分；<br>（2）电气元件漏检或错检，每处扣2分 | 15 | | |
| 安装元件 | （1）不按布置图安装，扣10分；<br>（2）元件安装不牢固，每只扣2分；<br>（3）安装元件时漏装螺钉，每只扣0.5分；<br>（4）元件安装不整齐、不匀称、不合理，每只扣3分；<br>（5）损坏元件，扣10分 | 15 | | |
| 布线 | （1）不按电路图接线，扣15分；<br>（2）布线不符合要求：主电路，每根扣2分；控制电路，每根扣1分；<br>（3）接点松动、接点露铜过长、压绝缘层、反圈等，每处扣0.5分；<br>（4）损伤导线绝缘或线芯，每根扣0.5分；<br>（5）标记线号不清楚、遗漏或误标，每处扣0.5分 | 30 | | |
| 通电试车 | （1）第一次试车不成功，扣10分；<br>（2）第二次试车不成功，扣20分；<br>（3）第三次试车不成功，扣30分 | 40 | | |
| 安全文明生产 | 违反安全、文明生产规程，扣5~40分 | | | |
| 定额时间90 min | 每超时5 min扣5分 | | | |
| 备注 | 除定额时间外，各项目的最高扣分不应超过配分 | | | |
| 开始时间 | 结束时间 | | 实际时间 | |

指导教师签名_____  日期_____

## 【拓展阅读】

**争做技能最强者**

以赛明学：争做技能最强者

# 项目三　习题

**1. 单选题**

（1）三相异步电动机电源反接制动中表述正确的是（　　）。
A. 原理是改变电源的相序，使电磁转矩与转速的方向相同
B. 当按下启动按钮时，正相序电源立刻切断
C. 当按下停止按钮时，速度继电器的常开触点是闭合的
D. 当按下停止按钮时，速度继电器的常开触点是断开的。

（2）电磁抱闸制动器断电制动在（　　）上被广泛采用。
A. 车床　　　　　B. 铣床　　　　　C. 磨床　　　　　D. 起重机械

（3）三相异步电动机的能耗制动，定子绕组通入的是（　　）电。
A. 三相交流电　　　　　　　　B. 三相直流电
C. 单相交流电　　　　　　　　D. 单相直流电

（4）（　　）属于机械制动。
A. 电磁抱闸制动器　B. 反接制动　　C. 能耗制动　　D. 电容制动

（5）速度继电器的复位转速为（　　）。
A. 80　　　　　　B. 100　　　　　C. 120　　　　　D. 140

（6）异步电动机负载越重，其启动电流（　　）。
A. 越大　　　　　　　　　　　B. 越小
C. 与负载大小无关　　　　　　D. 不变

（7）反接制动是依靠改变电动机定子绕组的（　　）来产生制动力矩。
A. 串接电阻　　B. 电源相序　　C. 串接电容　　D. 电流大小

（8）绕线式三相感应电动机，转子串电阻启动时（　　）。
A. 启动转矩增大，启动电流增大　　B. 启动转矩增大，启动电流减小
C. 启动转矩增大，启动电流不变　　D. 启动转矩减小，启动电流增大

（9）一台 50 Hz 三相感应电动机的转速为 $n = 720$ r/min，该电机的级数和同步转速为（　　）。

A. 4 极，1 500 r/min　　　　　B. 6 极，1 000 r/min
C. 10 极，600 r/min　　　　　 D. 8 极，750 r/min

（10）能耗制动是当电动机断电后，立即在定子绕组的任意两相中通入（　　）迫使电动机迅速停转的方法。

A. 直流电　　　　　　　　　　　　B. 交流电

C. 直流电和交流电　　　　　　　　D. 直流脉冲

（11）笼型三相感应电动机的额定状态转速下降10%，该电机转子电流产生的旋转磁动势相对于定子的转速（　　）。

A. 上升10%　　　　　　　　　　　 B. 下降10%

C. 上升1/（1＋10%）　　　　　　　D. 不变

**2. 多选题**

（1）三相异步电动机的制动方法有（　　）。

A. 机械制动　　B. 电源反接制动　　C. 能耗制动　　D. 倒拉反接制动

（2）下列（　　）是三相异步电动机的调速方法。

A. 变频调速　　B. 变级调速　　C. 变相序调速　　D. 变转差率调速

（3）下列（　　）是三相异步电动机的变转差率调速。

A. 降低定子电压调速　　　　　　　B. 转子串电阻调速

C. 串级调速　　　　　　　　　　　D. 变频调速

（4）速度继电器的结构中有（　　）。

A. 定子　　　B. 转子　　　C. 摆锤

D. 三相绕组　E. 触点

（5）三相异步电动机有（　　）启动方式。

A. 星转三角启动　　　　　　　　　B. 定子串电阻启动

C. 定子串变压器启动　　　　　　　D. 软启动

**3. 简答题**

（1）分析三相异步电动机降压启动的原因。

（2）电动机常用的保护环节有哪些？它们各由哪些电器来实现保护？

（3）电动机短路保护、过载保护、过电流保护有哪些相同与不同点？

（4）什么叫电动机的降压启动控制？常用的降压启动控制有哪几种？

（5）在星－三角降压启动电路中，KM1、KM2和KM3实现的功能是什么？

（6）简述用用定子绕组串电阻器降压启动时，所串电阻器的选择方法。

（7）简述Y－△形降压启动控制线路的工作原理。

（8）如何判断一台（或多台）电动机是否要采用降压启动控制？

（9）什么叫制动？制动有哪些方法？

（10）分析单相反接制动电路的工作原理，若将速度继电器出头接成另一对常开触点，会产生什么后果？为什么？

（11）设计按时间原则实现单向反接制动的控制线路。

（12）在按速度原则控制电动机反接制动的过程中，若制动效果差，是什么原因？如何调整？

(13) 分析用时间继电器控制能耗制动电路的工作原理，若改用速度继电器控制，试画出电路图。

(14) 三相异步电动机的调速方法有哪几种？

(15) 分析双速电动机变极调速控制电路的工作原理。

(16) 在三相异步电动机变频调速控制中，为什么要保持 $U/f_1$ 或 $E/f_1$ 为常数？

(17) 双速电动机定子绕组有几个出线端？分别画出双速电动机在低、高两种不同速度时定子绕组的接线图。

(18) 根据要求，设计双速电动机控制线路：

1) 分别用两个按钮操作电动机的低速和高速启动，用一个停止按钮控制电动机的停车。

2) 在高速启动时，应先接成低速启动，然后经延时再自动换接成高速运行。

3) 具有短路、过载、欠失压保护功能。

# 项目四

# 典型设备的电气控制

**【项目简介】**

本项目通过对典型设备电气控制电路的分析和设计,将进一步了解各基本控制电路在机床控制系统中的应用,进一步阐明电气控制系统的分析方法与步骤,在强化继电器-接触器控制系统分析能力的同时,培养学生具有机床电气控制系统的设计与维护能力。本项目以电动葫芦、CA6140 型卧式车床、X62W 型万能铣床、M7130 型平面磨床、Z3040 型摇臂钻床、T68 型卧式镗床等普通机床的电气控制系统分析工作任务为载体,介绍典型设备的内部结构与运动形式、电气原理图的分析、常见故障的处理。使学生能根据生产工艺要求进行电气控制系统的安装、调试、使用、维护和设计。

**【知识树】**

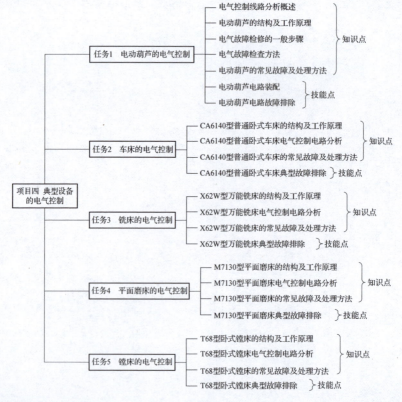

# 项目四 典型设备的电气控制

## 任务1 电动葫芦的电气控制

### 1.1 任务引入

**【情境描述】**

电动葫芦是一种轻小型起重设备,具有体积小,自重轻,操作简单,使用方便等特点,广泛应用于工矿企业、仓储、码头等场所,主要完成小型设备的吊装、安装和修理等工作。起重质量一般为0.1~80 t,起重高度为3~30 m。

情境动画

**【任务要求】**

在了解电动葫芦的结构和使用特点的基础上,能够分析电动葫芦电气控制线路的工作原理,并能够分析和排除电动葫芦电气控制系统的常见故障。

### 1.2 任务分析

**【学习目标】**

了解电动葫芦的结构和使用特点,掌握电动葫芦电气控制线路的工作原理。能够准确地对电动葫芦电路进行绘图及安装。掌握电动葫芦电气控制系统的常见故障及排除方法。在任务实施中要具有安全规范操作的职业习惯,培养安全意识、大局意识、协作意识及精益求精的工匠精神。

**【分析任务】**

电动葫芦一般分为钢丝绳电动葫芦和环链电动葫芦两种。钢丝绳电动葫芦如图4-1所示,它由升降机构和移动机构组成。分别由升降电动机和移动电动机拖动。工作时,升降机构带动吊钩上升和下降,移动机构在导轨中左右平移。因为两个电动机加上吊钩,它们之间又有钢索和导线连接,酷似藤架上的葫芦,电动葫芦由此得名。

1—移动电动机;2—升降电动机;3—行程开关;4—钢丝卷筒;5—操作按钮盒。

图4-1 钢丝绳电动葫芦

### 1.3 知识链接

**【知识点1】电气控制线路分析概述**

分析设备电气控制的依据是设备本身的基本结构、运动情况、加工工艺要求和对电力拖动的要求，以及对电气控制的要求。也就是要熟悉控制对象，掌握控制要求，这样分析起来才有针对性。这些依据主要来自设备的有关技术资料，如设备说明书、电气原理图、电气安装接线图等。

电气原理图是电气控制电路分析的中心内容。电气原理图由主电路、控制电路、辅助电路、保护与联锁环节以及特殊控制电路等部分组成。

在分析电气原理图时，必须与阅读其他技术资料结合起来，根据电动机及执行元件的控制方式、位置及作用，各种与机械有关的行程开关、主令电器的状态来理解电气工作原理。

电气原理图阅读分析基本原则是："先机后电、先主后辅、化整为零、集零为整、统观全局、总结特点"。最常用的方法是查线分析法。即以某一电动机或电气元件线圈为对象，从电源开始，由上而下，自左至右，逐一分析其接通断开关系，并区分出主令信号、联锁条件、保护环节等。根据图区坐标标注的检索和控制流程的方法分析出各种控制条件与输出结果之间的因果关系。

【知识点2】 电动葫芦的结构及工作原理

电动葫芦的控制电路原理如图4-2所示，电源由电网经电源开关QS、熔断器FU1供给主电路和控制电路。主电路有升降电动机M1和移动电动机M2，升降电动机M1由交流接触器KM1和KM2实现上下两个方向的运动。移动电动机M2由交流接触器KM3和KM4实现左右两个方向运动，以达到提升、下降重物和左右移动电动葫芦的目的。

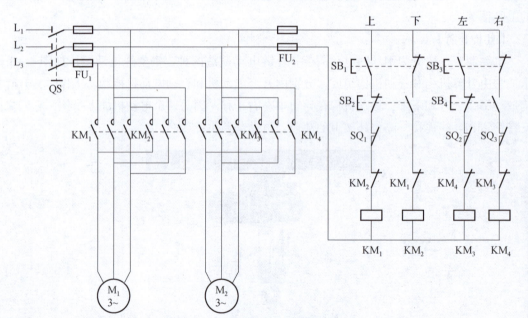

图4-2 电动葫芦的控制电路原理

SB1，SB2，SB3和SB4分别是上、下、左、右的点动控制按钮，可以保证在操作人员离开按钮盒时，电动葫芦的电动机自动断电停转。为了防止电动机正反向同时通电，采用接触器联锁与按钮联锁的双重联锁。SQ1，SQ2和SQ3分别作为上、左、右的限位保护。

电路工作原理：

合上 QS，电源引入。需机构左移，按下按钮 SB3，其常闭触点先断开右移 KM4 的控制电路，实现按钮互锁。SB3 常开触点闭合，使 KM3 线圈通电，KM3 常闭触点先断开 KM4 的控制电路，实现接触器的互锁。同时，KM3 的常开主触点闭合，电动机 M2 转动，移动机构左移。松开 SB3，KM3 线圈断电，电动机 M2 停转。机构右移控制电路与左移控制电路完全相同，升降机构上升和下降的控制电路与机构左移和右移的控制电路基本相同，可自行分析。在电动葫芦上升、左移和右移的控制电路中串联了行程开关 SQ1，SQ2 和 SQ3 的常闭触点，在实际使用时，在吊钩上升的过程中，若操作者不能在限定的高度及时准确地停车，就可能造成设备的损坏，所以，在限定的高度，安装了行程开关 SQ1，当吊钩运转至限定高度时，撞击 SQ1，SQ1 的常闭触点断开上升控制电路，使电动机 M1 脱离交流电源停车，避免因操作不当产生的事故，SQ2 和 SQ3 的作用和 SQ1 相同。

微课：电动葫芦结构和工作原理

### 【知识点3】电气故障检修的一般步骤

#### 1. 观察和调查故障现象

电气故障现象是多种多样的。例如，同一类故障可能有不同的故障现象，不同类故障可能有相同的故障现象，这种故障现象的同一性和多样性，给查找故障带来复杂性。但是，故障现象是检修电气故障最直接、最基本的依据，是电气故障检修的起点，因而要对故障现象进行仔细观察、分析，找出故障现象中最主要、最典型的方面，搞清故障发生的时间、地点、环境等。

#### 2. 分析故障原因

根据故障现象分析故障原因是电气故障检修的关键。分析的基础是电工电子基本理论，是对电气设备的构造、原理、性能的充分理解，是电工电子基本理论与故障实际的结合。某一电气故障产生的原因可能很多，重要的是在众多原因中找出最主要的原因。

#### 3. 确定故障的具体部位

确定故障部位是电气故障检修的最终归纳和结果。确定故障部位可理解为确定设备的故障点，如短路点、损坏的元器件等，也可理解为确定某些运行参数的变异，如电压波动、三相不平衡等。确定故障部位是在对故障现象进行周密的考察和细致分析的基础上进行的。在这一过程中，可采用多种检查手段和方法。

#### 4. 排除故障

对已经确定的故障点，使用正确的方法予以排除。

#### 5. 校验与试车

在故障排除后还要进行校验和试车。

### 【知识点4】电气故障检查方法

#### 1. 直观法

直观法是根据电器故障的外部表现，通过"问、看、听、摸、闻"等手段，检查、判定故障的方法。

问：向现场操作人员了解故障发生前后的情况。如故障发生前是否过载、频繁启动和停止；故障发生时是否有异常声音与振动、有没有冒烟、冒火等现象。

看：仔细查看各种电气元件的外观变化情况。如看触点是否烧熔、氧化，熔断器熔体熔断指示器是否跳出，热继电器是否脱扣，导线是否烧焦，热继电器整定值是否合适，瞬时动作整定电流是否符合要求等。

听：主要听有关电器在故障发生前后声音是否异常。如听电动机启动时是否只"嗡嗡"响而不转；接触器线圈得电后是否噪声很大等。

摸：故障发生后，断开电源，用手触摸或轻轻推拉导线及电器的某些部位，以察觉异常变化。如摸电动机、自耦变压器和电磁线圈表面，感觉温度是否过高；轻拉导线，看连接是否松动；轻推电器活动机构，看移动是否灵活等。

闻：故障出现后，断开电源，将鼻子靠近电动机、自耦变压器、继电器、接触器、绝缘导线等处，闻闻是否有焦味。如有焦味，则表明电器绝缘层已被烧坏，主要原因则是过载、短路或三相电流严重不平衡等。

### 2. 测量电压法

测量电压法是根据电器的供电方式，测量各点的电压值与电流值并与正常值比较。具体可分为分阶测量法、分段测量法和点测法。

### 3. 测电阻法

可分为分阶测量法和分段测量法。这两种方法适用于开关、电器分布距离较大的电气控制设备。

此外，还有对比、置换元件、逐步开路（或接入）法、强迫闭合法、短接法等检测方法。以上几种检查方法，要灵活运用，遵守安全操作规章。对于连续烧坏的元器件应查明原因后再进行更换；电压测量时应考虑到导线的压降；不违反设备电器控制的原则，试车时手不得离开电源开关，并且保险应使用等量或略小于额定电流的电流；注意测量仪器挡位的选择。

## 【知识点5】电动葫芦的常见故障及处理方法

### 1. 起重电机不动作，并有较大声响

故障分析：电动机不启动，有可能是电源电压过低或缺相造成的，或者是安装了电磁抱闸，由于转子轴向窜动量调整不好，通电后脱不开制动装置。

检查处理：检查电源，适当调整电源电压，或者排除缺相故障；调节锁紧螺母，使窜动量为 1.5～3 mm；切断电源，清洁铁心表面的污垢或更换触点即可排除故障。

微课：电动葫芦排除故障方法和步骤

### 2. 电动葫芦外壳带电

故障分析：首先检查电动葫芦对地绝缘电阻，若为 0，说明电动机或电气元件的绝缘有损坏；若对地绝缘电阻为 0.5 MΩ，说明电动机或电气元件的绝缘没有损坏，可能是电磁感应或其他原因引起。

检查处理：若绝缘有损坏，则应逐级断开，找出接地点，并以适当方式加强绝缘；若绝缘没有损坏，可使运行轨道及全部不带电的金属部分可靠接地。

### 3. 电动葫芦提升物体操作正常，但不能将物体放下

故障分析：提起物体操作正常，说明提升电动机 M1 和电磁制动器的主电路工作正常，问题应出在放下物体操作的控制线路和 KM2 的主触点电路部分。如果按下按钮 SB2 后，接触器 KM2 得电动作，但提升电动机 M1 不转，说明故障点为接触器 KM2 的主触点接触不良；如果按下 SB2，KM2 不动作，则故障应为在 SB1 常闭触点和 KM2 线圈之间的通路中有断点。

检查处理：逐个检查其中的元器件及之间的接线，便可找出故障。

### 4. 电动葫芦基本动作正常，但向前移动到终端位置不能自动停车

故障分析：当电动葫芦向前移动未到达终端位置时，SQ2 未被压下，它的常闭触点仍处在闭合状态，不影响电动葫芦的向前移动；当电动葫芦向前移动到终端位置时，压下行程开关 SQ2，其常闭触点断开，此时，不管按钮 SB2 是否被按下，接触器 KM3 都将失电，实现自动停车，限位保护。所以该故障应是行程开关 SQ2 损坏，被压下时不能正常断开控制电路造成的。

检查处理：检查行程开关 SQ2 的动作是否正常，若已损坏，及时更换。

## 1.4 任务实施

【实施要求】

（1）认真仔细连接电动葫芦电路并自检，确认无误后方可通电。

（2）连接电路时，要按照"先主后控、先串后并、上入下出、左进右出"的原则接线，做到心中有数。

（3）主、控制电路的导线要区分开颜色，以便于检查。

（4）实验所用电压为 380 V 或 220 V 的三相交流电，严禁带电操作，不可触及导电部件，尽可能单手操作，保证人身和设备的安全。

【工作流程】

| 流程 | 任务单 | | | |
|---|---|---|---|---|
| | 班级 | | 小组名称 | |
| 1. 岗位分工<br>小组成员按项目经理（组长）、电气设计工程师、电气安装员和项目验收员等岗位进行分工，并明确个人职责，合作完成任务。采用轮值制度，使小组成员在每个岗位都得到锻炼 | 团队成员 | 岗位 | | 职责 |
| | | | | |
| | | | | |
| | | | | |
| | | | | |

续表

| 流程 | 任务单 | | | | |
|---|---|---|---|---|---|
| | 班级 | | 小组名称 | | |
| 2. 领取原料<br>项目经理（组长）填写物料和工具清单，领取器件并检查 | 物料和工具清单 | | | | |
| | 序号 | 物料或工具名称 | 规格 | 数量 | 检查是否完好 |
| | | | | | |
| | | | | | |
| | | | | | |
| | | | | | |
| | | | | | |
| 3. 绘制电气原理图<br>电气设计工程师完成电动葫芦控制电路电气原理图的绘制 | 电气原理图 | | | | |
| 4. 分析电路原理<br>电气设计工程师完成电动葫芦控制电路原理分析 | 电路原理分析 | | | | |
| 5. 电气电路配盘<br>电气安装员完成电动葫芦控制电路配盘 | 工序 | | 完成情况 | | 遇到的问题 |
| | 电气元件布局 | | | | |
| | 电气元件安装 | | | | |
| | 电气元件接线 | | | | |
| 6. 电路检查<br>电气安装员与项目验收员一起完成电动葫芦控制电路检查 | 工序 | | 完成情况 | | 遇到的问题 |
| | | | | | |
| 7. 通电试车<br>电气安装员与项目验收员完成电动葫芦控制电路验收 | 工序 | | 完成情况 | | 遇到的问题 |
| | | | | | |

笔记区

## 1.5 任务评价

| 项目内容 | 评分标准 | 配分 | 扣分 | 得分 |
|---|---|---|---|---|
| 装前检查 | （1）电动机质量检查，每漏一处扣3分；<br>（2）电气元件漏检或错检，每处扣2分 | 15 | | |
| 安装元件 | （1）不按布置图安装，扣10分；<br>（2）元件安装不牢固，每只扣2分；<br>（3）安装元件时漏装螺钉，每只扣0.5分；<br>（4）元件安装不整齐、不匀称、不合理，每只扣3分；<br>（5）损坏元件，扣10分 | 15 | | |
| 布线 | （1）不按电路图接线，扣15分；<br>（2）布线不符合要求：主电路，每根扣2分；控制电路，每根扣1分；<br>（3）接点松动、接点露铜过长、压绝缘层、反圈等，每处扣0.5分；<br>（4）损伤导线绝缘或线芯，每根扣0.5分；<br>（5）标记线号不清楚、遗漏或误标，每处扣0.5分 | 30 | | |
| 通电试车 | （1）第一次试车不成功，扣10分；<br>（2）第二次试车不成功，扣20分；<br>（3）第三次试车不成功，扣30分 | 40 | | |
| 安全文明生产 | 违反安全、文明生产规程，扣5~40分 | | | |
| 定额时间 90 min | 每超时 5 min 扣 5 分 | | | |
| 备注 | 除定额时间外，各项目的最高扣分不应超过配分 | | | |
| 开始时间 | | 结束时间 | | 实际时间 |

指导教师签名_____　　日期_____

**笔记区**

## 任务 2　车床的电气控制

### 2.1　任务引入

**【情境描述】**

车床是一种应用极为广泛的金属切削机床，能够车削外圆、内圆、端面、螺纹、切断及割槽等，并可以装上钻头或铰刀进行钻孔和铰孔等加工。本次任务以 CA6140 型普通卧式车床为例进行分析。

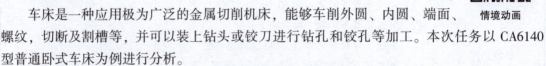
情境动画

**【任务要求】**

在了解普通卧式车床的结构和使用特点的基础上，能够掌握普通卧式车床电气控制线路的工作原理，并能够分析和排除车床电气控制系统的常见故障。

### 2.2　任务分析

**【学习目标】**

了解普通卧式车床的结构和型号含义，掌握普通卧式车床的运动形式和电气控制线路工作原理，掌握普通卧式车床电气控制系统的常见故障及排除方法。能根据低压电器的工作状态分析车床控制系统运行情况，并能够对出现故障的车床进行排故。在任务实施中要具有安全规范操作的职业习惯，培养安全意识、大局意识、协作意识及精益求精的工匠精神。

**【分析任务】**

下面以 CA6140 型普通卧式车床为例，说明车床的工作原理及常见故障。CA6140 型普通卧式车床的外形结构示意图如图 4-3 所示。它主要由床身、主轴变速箱、挂轮箱、进给箱、溜板箱、溜板与刀架、尾架、丝杠和光杠等部分组成。

微课：任务分析

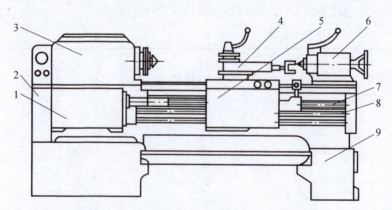

1—进给箱；2—挂轮箱；3—主轴变速箱；4—溜板与刀架；
5—溜板箱；6—尾架；7—丝杠；8—光杠；9—床身。

图 4-3　CA6140 型普通卧式车床的外形结构示意图

## 2.3 知识链接

### 【知识点 1】CA6140 型普通卧式车床的结构及工作原理

#### 1. 主要结构与型号含义

CA6140 型普通卧式车床的型号含义如图 4-4 所示。

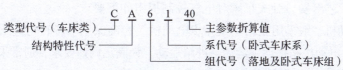

图 4-4　CA6140 型普通卧式车床的型号含义

（1）床身。床身是车床精度要求很高的带有导轨（山形导轨和平导轨）的一个大型基础部件。它支撑和连接车床的各个部件，并保证各部件在工作时有准确的相对位置。

（2）主轴变速箱。主轴变速箱支撑并传动主轴带动工件做旋转主运动。箱内装有齿轮、轴等，组成变速传动机构。变换主轴箱的手柄位置，可使主轴得到多种转速。主轴通过卡盘等夹具装夹工件，并带动工件旋转，以实现车削。

（3）挂轮箱。挂轮箱把主轴变速箱的转动传递给进给箱。更换箱内齿轮，配合进给箱内的变速机构，可以车削时进行各种螺距螺纹（或蜗杆）的进给运动，并满足车削时对不同纵、横向进给量的需求。

（4）进给箱。进给箱是进给传动系统的变速机构。它把交换齿轮箱传递过来的运动经过变速后传递给丝杠，以实现车削各种螺纹；传递给光杠，以实现机动进给。

（5）溜板箱。溜板箱接受光杠或丝杠传递的运动以驱动床鞍和中、小滑板及刀架实现车刀的纵、横向进给运动。其上还装有一些手柄及按钮，可以很方便地操纵车床来选择诸如机动、手动、车螺纹及快速移动等运动方式。

（6）溜板与刀架。溜板与刀架用于安装车刀并带动车刀作纵向、横向或斜向运动。

（7）尾座。尾座安装在床身导轨上，并沿此导轨纵向移动，以调整其工作位置。尾座主要用来安装后顶尖，以支撑较长工件，也可安装钻头、铰刀等进行孔加工。

#### 2. 车床的运动形式

车床为了完成对各种旋转表面的加工，应有主运动和进给运动，以及除此以外的辅助运动等形式。

微课：CA6140 型普通卧式车床的结构和运动形式

（1）主运动。车床的主运动为工件的旋转运动，是由主轴通过卡盘或尾架上的顶尖带动工件旋转，主轴是由主轴电动机经传动机构施动旋转的。车削加工时，应根据工件材料、刀具、工件加工工艺要求选择不同的切削速度，要求主轴能够变速，普通卧式车床一般采用机械变速。车削加工时，一般不要求主轴反转，但在加工螺纹时，为避免乱扣，在正向加工到头后采用反转退刀，然后再以正向进刀继续加工，所以要求主轴能够正、反转。

（2）进给运动。车床的进给运动是指刀架的纵向或横向直线运动，其运动方式有手动和机动两种。机动时，刀架的进给运动是由主轴电动机拖动的。加工螺纹时，要求工件的旋转速度与刀架横向进给速度之间应有严格的比例关系,所以,车床刀架的进给运动是由主轴箱输出轴依次经挂轮箱、进给箱、光杠传入溜板箱而获得的。

(3) 辅助运动。车床的辅助运动有刀架的快速移动,尾架的移动以及工件的夹紧与放松等。

### 3. 车床对电气控制的要求

从车床加工工艺出发,卧式车床对电气控制提出如下要求:

(1) 主轴电动机一般采用三相笼型异步电动机。为确保主轴旋转与进给运动之间的严格比例关系,由一台电动机来拖动主运动与进给运动。为满足调速要求,通常采用机械变速。

(2) 为车削螺纹,要求主轴能够正、反转。对于小型车床,主轴正、反转由主轴电动机正反转来实现;当主轴电动机容量较大时,主轴正反转由摩擦离合器来实现,电动机只作单向旋转。

(3) 主轴电动机的启动,一般采用直接启动,当电动机容量较大时,通常采用Y-△减压启动。为实现快速停车,一般采用机械制动或电气制动停车。

(4) 车削加工时,为防止刀具与工件温度过高而变形,需用冷却液对其冷却,为此设置一台冷却泵电动机,拖动冷却泵输出冷却液。冷却泵电动机只作单向旋转,且与主轴电动机有联锁关系,即启动在主轴电动机启动之后,停车时同时停车。

(5) 为实现溜板箱的快速移动,应由单独的快速移动电动机来拖动,且采用点动控制方式。

(6) 电路具有完善的保护,并有安全可靠的照明和指示电路。

### 【知识点2】CA6140型普通卧式车床电气控制电路分析

CA6140型卧式车床电气控制线路图如图4-5所示,可分为主电路、控制电路及照明电路3部分。车床共有3台三相异步电动机,包括:拖动主运动及进给运动的主轴电动机M1,功率为7.5 kW;拖动冷却泵供出冷却液的冷却泵电动机M2,功率为90 W;刀架快速移动电动机M3,功率为250 kW。3台电动机均为直接启动。其工作原理分析如下。

#### 1. 主电路分析

主电路共有3台电动机。其中M1是主轴电动机,由接触器KM1控制,实现主轴旋转和刀架的进给运动,M1由热继电器FR1作过载保护。M2是冷却泵电动机,由接触器KM2控制,用以输送切削液,M2由热继电FR2作过载保护。M3是刀架快速移动电动机,由接触器KM3控制,实现刀架的快速移动。

三相交流电源通过低压断路器QF引入,电动机M2和M3共用一组熔断器FU1作短路保护。

#### 2. 控制电路分析

合上QF,将电源引入控制、照明、信号变压器T原边,T副边输出交流110V控制电源作为控制电路电源,FU2用于控制电路的短路保护。控制电路运行分析如下。

(1) 主轴电动机M1的控制。

微课:CA6140型普通卧式车床的工作原理

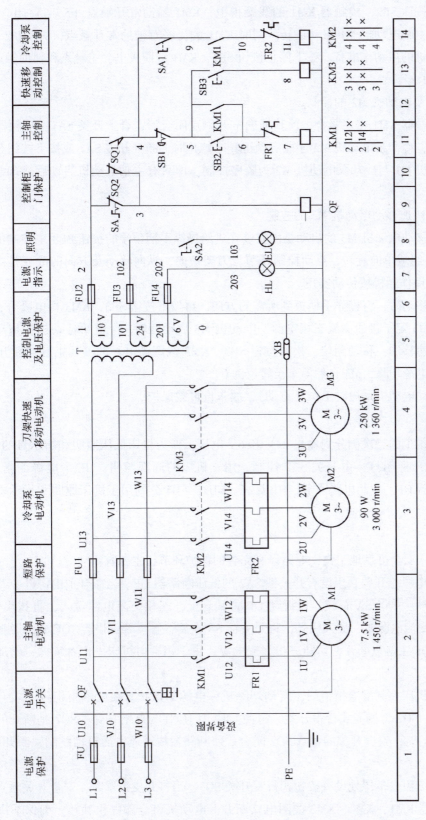

图 4-5 CA6140 型普通卧式车床电气控制线路图

按下启动按钮 SB2，接触器 KM1 的线圈得电，KM1 辅助常开触点（5-6）闭合自锁，主触点闭合，主轴电动机 M1 启动运转。同时 KM1 的另一对辅助常开触点（9-10）闭合，为冷却泵电动机的启动作准备。按下停止按钮 SB1，KM1 线圈失电，主触点和辅助触点均复位，电动机 M1 停转。

(2) 冷却泵电动机 M2 的控制。

只有当接触器 KM1 得电吸合，使其辅助常开触点闭合后，合上开关 SA1，接触器 KM2 才能得电吸合，冷却泵电动机 M2 才能启动运转。停止时，断开开关 SA1 或按下按钮 SB1 即可。主轴电动机 M1 与冷却泵电动机 M2 为顺序控制。即只有主轴电动机启动后冷却泵电动机才能启动。

(3) 刀架快速移动电动机 M3 的控制。

刀架快速移动电动机 M3 的启动是由安装在进给操纵手柄顶端的按钮 SB3 来控制的。它与接触器 KM3 组成单向旋转、点动控制环节。刀架横向、纵向移动及方向的改变是由进给手柄"十字"操作经机械传动实现。

刀架快速移动时，将操作手柄扳到所需的方向，再按下按钮 SB3，KM3 得电吸合，KM3 主触点闭合，M3 定子接通交流三相电源，电动机 M3 启动运转，经进给传动机构拖动刀架按预选方向快速移动；移动到位，松开按钮 SB3，KM3 线圈断电释放，其主触点断开，M3 定子三相交流电源切除，M3 自然停车至转速为 0。

因快速移动电动机是短时工作（点动），故未设过载保护。

### 3. 照明和指示灯电路分析

控制变压器 T 的二次侧分别输出 24V 和 6V 电压，作为机床低压照明和指示灯的电源。EL 为机床的低压照明灯，由开关 SA2 控制，用于机床的局部照明；HL 为电源的指示灯，合上低压断路器 QF，控制电路通电，HL 灯亮。FU3、FU4 分别用于机床照明和指示电路的短路保护。

### 4. 保护环节

为保证车床安全可靠地工作，电路设有完善的保护环节，主要有：

(1) 电路电源总开关采用设有开关锁 SA2 的低压断路器 QF。当需合上电源开关时，先将钥匙插入锁眼，并将 SA 右旋，再扳动 QF 将其合上，三相交流电源送入，再拔出钥匙。当要断开三相交流电源时，插入钥匙，将开关锁 SA 左旋，触点 SA 闭合，QF 分励脱扣器线圈通电吸合，QF 主触点断开，切断三相交流电源。由于钥匙由机床操作者掌握，增加了安全性。

(2) 打开机床控制配电柜柜门，自动切除机床电源的保护。在配电柜柜门上装有安全行程开关 SQ2，SQ2 为按钮式行程开关，门关上时，门压住 SQ2 的按钮，SQ2 是断开的。当打开配电柜柜门时，安全开关的触点 SQ2 闭合。使断路器线圈通电而自动跳闸，断开电源，确保人身安全。

(3) 机床床头皮带罩处设有按钮式行程开关 SQ1，当打开皮带罩时，安全开关触点 SQ1 断开，将接触器 KM1、KM2、KM3 线圈电路断开，电动机将全部停止旋转，确保了操作者人身安全。

（4）电动机 M1，M2 分别由热继电器 FR1，FR2 实现过载保护；断路器 QF 实现电路的过流、欠压保护；熔断器 FU，FU1，FU3，FU4 实现各部分电路的短路保护。

**【知识点 3】CA6140 型普通卧式车床的常见故障及处理方法**

### 1. 电源正常，接触器不吸合，主轴电动机不启动

故障分析：可能原因有熔断器 FU2 熔断或接触不良；热继电器 FR1，FR2 已动作，或动断触点接触不良；接触器 KM 线圈断线或触点接触不良；按钮 SB1，SB2 接触不良或按钮控制线路有断线等。

微课：CA6140 型普通卧式车床常见故障分析

检查处理：先断开电源，检查是否熔断器故障，若熔断器故障则需更换熔体或旋紧熔断器；若热继电器已动作，则需检查热继电器 FR1，FR2 动作原因及动断触点接触情况，并予以修复；若接触器 KM 线圈断线或触点接触不良，应拆下重新换新；若检查按钮触点或线路断线，则应予以修复。

### 2. 电源正常，接触器能吸合，但主轴电动机不能启动

故障分析：可能原因有接触器主触点接触不良；热继电器电阻丝烧断；电动机损坏，接线脱落或绕组断线。

检查处理：先断开电源，检查接触器主触点，若接触不良则将接触器主触点拆下，用砂纸打磨使其接触良好；若热继电器电阻丝烧断，排除电动机过载情况，并更换热继电器；若电动机损坏，则需检查电动机绕组、接线，并予以修复。

### 3. 主轴电动机缺相运行（主轴电动机不转，并发出"嗡嗡"声）

故障分析：可能原因有电源缺相；接触器有一相接触不良；热继电器电阻丝烧断；电动机损坏，接线脱落或绕组断线。

检查处理：用万用表检测电源是否缺相，若缺相，查找具体缺相原因并修复；若接触器有一相接触不良，则检查接触器触点，并予以修复；若热继电器电阻丝烧断，排除电动机过载情况，并更换热继电器；若电动机损坏，则需检查电动机绕组、接线，并予以修复。

### 4. 主轴电动机不能停转（按下按钮 SB1 电动机不停转）

故障分析：可能原因有接触器衔铁卡死或接触器铁心有油污、灰尘，使衔铁粘住；按钮 SB1 触点卡死；控制电路接线将 SB1 短接。

检查处理：切断电源，检查接触器铁心是否存在问题，若是接触器铁心问题，将接触器铁心上的油污、灰尘擦干净，或更换接触器；若是按钮 SB1 触点卡死，可更换按钮 SB1；若线路问题则需更改线路。

其他故障在此不再一一列举。只要电路工作原理清晰，各电气元件安装位置明确，分析思路正确，就可以根据故障现象并借助有关仪表及测试手段逐一排除故障。

### 5. 典型故障练习

如图 4-6 所示，CA6140 型普通卧式车床电路中标红部分代表故障点，请根据故障点分析可能出现的故障现象。

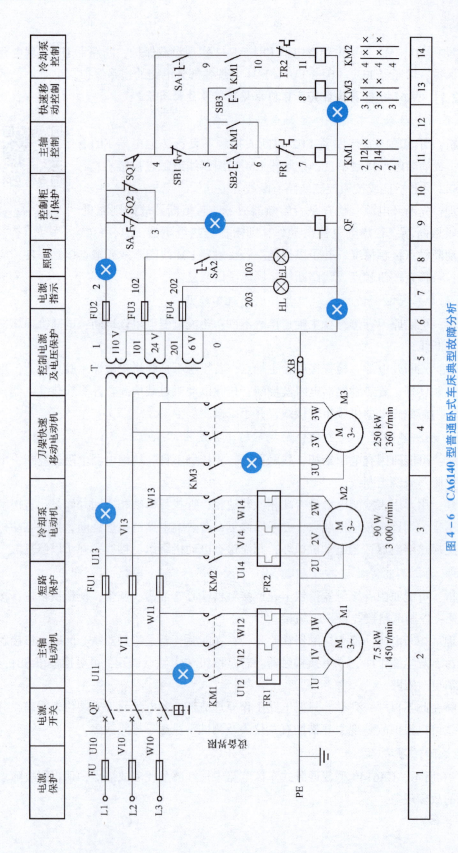

图 4-6 CA6140 型普通卧式车床典型故障分析

## 2.4 任务实施

【实施要求】

(1) 按机床设备故障诊断方法,分别使用电工工具和仪表通过电压测量法和电阻测量法进行电气控制线路测量,观察结果。

(2) 机床故障诊断时要遵循操作规范,悬挂维修牌,先通电观察现象,根据现象分析故障原因,再进行故障诊断。

(3) 每小组要写明诊断过程及处理方法。

(4) 实验所用电压为 380 V 或 220 V 的三相交流电,严禁带电操作,不可触及导电部件,尽可能单手操作,保证人身和设备的安全。

【工作流程】

| 流程 | 任务单 | | | |
|---|---|---|---|---|
| | 班级 | | 小组名称 | |
| 1. 岗位分工<br>小组成员按项目经理(组长)、电气检修员和项目验收员等岗位进行分工,并明确个人职责,合作完成任务。采用轮值制度,使小组成员在每个岗位都得到锻炼 | 团队成员 | 岗位 | | 职责 |
| | | | | |
| | | | | |
| | | | | |
| | | | | |
| 2. 领取原料<br>项目经理(组长)填写物料和工具清单,领取器件并检查 | 物料和工具清单 | | | |
| | 序号 | 物料或工具名称 | 规格 | 数量 | 检查是否完好 |
| | | | | | |
| | | | | | |
| | | | | | |
| | | | | | |
| 3. 分析电路原理<br>项目经理完成 CA6140 型普通卧式车床控制电路原理分析 | 电路原理分析 |

续表

| 流程 | 任务单 | | | |
|---|---|---|---|---|
| | 班级 | | 小组名称 | |
| 4. 通电记录故障现象<br>项目经理和电气检修员共同完成故障车床的通电，并记录故障现象，分析故障原因 | 故障现象 | 产生原因 | | 遇到的问题 |
| | | | | |
| 5. 故障分析<br>电气维修员根据故障原因对线路进行检测，确定故障点 | 故障现象 | 故障点 | | 诊断过程 |
| | | | | |
| 6. 故障排除<br>电气维修员根据故障点进行故障修复，并记录修复方法 | 故障点 | 处理方法 | | 遇到的问题 |
| | | | | |
| 7. 通电试车<br>电气检修员与项目验收员完成车床控制电路故障排除的验收工作 | 工序 | 完成情况 | | 遇到的问题 |
| | | | | |

## 2.5 任务评价

| 项目内容 | 评分标准 | 配分 | 扣分 | 得分 |
| --- | --- | --- | --- | --- |
| 故障现象 | （1）调试步骤每错一步扣 1 分；<br>（2）调试不全面，每项扣 3 分；<br>（3）不能明确故障现象，每项扣 4 分 | 20 | | |
| 故障分析 | （1）错标或标不出故障范围，每个故障点扣 5 分；<br>（2）不能标出最小的故障范围，每个故障点扣 5 分；<br>（3）每少查出一个故障点，扣 10 分 | 30 | | |
| 故障排除 | （1）实际排除故障过程中，思路不清晰，每个故障点扣 5 分；<br>（2）每少排除一个故障点，扣 3 分；<br>（3）排除故障方法不正确，每次扣 2 分 | 30 | | |
| 其他 | （1）扣除故障时，产生新的故障不能自行修复，扣 10 分；产生后修复正常的，扣 5 分；<br>（2）损坏电动机，扣 20 分；<br>（3）每超过 10 min，从总分中扣 5 分，但此项扣分不超过 20 分 | 20 | | |
| 安全、文明生产 | 违反安全、文明生产操作规程，扣 5~40 分 | | | |
| 定额时间 90 min | 每超时 5 min 扣 5 分 | | | |
| 备注 | 除定额时间外，各项目的最高扣分不应超过配分 | | | |
| 开始时间 | | 结束时间 | | 实际时间 |

指导教师签名＿＿＿＿＿＿＿＿＿＿＿＿　　日期＿＿＿＿＿＿＿＿＿＿＿＿

笔记区

## 任务 3　铣床的电气控制

### 3.1　任务引入

**【情境描述】**

铣床是一种用途十分广泛的金属切削机床,从大型设备制造厂到普通模具厂,从航天飞机到汽车,几乎每个行业都会用到铣床。铣床通过刀具的旋转将材料加工成需要的形状,通常用于加工铣削平面、斜面和沟槽,还可以洗切直齿齿轮、螺旋面、凸轮和弧形槽等。本次任务以 X62W 型万能铣床为例进行分析。

情境动画

**【任务要求】**

在了解万能铣床的结构和使用特点的基础上,能够掌握万能铣床电气控制线路的工作原理,并能够分析和排除万能铣床电气控制系统的常见故障。

### 3.2　任务分析

**【学习目标】**

了解万能铣床的结构和型号含义,掌握万能铣床的运动形式和电气控制线路工作原理,掌握万能铣床电气控制系统的常见故障及排除方法。能根据低压电器的工作状态分析万能铣床控制系统运行情况,并能够对出现故障的万能铣床进行故障排查。在任务实施中要具有安全规范操作的职业习惯,培养安全意识、大局意识、协作意识以及精益求精的工匠精神。

**【分析任务】**

下面以 X62W 型万能铣床为例,说明万能铣床的工作原理及常见故障。X62W 型万能铣床的外形结构如图 4-7 所示。它主要由床身、主轴、悬梁、刀杆支架、工作台、回转盘、溜板、升降台、底座等几部分组成。

1—床身；2—主轴；3—悬梁；4—升降台；5—溜板；6—回转盘；7—工作台；8—底座；9—刀杆支架。

图 4-7　X62W 型万能铣床的外形结构

## 3.3 知识链接

**【知识点1】X62W 型万能铣床的结构及工作原理**

### 1. 主要结构与型号含义

X62W 型万能铣床的型号含义如图 4-8 所示。

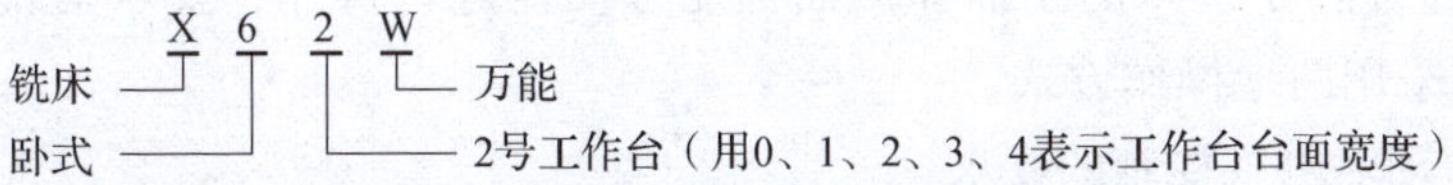

```
         X   6   2   W
铣床 ────┘   │   │   └──── 万能
卧式 ────────┘   └──────── 2号工作台（用0、1、2、3、4表示工作台台面宽度）
```

**图 4-8  X62W 型万能铣床的型号含义**

（1）床身。床身用于安装和支撑铣床的各部分，内装主轴部件、传动机构和变速操纵机构等。床身前部有垂直导轨，可供升降台上下移动，床身顶部有水平导轨，可供横梁做水平移动。

（2）主轴。主轴主要起到安装刀杆并带动铣刀旋转的功能。

（3）悬梁。悬梁用于安装刀杆支架，刀杆支架可在横梁上水平移动。横梁可在床身顶部的水平导轨上水平移动，因此可以适应各种不同长度的刀杆。

（4）进给箱。进给箱是进给传动系统的变速机构。它把交换齿轮箱传递过来的运动经过变速后传递给丝杠，以实现车削各种螺纹；传递给光杠，以实现机动进给。

微课：X62W 型万能铣床的结构和运动形式

（5）升降台。升降台依靠丝杠可以沿床身的导轨上下移动，升降台内装有进给运动和快速移动的电动机、传动装置及其操纵机构。

（6）溜板。溜板在升降台的水平导轨上，做平行于主轴轴线方向的横向移动。

（7）回转盘。溜板上部有可转动的回转盘，当工作台在水平面上左右旋转45°时，工作台还能在倾斜方向上静止，以便铣削螺旋槽等。

（8）刀杆支架。刀杆支架用来支撑铣刀心轴的一端，心轴的另一端则固定在主轴上。

### 2. 万能铣床的运动形式

（1）主运动。铣床的主运动是主轴带动铣刀的旋转运动，由主轴电动机拖动。

（2）进给运动。铣床的进给运动是指工件夹持在工作台上，做平行或垂直于铣刀轴线方向的直线运动。包括工作台带动工件在上、下、前、后、左、右 6 个方向上的直线运动或圆形工作台的旋转运动。进给运动由进给电动机拖动。

（3）辅助运动。调整工件与铣刀相对位置的运动为辅助运动。铣床的辅助运动是指工作台带动工件在上、下、前、后、左、右 6 个方向上的快速移动，由进给电动机拖动。

### 3. 万能铣床对电气控制的要求

（1）主轴拖动对电气控制的要求。

1）主轴电动机采用直接启动控制方式，为了满足顺铣和逆铣，要求在电气控制上能够实现正反转。由于加工方式为加工前选定，加工时不再改变，为此采用转向选择开关来选择主轴电动机的旋转方向。

2）为减少负载波动时对铣刀转速的影响，在主轴上装有飞轮，使转动惯性很大。为了提高工作效率，要求主轴电动机停车时有制动功能，该机床采用电磁离合器制动，以实现准确停车。

3）为使主轴变速时齿轮的顺利啮合，减少齿轮端面的撞击，主轴变速时应有主轴变速冲动环节，即要求主轴变速时，主轴电动机作瞬时点动。

4）为使操作者能在铣床的正面和侧面都能方便地进行操作，要求对主轴电动机的启动、停止等控制采用两地操作方式。

（2）进给拖动对电气控制的要求。

1）工作台进给电动机 M2 采用直接启动，为了满足工作台能实现前、后、上、下、左、右 6 个不同方向的进给运动和快速移动，所以要求进给电动机 M2 能正反转。

2）为了扩大加工能力，在工作台上可加装圆形工作台，圆形工作台的回旋运动是由进给电动机经传动机械驱动的。

3）为减少按钮数量，避免误操作，对进给电动机的控制不采用按钮操作，而采用机械、电气联动的手柄操作。如扳动工作台纵向操纵手柄时，压合相应电气开关，使进给电动机正转或反转，同时在机械上使纵向离合器啮合，驱动纵向丝杠转动，实现工作台的纵向移动。

4）工作台工作进给的多级速度是采用机械变速获得的，为使变速时齿轮的顺利啮合，减少齿轮端面的撞击，进给电动机应在变速后作瞬时点动。

5）只有在主轴启动后，进给运动才能启动，未启动主轴时，可进行工作台快速运动。

6）具有完善的保护和联锁，其中有工作台上、下、前、后、左、右 6 个方向只可取一个方向的联锁，机床进给的安全互锁，工作台上、下、前、后、左、右 6 个方向移动的限位保护等。

（3）其他控制要求。

1）冷却泵电动机用来拖动冷却泵，要求冷却泵电动机单方向旋转，视铣削加工需要选择。

2）整个机床电气控制具有完善的保护，如短路保护、过载保护、开门断电保护和紧急保护等。为了防止刀具和机床的损坏，三台电动机之间要求有联锁控制，即在主轴电动机启动之后另两台电动机才能启动运行。

3）电路具有安全可靠的照明和指示电路。

## 【知识点 2】X62W 型万能铣床电气控制电路分析

X62W 型万能铣床电气控制线路图如图 4 - 9 所示，可分为主电路、控制电路及照明电路 3 部分。铣床共有 3 台三相异步电动机，包括：主轴电动机 M1，功率为 5.5 kW；进给电动机 M2，功率为 1.5 kW；冷却泵电动机 M3，功率为 0.125 kW。其工作原理分析如下。

### 1. 主电路分析

主电路由 3 台电动机拖动。M1 是主轴电动机，拖动主轴带动铣刀进行铣削加工，主轴电动机 M1 的运行动作由交流接触器 KM3 控制主轴的启动和停止，反转运行则是通过转换开关 SA4 实现的。接触器 KM2 的主触点串联电阻 $R$ 后与速度继电器配合实现主轴电动机 M1 的反接制动停车，也可进行变速冲动控制。主轴电动机的正反转控制由 SA4 实现，它的短路保护通过 FU1 实现，它的过载保护通过 FR1 实现。

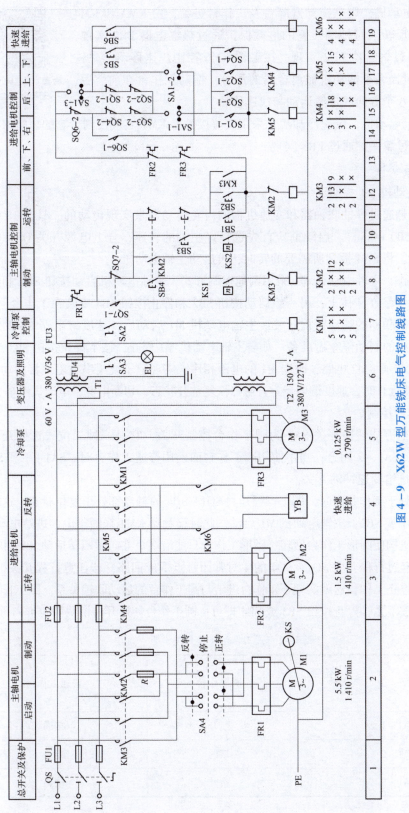

图 4-9 X62W 型万能铣床电气控制线路图

M2 是进给电动机，用来拖动升降台及工作台进给，由 KM3 和 KM4 实现电动机的正反转运行控制，它的过载保护通过热继电器 FR2 实现，它的短路保护通过熔断器 FU2 实现。接触器 KM6 控制快速移动电磁铁 YB 的通断，通过操纵手柄和机械离合器的配合，拖动工作台在前、后、左、右、上、下 6 个方向的进给运动和快速移动。

微课：X62W 型万能铣床的工作原理

M3 是冷却泵电动机，供应冷却液。采用交流接触器 KM1 实现控制，它的短路保护通过 FU2 实现，它的过载保护通过 FR3 实现。

2. 控制电路分析

（1）主轴电动机 M1 控制。

主轴电动机是通过弹性联轴器和变速机构的齿轮传动链来实现传动的，具有 18 级不同的转速（30～1 500 r/min）。启动前应首先选择好主轴的转速，合上电源开关 QS，电源引入，主轴启动前，将 SA4 扳到所需要的转向，再启动主轴电动机。

为了便于操作，主轴电动机 M1 采用两地控制方式，主轴电动机启动按钮 SB1 和停止按钮 SB3 为一组，安装在床体上；另一组启动按钮 SB2 和停止按钮 SB4 安装在工作台上。SQ7 是与主轴变速手柄联动的瞬动行程开关；主轴电动机 M1 启动后，速度继电器 KS 的常开触点闭合，为电动机的制动停车做准备。如需主轴电动机 M1 停止，按下停止按钮 SB3 或 SB4，切断 KM1 电路，接通 KM2 电路，改变 M1 的电源相序，实现定子绕组串电阻反接制动；当电动机 M1 的转速接近 0 时，速度继电器常开触点恢复常开状态，切断电源，电动机停车。

（2）圆工作台控制。

控制线路中的万能转换开关 SA1 为圆工作台控制开关，它是一种二位式选择开关。当使用圆工作台时，SA1－2 闭合；当不使用圆工作台而使用普通工作台时，SA1－1 和 SA1－3 均闭合。SQ6 为进给变速冲动开关。

当圆工作台处于工作状态时，四个行程开关 SQ1～SQ4 的触点都处于复位状态。这时按下主轴启动按钮 SB1 或 SB2，主轴电动机 M1 启动，此时接触器 KM4 线圈得电，进给电动机 M2 启动，并经传动机构使圆形工作台回转。圆形工作台只能沿一个方向做回转运动。另外，圆工作台控制电路是经过行程开关 SQ1～SQ4 的 4 对常闭触点形成回路，若任意行程开关被触发，都将使圆工作台停止工作，这就实现了工作台进给与圆工作台的运动联锁关系。圆工作台要停止工作时，只要按下主轴停止按钮 SB3 或 SB4 即可。圆工作台转换开关说明如表 4－1 所示。

表 4－1　圆工作台转换开关说明

| 转换开关 | 位置 | 圆工作台 | 普通工作台 |
| --- | --- | --- | --- |
| SA1－1 | | 断开 | 接通 |
| SA1－2 | | 接通 | 断开 |
| SA1－3 | | 断开 | 接通 |

(3) 进给电动机 M2 的控制。

工作台的上、下、前、后、左、右的运动控制，是依靠进给电动机 M2 的正反转实现的，而正反转是依靠两个机械手柄控制接触器 KM4、KM5 实现的。这两个手柄一个为左右即纵向操作手柄，另一个为前后（即横向）和上下（即升降）十字操作手柄。

(4) 工作台左右（纵向）运动控制。

在进行工作台左右运动控制时，万能转换开关 SA1 应置于使用普通工作台位置，即 SA1-1 和 SA1-3 均闭合，且十字手柄置于中间零位。

工作台左右运动是由工作台纵向操作手柄来控制的，操作手柄有左、中、右 3 个位置，当将操作手柄扳到右或左位置时，通过其联动机构将纵向进给离合器挂上，同时压下行程开关 SQ1 或 SQ2，使接触器 KM4 或 KM3 动作，控制进给电动机 M2 的正反转。

①工作台向右运动的控制：若要工作台向右进给，则将纵向手柄扳向右，其联动机构压下行程开关 SQ1，使 SQ1-2 断开，SQ1-1 闭合，接触器 KM4 线圈得电，主触点闭合，进给电动机 M2 正转，实现工作台向右进给运动。

②工作台向左运动的控制：若要工作台向左进给，则将纵向手柄扳向左，其联动机构压下行程开关 SQ2，使 SQ2-2 断开，SQ2-1 闭合，接触器 KM5 线圈得电，进给电动机 M2 反转，实现工作台向左进给运动。工作台的纵向进给行程开关说明如表 4-2 所示。

表 4-2 工作台的纵向进给行程开关说明

| 触点 \ 位置 | 向右 | 向左 |
| --- | --- | --- |
| SQ1-1 | 闭合 | 断开 |
| SQ1-2 | 断开 | 闭合 |
| SQ2-1 | 断开 | 闭合 |
| SQ2-2 | 闭合 | 断开 |

(5) 工作台前后（横向）和上下（升降）移动。

在进行工作台前后（横向）和上下（升降）移动控制时，万能转换开关 SA1 应置于使用普通工作台位置，即 SA1-1 和 SA1-3 均闭合，且左右进给手柄置于中间零位。

工作台的前后、上下运动由十字操作手柄完成，该手柄有 5 个位置，即上、下、前、后和中间零位。当转动十字操作手柄时，通过联动机构，将控制运动方向的机械离合器合上，同时压下相应的限位开关，若向下或向前转动，则 SQ3 受压；若向上或向后转动，则 SQ4 受压，从而控制进给电动机 M2 正反转。

①工作台向上运动的控制：若要工作台向上运动，则将十字手柄扳到上的位置，其联动机构压下行程开关 SQ4，使 SQ4-2 断开，SQ4-1 闭合，接触器 KM5 线圈得电，主触点闭合，进给电动机 M2 反转，实现工作台向上进给运动。当需要停止时，将手柄扳回中间位置，垂直进给离合器脱开，同时 SQ4 不再受压，SQ4-1 断开，电动机 M2 停转，工作台停

止运动。

在接触器 KM5 线圈通电的路径中，常闭触点 SQ2-2 和 SQ1-2 用于工作台前后及上下移动同左右移动之间的联锁。

②工作台向下运动的控制：若要工作台向下运动，则将十字手柄扳到下的位置，其联动机构压下行程开关 SQ3，使 SQ3-2 断开，SQ3-1 闭合，接触器 KM4 线圈得电，进给电动机 M2 正转，实现工作台向下进给运动。

③工作台向前、向后横向运动的控制：将十字手柄扳到前或后的位置，垂直进给离合器脱开，而横向进给离合器接通传动机构，使工作台向前、向后横向运动。工作台前后及升降进给行程开关说明如表 4-3 所示。

表 4-3 工作台前后及升降进给行程开关说明

| 触点 \ 位置 | 向前向下 | 向后向上 |
|---|---|---|
| SQ3-1 | 闭合 | 断开 |
| SQ3-2 | 断开 | 闭合 |
| SQ4-1 | 断开 | 闭合 |
| SQ4-2 | 闭合 | 断开 |

（6）工作台快速移动控制。

当铣床不进行铣削加工时，工作台在前、后、左、右、上、下 6 个方向都可以快速移动。工作台快速移动是由进给电动机 M2 拖动的，其动作过程如下：当工作台按照选定的速度和方向进行工作时，再按下快速移动按钮 SB5 或 SB6 不放，使接触器 KM6 线圈以点动方式通电，快速电磁铁线圈 YB 通电，接上快速离合器，工作台向操纵手柄选定方向快速移动。当松开 SB5 或 SB6 后，就恢复进给状态。

在工作台左右安装了撞块。假设不慎向右进给至终端位置时，左右操作手柄就被右端撞块撞到中间停车位置，用机械方法使 SQ1 复位，从而使接触器 KM4 线圈断电，主触点断开，电动机 M2 停止运转，实现了限位保护。

（7）主轴变速冲动控制。

主轴变速时，首先将主轴变速手柄轻轻压下，选好需要速度，将手柄以较快速度推回原位。若推不上时，再一次拉回来，推过去，直至手柄推回原位，变速操作才完成。

在上述变速操作中，通过变速手柄连接的凸轮，将压下弹簧杆一次，而弹簧杆将碰撞变速冲动开关 SQ7，使常闭触点 SQ7-2 断开，接触器 KM3 失电，M1 断电。常开触点 SQ7-1 闭合，接触器 KM2 得电，主轴电动机 M1 被反接制动，速度迅速下降。当选好速度，将手柄推回原位时，冲动开关又推动一次，压下 SQ7，使常开触点 SQ7-1 接通，接触器 KM2 线圈得电，主轴电动机 M1 低速反转，有利于变速后的齿轮啮合。这样就实现了不停车直接变速。若主轴电动机原来处于停车状态，则在主轴变速操作中，SQ7 第一次动作时，主轴电动机 M1 反转一次，SQ7 第二次动作时，M1 又反转一次，故也可停车变速。当然，要求主轴在新的转速下运行时，需重新启动主轴电动机。

（8）冷却泵电动机与照明电路的控制。

冷却泵电动机 M3 由万能转换开关 SA2 直接控制，当旋转 SA2 使其常开闭合时，接触器 KM1 线圈得电，KM1 主触点闭合，冷却泵电动机 M3 启动，送出冷却液。

机床局部照明由照明变压器 T1 输出 36V 电压供电，由转换开关 SA3 控制照明灯 EL 实现机床的局部照明。

### 3. X62W 型万能铣床的电气联锁保护

X62W 型万能铣床运动部件多，既有按钮控制又有手柄操作控制，既有手动又有机动，既有长工作台又有圆工作台，长工作台既有工作进给又有快速移动，长工作台还有纵向运动、垂直运动以及横向运动，为确保安全可靠地工作，其电气控制具有完善的联锁与保护。

（1）机床主运动与进给运动的顺序联锁。进给电气控制电路接在主轴启动按钮之后，这就保证了只有在按下主轴启动按钮 SB1 或 SB2，KM3 线圈得电，主轴电动机 M1 启动后才可启动进给电动机；而当停车时，按下停止按钮 SB3 或 SB4，主轴电动机 M1 与进给电动机 M2 同时断电停止。

（2）长工作台 6 个运动方向的联锁。铣削加工时，工作台只允许一个方向的运动，为此长工作台上、下、左、右、前、后 6 个方向之间都要有联锁，因此在进给电动机控制电路中串入了电气联锁控制环节。其中工作台纵向进给操作手柄实现工作台左、右两个方向的联锁，由纵向操作手柄控制的 SQ1、SQ2 的常闭触点 SQ1-2 与 SQ2-2 串联组成一条支路，垂直与横向进给操作手柄实现上、下、前、后 4 个方向的联锁，由垂直与横向操作手柄控制的 SQ3、SQ4 的常闭触点 SQ3-2 与 SQ4-2 串联组成另一条支路。当扳动任一操作手柄时，便切断了其中的一条支路，而经另一条支路仍可接通 KM4 或 KM5 线圈电路；进给电动机 M2 仍可启动旋转；若同时扳动两个操作手柄，则两条支路均被切断，使 KM4 或 KM5 线圈断电释放，进给电动机 M2 立即停止或无法启动，实现了左、右、上、下、前、后 6 个运动方向只可取一的联锁保护。

（3）长工作台与圆工作台的联锁。由工作台选择开关 SA1 来实现其联锁，具体实现过程在圆工作台控制过程中已详细讲解，在此不再赘述。

### 【知识点 3】 X62W 型万能铣床的常见故障及处理方法

#### 1. 主轴电动机停车后出现短时反向旋转

故障分析：速度继电器的弹簧调得过松，使触点分断过迟造成的，以致在反接的惯性作用下，电动机停止后，又会短时反向旋转。

检查处理：重新调整速度继电器的弹簧，直到符合要求。

#### 2. 按下停止按钮后，主轴电动机不停转

故障分析：

微课：X62W 型万能铣床的常见故障及处理方法

（1）在按下停止按钮后，接触器 KM3 不释放，说明接触器 KM3 主触点熔焊；

（2）在按下停止按钮后，KM3 能释放，但 KM2 吸合后有"嗡嗡"声，或转速过低，说明制动接触器 KM2 主触点只有两相通电，电动机不会产生反向转矩，使电动机缺相运行；

（3）在按下停止按钮后电动机能反接制动，但放开停止按钮后，电动机又再次启动，表明启动按钮在启动电动机 M1 后击穿。

检查处理：第一种情况处理接触器 KM3 被熔焊的主触点或更换接触器 KM3；第二种情况重新接好接触器 KM2 主触点进出线接头，排除反接制动时缺相的问题；第三种情况更换主轴电动机 M1 的启动按钮。

### 3. 主轴电动机不能变速冲动

故障分析：主轴变速行程开关 SQ7 位置移动、撞坏或断线。

检查处理：重新安装行程开关 SQ7，或有撞坏、断线现象，应予以修复或更换。

### 4. 工作台控制电路故障

故障分析：

（1）若电动机 M2 能朝一个方向旋转，例如能够正转，但不能反转，说明接触器 KM5 故障；

（2）若工作台能向左、右运动，但不能向上、下、前、后运动，说明 SQ3 或 SQ4 压合不上，或是 SQ1、SQ2 在纵向操纵手柄扳回到中间位置后不能复位，常闭触点不能闭合或闭合后接触不良；

（3）若是进给变速冲动开关 SQ7 损坏，也会使进给运动不能进行。

检查处理：在确定操纵手柄位置、圆台操作开关 SA1 位置都正确后，可检查接触器 KM4、KM5 是否随操作手柄的扳动而吸合，若能吸合，可断定控制回路正常。这时应着重检查电动机主回路，常见故障触器主触点接触不良，电动机接线脱落和绕组断路等。可以根据情况进行器件更换或修护。

### 5. 工作台不能快速移动

故障分析：工作台在作进给运动时，按下 SB5 或 SB6，工作台仍按原速度运动，而不能做快速运动，若 KM6 无故障，则说明故障发生在快速电磁铁线圈 YB 上。常见的故障原因有 YB 线圈烧坏、线圈松动、接触不良或机械零件卡死等。

检查处理：对继电器 YB 予以修护或更换。

其他故障在此不再——列举。只要电路工作原理清晰，各电气元件安装位置明确，分析思路正确，就可以根据故障现象并借助有关仪表及测试手段逐一排除故障。

### 6. 典型故障练习

如图 4-10 所示，X62W 型万能铣床电路中标红部分代表故障点，请根据故障点分析可能出现的故障现象。

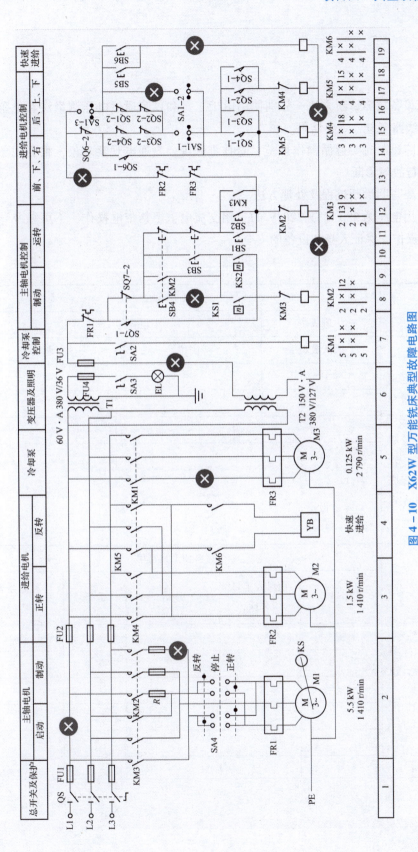

图 4–10 X62W 型万能铣床典型故障电路图

## 3.4 任务实施

**【实施要求】**

（1）按机床设备故障诊断方法，分别使用电工工具和仪表通过电压测量法和电阻测量法进行电气控制线路测量，观察结果。

（2）机床故障诊断时要遵循操作规范，悬挂维修牌，先通电观察现象，根据现象分析故障原因，再进行故障诊断。

（3）每小组要写明诊断过程及处理方法。

（4）实验所用电压为 380 V 或 220 V 的三相交流电，严禁带电操作，不可触及导电部件，尽可能单手操作，保证人身和设备的安全。

**【工作流程】**

| 流程 | 任务单 | | | | |
|---|---|---|---|---|---|
| | 班级 | | 小组名称 | | |
| 1. 岗位分工<br>小组成员按项目经理（组长）、电气检修员和项目验收员等岗位进行分工，并明确个人职责，合作完成任务。采用轮值制度，使小组成员在每个岗位都得到锻炼 | 团队成员 | | 岗位 | | 职责 |
| | | | | | |
| | | | | | |
| | | | | | |
| | 物料和工具清单 | | | | |
| 2. 领取原料<br>项目经理（组长）填写物料和工具清单，领取器件并检查 | 序号 | 物料或工具名称 | 规格 | 数量 | 检查是否完好 |
| | | | | | |
| | | | | | |
| | | | | | |
| | | | | | |

续表

| 流程 | 任务单 ||||
|---|---|---|---|---|
| | 班级 | | 小组名称 | |
| 3. 分析电路原理<br>项目经理完成 X62W 型万能铣床控制电路原理分析 | 电路原理分析 ||||
| 4. 通电记录故障现象<br>项目经理和电气检修员共同完成故障铣床的通电，并记录故障现象，分析故障原因 | 故障现象 || 产生原因 | 遇到的问题 |
| 5. 故障分析<br>电气维修员根据故障原因对线路进行检测，确定故障点 | 故障现象 || 故障点 | 诊断过程 |
| 6. 故障排除<br>电气维修员根据故障点进行故障修复，并记录修复方法 | 故障点 || 处理方法 | 遇到的问题 |
| 7. 通电试车<br>电气检修员与项目验收员完成铣床控制电路故障排除的验收工作 | 工序 || 完成情况 | 遇到的问题 |

笔记区

## 3.5　任务评价

| 项目内容 | 评分标准 | 配分 | 扣分 | 得分 |
|---|---|---|---|---|
| 故障现象 | （1）调试步骤每错一步扣 1 分；<br>（2）调试不全面，每项扣 3 分；<br>（3）不能明确故障现象，每项扣 4 分 | 20 | | |
| 故障分析 | （1）错标或标不出故障范围，每个故障点扣 5 分；<br>（2）不能标出最小的故障范围，每个故障点扣 5 分；<br>（3）每少查出一个故障点，扣 10 分 | 30 | | |
| 故障排除 | （1）实际排除故障过程中，思路不清晰，每个故障点扣 5 分；<br>（2）每少排除一个故障点，扣 3 分；<br>（3）排除故障方法不正确，每次扣 2 分 | 30 | | |
| 其他 | （1）扣除故障时，产生新的故障不能自行修复，扣 10 分；产生后修复正常的，扣 5 分；<br>（2）损坏电动机，扣 20 分；<br>（3）每超过 10 min，从总分中扣 5 分，但此项扣分不超过 20 分 | 20 | | |
| 安全、文明生产 | 违反安全、文明生产操作规程，扣 5~40 分 | | | |
| 定额时间 90 min 分 | 每超时 5 min 扣 5 分 | | | |
| 备注 | 除定额时间外，各项目的最高扣分不应超过配分 | | | |
| 开始时间 | | 结束时间 | 实际时间 | |

指导教师签名_____　日期_____

项目四 典型设备的电气控制

## 任务 4  平面磨床的电气控制

### 4.1 任务引入

**【情境描述】**

磨床是利用磨具对工件的外圆、内孔、端面、平面、螺纹、球面及齿轮进行磨削加工的精密机床。大多数的磨床是使用高速旋转的砂轮进行磨削加工。磨床可分为外圆磨床、内圆磨床、平面磨床及一些专用磨床。外圆磨床主要用于磨削圆柱形和圆锥形的外表面。内圆磨床主要用于磨削圆柱形和圆锥形的内表面。平面磨床主要用于磨削工件平面或成型表面。本次任务以 M7130 型平面磨床为例进行分析。

**【任务要求】**

在了解平面磨床的结构、运动形式及电气控制特点的基础上,能够掌握平面磨床电气控制线路的工作原理,并能够分析和排除平面磨床电气控制系统的常见故障。

微课:任务分析

### 4.2 任务分析

**【学习目标】**

了解平面磨床的结构和型号含义,掌握平面磨床的运动形式和电气控制线路工作原理,掌握平面磨床电气控制系统的常见故障及排除方法。能根据低压电器的工作状态分析平面磨床控制系统运行情况,并能够对出现故障的磨床进行故障排查。在任务实施中要具有安全规范操作的职业习惯,培养安全意识、大局意识、协作意识及精益求精的工匠精神。

**【分析任务】**

下面以 M7130 型平面磨床为例,说明磨床的工作原理及常见故障。M7130 型平面磨床的外形结构如图 4-11 所示。它主要由床身、工作台、电磁吸盘、砂轮箱、滑座、立柱等部分组成。

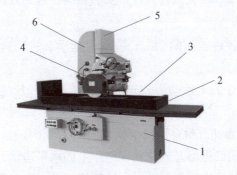

1—床身;2—工作台;3—电磁吸盘;4—砂轮箱;5—滑座;6—立柱
图 4-11  M7130 型平面磨床的外形结构

笔记区

## 4.3 知识链接

### 【知识点1】M7130型平面磨床的结构及工作原理

#### 1. 主要结构与型号含义

M7130型平面磨床的型号含义如图4-12所示。

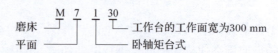

图4-12　M7130型平面磨床的型号含义

微课：M7130型平面磨床的结构和运动形式

（1）床身。床身支撑和连接磨床的各个部件，并保证各部件在工作时有准确的相对位置。

（2）工作台。在箱形床身导轨上安有矩形工作台，在箱形床身中装有液压传动装置，工作台通过压力油推动活塞杆实现在床身导轨上的往复运动（纵向运动）。而工作台往复运动的换向是通过工作台换向撞块碰撞床身上的液压手柄进而改变油路来实现的。工作台往复运动的行程长度可通过调节安装在工作台正面槽中撞块的位置来改变。工作面则用来安装工件或固定电磁吸盘。

（3）电磁吸盘。工作台表面有T形槽，用以安装电磁吸盘，电磁吸盘利用电磁吸力，可以把工件紧紧固定住，不用再进行复杂的装夹，提高了装夹速度。电磁吸盘可通过通断电来实现吸紧和松开功能。

（4）砂轮箱。砂轮箱有砂轮轴，其上安装砂轮，并由装入式砂轮电动机驱动，实现砂轮的旋转运动。砂轮箱横向移动可由横向移动手轮操纵，也可由滑座内部的液压传动机构操纵作连续或间断移动。砂轮箱安装在滑座下方的导轨上。

（5）立柱。在床身上固定有立柱，在立柱右侧有导轨，沿立柱导轨上装有滑座，滑座可在其上作上下移动，由垂直进刀手轮操纵。

（6）滑座。滑座下方有导轨，其上安有砂轮箱，砂轮箱可沿滑座水平导轨作横向移动。

（7）尾座。尾座安装在床身导轨上，并沿此导轨纵向移动，以调整其工作位置。尾座主要用来安装后顶尖，以支撑较长工件，也可安装钻头、铰刀等进行孔加工。

#### 2. 平面磨床的运动形式

平面磨床为了完成对各种表面的加工，应有主运动和进给运动，以及除此以外的辅助运动。

（1）主运动。平面磨床的主运动为砂轮的旋转运动，砂轮的转速一般不需要调节，也不需要反转，可直接启动。

（2）进给运动。进给运动有垂直进给、横向进给、纵向进给3种方式。垂直进给是滑座在立柱上的上下运动，横向进给是砂轮箱在滑座上的水平运动，纵向进给是工作台沿床身的往复运动。工作台每完成一次往复运动时，砂轮箱便做一次间断性的横向进给，当加工完整个平面后，砂轮箱做一次间断性的垂直进给。

（3）辅助运动。平面磨床的辅助运动有砂轮箱在滑座水平导轨上的快速横向移动、滑座沿立柱上的垂直导轨做快速垂直移动，以及工作台往复运动速度的调整，工件的夹紧与放松等。

### 3. 平面磨床对电气控制的要求

从平面磨床加工工艺出发，平面磨床对电气控制提出以下要求。

（1）M7130型平面磨床采用多电动机拖动。其中砂轮电动机拖动砂轮做高速旋转；液压电动机驱动液压泵，供出压力油，经液压传动机构实现工作台往复运动与砂轮箱的横向自动进给，还承担工作台导轨的润滑；冷却泵电动机拖动冷却泵，供给磨削加工时需要的冷却液；砂轮电动机、液压泵电动机、冷却泵电动机都只要求单方向旋转。

（2）冷却泵电动机应随砂轮电动机启动而启动，当不需要冷却液时，可单独关断冷却泵电动机。

（3）平面磨床为精密加工机床，为保证加工精度，保持机床运行平稳，工作台往复运动换向惯性小、无冲击，采用液压传动。

（4）为保证磨削加工精度，要求砂轮有较高转速，因此一般采用两极笼型异步电动机拖动；为提高砂轮主轴的刚度和加工精度，采用装入式电动机直接拖动，电动机与砂轮轴同轴。

（5）为减小工件在磨削加工中的热变形，砂轮和工件磨削时必须进行冷却，同时冷却液还能带走磨下的铁屑。

（6）在加工工件时，一般将工件吸附在电磁吸盘上进行磨削加工。其目的是适应磨削小工件的需要，同时也为工件在磨削过程中受热能自由伸缩，采用电磁吸盘来吸紧加工工件。在正常磨削加工中，若电磁吸盘吸力不足或吸力消失时，砂轮电动机与液压泵电动机应立即停止工作，以防工件被砂轮切向力打飞而发生人身和设备事故。当不加工时，即电磁吸盘不工作时，应允许砂轮电动机与液压泵电动机启动，以便机床做调整运动。

（7）电磁吸盘励磁线圈具有吸牢工件的正向励磁、松开工件的断开励磁以及抵消剩磁便于取下工件的反向励磁控制环节。

（8）具有完善的电气保护环节、机床安全照明与工件去磁控制环节。

### 【知识点2】M7130型平面磨床电气控制电路分析

M7130型平面磨床电气控制线路图如图4-13所示，可分为主电路、控制电路及照明电路3部分，其工作原理分析如下。

### 1. 主电路分析

主电路共有3台电动机，包括拖动主运动的砂轮电动机M1、拖动冷却泵供出冷却液的冷却泵电动机M2以及液压泵电动机M3。3台电动机均为直接启动。其中砂轮电动机M1由接触器KM1控制，实现砂轮的高速旋转，M1由热继电器FR1作过载保护。M2为冷却泵电动机，拖动冷却泵提供冷却液，由于冷却液箱和床身是分开安装的，所以电动机M2通过接插器X1和砂轮电动机的电源线相连，并和砂轮电动机在主电路实现顺序控制，冷却泵电动机的容量较小，因此没有单独设置过载保护。M3为液压泵电动机，由接触器KM2控制，FR2做过载保护。

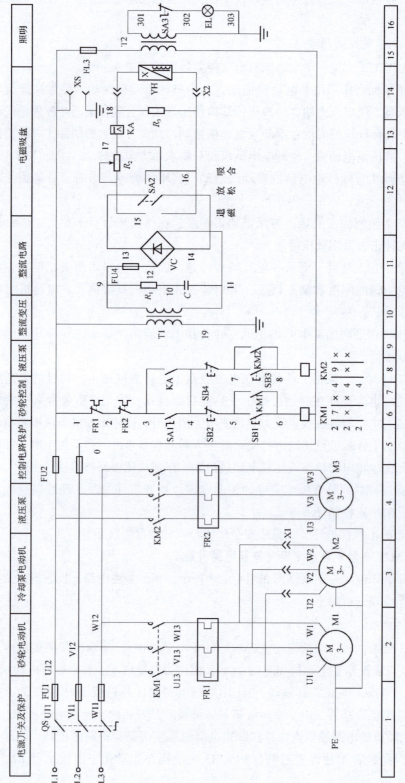

图4-13 M7130型平面磨床电气控制线路图

三相交流电源通过低压断路器 QS 引入,电动机 M1、M2 和 M3 共用一组熔断器 FU1 做短路保护。

### 2. 控制电路分析

控制电路采用 380 V 电压供电,FU2 用于控制电路的短路保护。由按钮 SB1、SB2 与接触器 KM1 构成砂轮电动机启动、停止控制电路。由按钮 SB3、SB4 与接触器 KM2 构成液压泵电动机启动、停止控制电路。KM1 线圈和 KM2 线圈分别串接了转换开关 SA1 的常开触点和欠电流继电器 KA 的常开触点。因此,3 台电动机的启动必须使开关 SA1 或 KA 的常开触点闭合才能进行。欠电流继电器 KA 的线圈串接在电磁吸盘 YH 的工作回路中,当电磁吸盘得电工作时,欠电流继电器 KA 线圈得电吸合,使 KA 的常开触点闭合或 YH 不工作,但转换开关 SA1 置于闭合位置,为控制电路的工作作准备。

当 SA1 或 KA 的常开触点闭合时,按下砂轮电动机的启动按钮 SB1,KM1 线圈得电,KM1 常开辅助触点闭合自锁,KM1 主触点闭合,使砂轮电动机启动运行;按下液压泵电动机启动按钮 SB3,KM2 线圈得电,KM2 常开辅助触点闭合自锁,KM2 主触点闭合,使液压泵电动机启动运行。在砂轮电动机运行时,将接插器 X1 连接好时,冷却泵电动机顺序启动运行。SB2、SB4 为停止按钮,按下后对应的 KM1 和 KM2 线圈失电,使相应电动机停止运行。

### 3. 电磁吸盘控制电路分析

电磁吸盘是固定加工工件的一种工具,它是利用电磁吸盘线圈通电时产生磁场的特性吸牢铁磁材料工件。与机械夹紧装置相比,电磁吸盘具有夹紧迅速,操作快速简便,不易损伤工件,一次能吸牢多个小工件,以及磨削中工件发热后可自由伸缩、不会变形等优点。但只能吸住磁性材质的工件。

电磁吸盘有长方形和圆形两种。M7130 型平面磨床采用长方形电磁吸盘,电磁吸盘结构与原理如图 4-14 所示。它由芯体、线圈、盖板、隔磁层、钢制吸盘体等组成,当线圈通入直流电时,芯体被磁化,磁力线从芯体经过盖板、工件、盖板、钢制吸盘体、芯体闭合,电磁力将工件牢牢吸住。

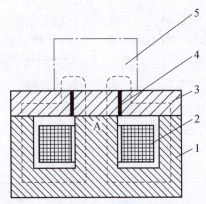

1—钢制吸盘体;2—线圈;3—盖板;4—隔磁层;5—工件。

图 4-14 M7130 型平面磨床的电磁吸盘结构与原理

电磁吸盘控制电路由整流电路、控制电路和保护电路 3 部分组成。

（1）整流电路。整流电路由整流变压器 T1 将 220 V 的交流电降为 130~145 V，经桥式整流器 VC，输出 110 V 直流电为电磁吸盘供电。

（2）控制电路。控制电路由 SA2 完成电磁吸盘状态控制转换。SA2 有 3 个位置：退磁、放松与吸合。

当需要电磁吸盘吸住加工工件时，将 SA2 扳至"吸合"位置，触点 SA2（13-16）与触点 SA2（14-17）接通，电磁吸盘 YH 获得 110 V 直流电压，吸盘线圈 YH 得电，工件被牢牢吸住。同时欠电流继电器 KA 与 YH 串联，若吸盘电流足够大，则 KA 动作，常开触点 KA 闭合，这时可分别操作按钮 SB1 与 SB3，启动 M1 与 M2 进行磨削加工。当加工完成后，按下停止按钮 SB2 与 SB4，M1 与 M2 停止旋转。

当需将工件从吸盘上取下时，则需放松工件，其方法是将 SA2 扳到"放松"位置，切断电磁吸盘 YH 的直流电源。此时如果工件具有剩磁而不能取下，那么还需对吸盘及工件进行退磁。将 SA2 扳向"退磁"位置，触点 SA2（13-15）与触点 SA2（14-16）接通，110 V 直流电经可变电阻 $R_2$，用以限制并调节反向去磁电流大小，使 YH 通过较小的反向电流以进行退磁。退磁结束时，将 SA2 扳回到"放松"位置，然后再将工件取下。退磁时间不能过长，否则吸盘会反向磁化。

（3）保护电路。电磁吸盘保护环节有欠电流保护、过电压保护及短路保护等。

①欠电流保护。在磨削加工中，若发生电源电压不足或整流电路故障时，将使吸盘线圈电压不足，励磁电流减小，电磁吸力减小或不足，将导致工件被高速旋转砂轮碰击高速飞出，造成工件损坏或人身事故。为此设置了欠电流保护，即在电磁吸盘线圈电路中串入欠电流继电器 KA。

只有当直流电压符合设计要求，吸盘具有足够的吸力时，KA 的常开触点才会闭合，为启动电动机 M1、M2 进行磨削加工作准备，否则不能启动磨床进行加工。当电源电压过低或断电时，串接在 KM1、KM2 线圈控制回路中的常开触点 KA 断开，切断 KM1、KM2 线圈电路，使砂轮电动机和液压泵电动机停止工作，从而防止了磨床磨削过程中出现断电或吸盘电流减小的事故。

②过电压保护。由于电磁吸盘是一个大电感，在通电工作时，吸盘线圈中存储着大量的磁场能量。当电磁吸盘从"吸合"状态转变为"放松"状态的瞬间，线圈两端将产生很大的感应电动势，易使线圈或其他电气元件由于过电压而损坏，电阻 $R_3$ 的作用是在电磁吸盘断电瞬间给线圈提供放电通路，吸收线圈断电时的磁场能量。

③短路保护。在整流变压器 T1 二次侧输出端装有熔断器 FU4 做短路保护用。

此外，还有电阻 $R_1$ 与电容器 C 串联之后再与整流变压器 T1 的二次侧相并联，用以吸收交流电路产生的过电压和直流侧电路通断时在 T1 二次侧产生的浪涌电压，实现整流装置的过电压保护。

### 4. 照明电路分析

照明电路由变压器 T2 将 380 V 交流电降为 36 V 的安全电压，给照明电路供电，为机床提供局部照明，且一端必须可靠接地，开关 SA3 实现对照明灯 EL 的控制。在 T2 一次侧装有熔断器 FU3 实现短路保护。

### 【知识点 3】 M7130 型平面磨床的常见故障及处理方法

#### 1. 磨床中 3 台电动机不能启动

故障分析：可能是主电路故障或是控制电路故障。如电源电压不正常，出现了缺相；欠电流继电器 KA 的常开触电接触不良，接线有脱落或有污垢；转换开关 SA1 的触点接触不良，接线有脱落或有污垢；热继电器 FR1 和 FR2 的常闭触点接触不良，接线松脱或有油垢。

检查处理：首先检查电源电压是否正常，热继电器 FR1 和 FR2 是否熔断，其次检查欠电流继电器 KA 有没有动作，最后检查控制电路是否有断路以及按钮各触点是否正常。逐项排除直到正常工作为止。

#### 2. 电磁吸盘无吸力

故障分析：可能是三相电源电压不正常，常见故障是熔断器 FU4 熔断；整流装置输出不正常；电磁吸盘 YH 的线圈及连接导线断路或接触不良。

检查处理：首先检查三相电源电压是否正常，熔断器 FU4 是否熔断，FU4 熔断可能是直流回路短路或直流回路中元器件损坏造成。其次检查 XS1 插销是否接触良好，整流装置是否输出正常；若都正常，则检查电磁吸盘 YH 的线圈及连接导线。检修时，可用万用表逐段检查，查出故障元件，针对性进行修理或更换，便可排除故障。

#### 3. 电磁吸盘退磁效果差，工件取下困难

故障分析：可能原因一是退磁电路断路，无法退磁；二是退磁时间太长或太短。

检查处理：前者应检查退磁电路接触是否良好，是否出现断路情况；后者应根据不同材质的工件，掌握好退磁时间。

#### 4. 砂轮电动机的热继电器 FR2 脱扣

故障分析：可能是砂轮电动机前轴瓦磨损，电动机发生堵转，使电流增大；砂轮进刀量太大，造成电动机堵转，电流增大；更换后的热继电器 FR2 规格不合适，未能达到额定负载，热继电器就已经动作。

检查处理：第一种情况可修改或更换轴瓦；第二种情况应选择合适的进刀量，以防电动机堵转；第三种情况应按电动机参数进行合理选择热继电器规格。

#### 5. 砂轮电动机不能启动，液压泵电动机可以启动

故障分析：可能是按钮 SB1 的常开触点接触不良或接线脱落；接触器 KM1 的线圈损坏或接线脱落；砂轮电动机损坏。

检查处理：检查 SB1 的触点是否接触不良，接触器 KM1 线圈接线是否正常。若接线问题重新接线，若器件损坏更换即可。

#### 6. 典型故障练习

如图 4-15 所示，M7130 型平面磨床电路中标红部分代表故障点，请根据故障点分析可能出现的故障现象。

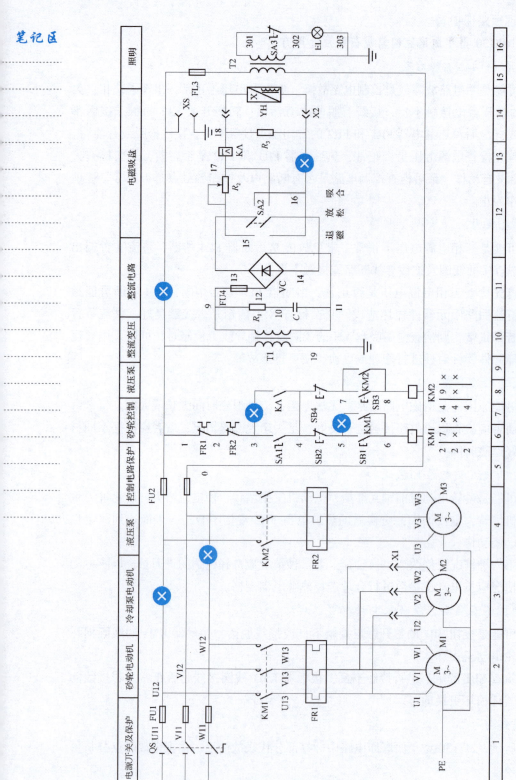

图 4-15 M7130 型平面磨床典型故障电路图

## 4.4 任务实施

**【实施要求】**

(1) 按机床设备故障诊断方法，分别使用电工工具和仪表通过电压测量法和电阻测量法进行电气控制线路测量，观察结果。

(2) 机床故障诊断时要遵循操作规范，悬挂维修牌，先通电观察现象，根据现象分析故障原因，再进行故障诊断。

(3) 每小组要写明诊断过程及处理方法。

(4) 实验所用电压为 380 V 或 220 V 的三相交流电，严禁带电操作，不可触及导电部件，尽可能单手操作，保证人身和设备的安全。

**【工作流程】**

| 流程 | 任务单 | | | |
|---|---|---|---|---|
| | 班级 | | 小组名称 | |
| 1. 岗位分工<br>小组成员按项目经理（组长）、电气检修员和项目验收员等岗位进行分工，并明确个人职责，合作完成任务。采用轮值制度，使小组成员在每个岗位都得到锻炼 | 团队成员 | 岗位 | | 职责 |
| | | | | |
| | | | | |
| | | | | |
| | 物料和工具清单 | | | |
| 2. 领取原料<br>项目经理（组长）填写物料和工具清单，领取器件并检查 | 序号 | 物料或工具名称 | 规格 | 数量 | 检查是否完好 |
| | | | | | |
| | | | | | |
| | | | | | |
| | | | | | |

续表

| 流程 | 任务单 | | | |
|---|---|---|---|---|
| | 班级 | | 小组名称 | |
| 3. 分析电路原理<br>项目经理完成 M7130 型平面磨床控制电路原理分析 | 电路原理分析 | | | |
| 4. 通电记录故障现象<br>项目经理和电气检修员共同完成故障磨床的通电，并记录故障现象，分析故障原因 | 故障现象 | 产生原因 | | 遇到的问题 |
| | | | | |
| 5. 故障分析<br>电气维修员根据故障原因对线路进行检测，确定故障点 | 故障现象 | 故障点 | | 诊断过程 |
| | | | | |
| 6. 故障排除<br>电气维修员根据故障点进行故障修复，并记录修复方法 | 故障点 | 处理方法 | | 遇到的问题 |
| | | | | |
| 7. 通电试车<br>电气检修员与项目验收员完成磨床控制电路故障排除的验收工作 | 工序 | 完成情况 | | 遇到的问题 |
| | | | | |

## 4.5 任务评价

| 项目内容 | 评分标准 | 配分 | 扣分 | 得分 |
|---|---|---|---|---|
| 故障现象 | (1) 调试步骤每错一步扣1分；<br>(2) 调试不全面，每项扣3分；<br>(3) 不能明确故障现象，每项扣4分 | 20 | | |
| 故障分析 | (1) 错标或标不出故障范围，每个故障点扣5分；<br>(2) 不能标出最小的故障范围，每个故障点扣5分；<br>(3) 每少查出一个故障点，扣10分 | 30 | | |
| 故障排除 | (1) 实际排除故障过程中，思路不清晰，每个故障点扣5分；<br>(2) 每少排除一个故障点，扣3分；<br>(3) 排除故障方法不正确，每次扣2分 | 30 | | |
| 其他 | (1) 排除故障时，产生新的故障不能自行修复，扣10分；产生后修复正常的，扣5分；<br>(2) 损坏电动机，扣20分；<br>(3) 每超过10 min，从总分中扣5分，但此项扣分不超过20分 | 20 | | |
| 安全、文明生产 | 违反安全、文明生产操作规程，扣5~40分 | | | |
| 定额时间90 min | 每超时5 min 扣5分 | | | |
| 备注 | 除定额时间外，各项目的最高扣分不应超过配分 | | | |
| 开始时间 | 结束时间 | | 实际时间 | |

指导教师签名＿＿＿＿＿＿＿＿＿＿　　日期＿＿＿＿＿＿＿＿＿＿

笔记区

## 任务 5　镗床的电气控制

### 5.1　任务引入

**【情境描述】**

镗床是一种精密加工机床,主要用于加工内孔、扩孔、深孔、大孔径孔,镗床是对工件已有孔进行镗削的机床,根据不同的刀具和辅件可以进行钻削、铣削、螺纹以及外圆和端面加工。简单来说,铣床负责钻孔,镗床则负责加工高精度的孔或一次定位完成多个孔的精加工。按照用途的不同,镗床分为卧式镗床、落地镗铣床、金刚镗床和坐标镗床和专用镗床等类型,其中卧式镗床是应用最多、性能最广的一种镗床,适用于单件小批生产和修理车间。下面以 T68 型卧式镗床为例进行分析。

**【任务要求】**

在了解卧式镗床的结构、运动形式及电气控制特点的基础上,能够掌握卧式镗床电气控制线路的工作原理,并能够分析和排除卧式镗床电气控制系统的常见故障。

### 5.2　任务分析

**【学习目标】**

了解卧式镗床的结构和型号含义,掌握卧式镗床的运动形式和电气控制线路工作原理,掌握卧式镗床电气控制系统的常见故障及排除方法。能根据低压电器的工作状态分析卧式镗床控制系统运行情况,并能够对出现故障的卧式镗床进行故障排查。在任务实施中要具有安全规范操作的职业习惯,培养安全意识、大局意识、协作意识及精益求精的工匠精神。

**【分析任务】**

下面以 T68 型卧式镗床为例,说明镗床的工作原理及常见故障。T68 型卧式镗床的外形结构如图 4-16 所示。它主要由床身、前立柱、主轴箱、工作台、上溜板、下溜板、后立柱、尾座等组成。接下来我们就来分析它是如何完成工件加工工作的。

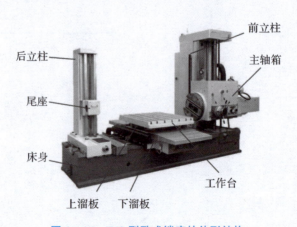

图 4-16　T68 型卧式镗床的外形结构

## 5.3 知识链接

### 【知识点1】T68型卧式镗床的结构及工作原理

#### 1. 主要结构与型号含义

T68型卧式镗床的型号含义如图4-17所示。

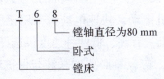

图4-17 T68型卧式镗床的型号含义

镗床在加工时,一般把工件固定在工作台上,由镗杆或花盘上固定的刀具进行加工。

(1) 床身。由整体的铸件制成,它支撑和连接车床的各个部件,并保证各部件在工作时有准确的相对位置。

(2) 前立柱。主轴箱可沿它上面的轨道做垂直移动。固定安装在床身的右端,在它的垂直导轨上装有主轴箱,主轴箱可沿它做垂直移动。

(3) 主轴箱。装有主轴、主轴变速箱、进给箱与操纵机构等部件。

(4) 后立柱。可沿着床身导轨横向移动,它上面的镗杆支架可与主轴箱同步纵向移动。

(5) 工作台。由上溜板、下溜板和回转工作台组成。下溜板可在床身轨道上做纵向移动,上溜板可在下溜板轨道上做横向移动,工作台相对于上溜板可做回转运动。这样,配合主轴箱的垂直移动,工作台的横向、纵向和回转,就可以加工工件上一系列与轴心线相互平行或垂直的孔。

微课:T68型镗床的结构和运动形式

切削刀具固定在镗轴前端的锥形孔里,或装在平旋盘的刀具溜板上。在镗削加工时,镗轴一面旋转,一面沿轴向做进给运动。平旋盘只能旋转,装在其上的刀具溜板做径向进给运动。镗轴和平旋盘轴经由各自的传动链传动,因此可以独自旋转,也可以不同转速同时旋转。

#### 2. 卧式镗床的运动形式

镗床主要是用镗刀在工件上镗孔的机床,它主要包括主运动、进给运动和辅助运动。

(1) 主运动。主轴带动镗刀的旋转运动。

(2) 进给运动。镗轴的轴向进给、平旋盘刀具溜板的径向进给、镗头架的垂直进给、工作台的纵向进给和横向进给。这些进给运动都可以进行手动或机动控制。

(3) 辅助运动。回转工作台的回转、后立柱的纵向移动、尾座的垂直移动及各部分的快速移动等。

#### 3. 卧式镗床的电气拖动特点及控制要求

(1) 主轴旋转与进给运动都有较大的调速范围,主运动与进给运动由一台主轴电动机拖动和机械滑移齿轮配合实现,为简化传动机构采用双速笼型异步电动机。

(2) 由于各种进给运动都有正反不同方向的运转,故主轴电动机要求正、反转。

(3) 为保证加工精度,要求主轴停车能够迅速、准确,因此主轴电动机应有制动停车环节。

(4) 主轴变速与进给变速可在主轴电动机停车或运转时进行。为便于变速时齿轮啮合,应有变速低速冲动过程。

(5) 为缩短辅助时间,镗头架上、下,工作台前、后、左、右及镗轴的进、出运动均能快速移动,配有快速移动电动机拖动,快速电动机采用正反转点动控制。

(6) 主轴电动机为双速电动机,有高、低两种速度供选择,高速运转时应先经低速启动。

(7) 由于镗床的运动部件多,应设有必要的联锁与保护环节。

### 【知识点2】T68型卧式镗床电气控制电路分析

T68型卧式镗床电气控制线路图如图4-18所示,可分为主电路、控制电路及照明电路3部分,其工作原理分析如下。

#### 1. 主电路分析

T68型卧式镗床共有2台三相异步电动机,M1是主轴电动机,它通过变速箱等传动机构拖动机床的主运动和进给运动,同时还拖动润滑油泵;M2是快速移动电动机,它带动主轴的轴向进给、主轴箱的垂直进给、工作台的横向和纵向进给的快速移动。

微课:T68型卧式镗床的工作原理

主轴电动机M1是一台双速电动机,绕组接法为△-YY,它可以进行点动或连续正反转的控制,启动采用串联制动电阻R的降压启动形式;停车制动采用由速度继电器KS控制的反接制动。接触器KM1和KM2分别控制主轴电动机正、反转运行,接触器KM3用于制动电阻R的短接,接触器KM6实现电机的三角形连接,控制主轴电动机低速运行,接触器KM7和KM8实现电机的双星形连接,控制主轴电动机高速运行。速度继电器KS控制主轴电动机正反转停车时的反接制动。熔断器FU1实现电动机M1的短路保护,热继电器FR1实现电动机M1的过载保护。

快速移动电动机M2由接触器KM4和KM5进行正反转控制,熔断器FU2实现电动机M2的短路保护。由于快速进给电动机M2为短时控制方式,故不需要设置过载保护。

#### 2. 控制电路分析

合上QS,将电源引入控制、照明、信号变压器TC原边,TC副边输出交流110 V作为控制电路电源,24 V作为照明用电,6 V作为指示灯用电。控制电路运行分析如下。

(1) 主轴电动机M1的点动控制。

镗床在加工时经常需要用点动来调整刀具的对位,因此要求主轴电动机能实现正反转的点动控制。正反转点动控制线路由按钮SB3、SB4以及接触器KM1、KM2、KM6组成。

按下正向点动控制按钮SB3,接触器KM1线圈得电,主触点接通三相正相序电源,KM1(4-14)闭合,KM6线圈通电,KM6主触点闭合,电动机M1三相绕组接成三角形,且串入电阻R低速启动。由于KM1、KM6都不能自锁故为点动,当松开SB3按钮时,KM1、KM6线圈断电,M1停车。

项目四 典型设备的电气控制

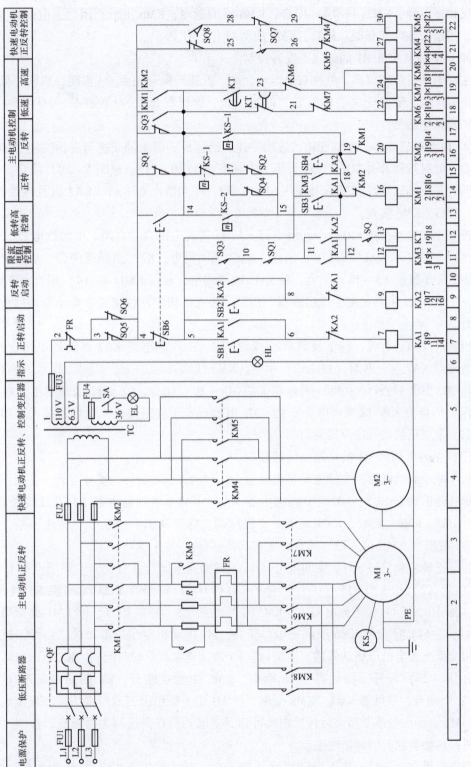

图 4-18 T68 型卧式镗床电气控制线路图

当需要反向运行时,按下反向点动控制按钮 SB4,接触器 KM2 线圈得电,主触点接通三相反相序电源,KM2(4-14)闭合,KM6 线圈通电,KM6 主触点闭合,电动机 M1 低速启动。当松开 SB4 按钮时,KM2、KM6 线圈断电,M1 停车。

(2) 主轴电动机 M1 的低速正反转控制。

主轴电动机可实现高、低速双速运转,高、低速转换开关由 SQ 实现,当需要低速运转时,将机床高、低速变速手柄扳至"低速"挡,即行程开关 SQ 被释放,SQ(12-13)断开,实现低速运行。

M1 电动机启动前,主轴变速、进给变速均已完成,即主轴变速与进给变速手柄置于推合位置,此时行程开关 SQ1、SQ3 被压下,触点 SQ1(10-11)、SQ3(5-10)闭合。

低速正反转连续控制线路由按钮 SB1、SB2,中间继电器 KA1、KA2 以及接触器 KM1、KM2、KM3、KM6 实现。

按下正转启动按钮 SB1,中间继电器 KA1 线圈通电闭合并自锁。中间继电器 KA1 常开触点(11-12)和 KA1(15-18)闭合,KM3 线圈得电,KM3 主触点闭合,短接限流电阻 $R$,KM3 常开触点(5-18)闭合,使 KM1 线圈得电,触点 KM1(4-14)闭合使 KM6 线圈得电。于是,M1 电动机定子绕组接成三角形,接入正相序三相交流电源全电压启动低速正向运行。

当需要反向运行时,按下反转启动按钮 SB2,中间继电器 KA2 线圈通电闭合并自锁。中间继电器 KA2 常开触点(11-12)闭合,KM3 线圈得电,KM3 主触点闭合,短接限流电阻 $R$。KM3 常开触点(5-18)闭合和 KA2(18-19)闭合,使 KM2 线圈得电,触点 KM2(4-14)闭合使 KM6 线圈得电。于是,M1 电动机定子绕组接成三角形,接入反相序三相交流电源全电压启动低速反向运行。

(3) 主轴电动机 M1 的高速正反转控制。

为了减小启动电流,主轴电动机先低速全压启动,延时后转为高速运转。低速正反转连续控制线路由按钮 SB1、SB2,中间继电器 KA1、KA2,时间继电器 KT 以及接触器 KM1、KM2、KM3、KM6、KM7、KM8 实现。将机床高、低速变速手柄扳至"高速"挡,即行程开关 SQ 被压下,SQ(12-13)闭合,实现高速运行。

按下正转启动按钮 SB1,中间继电器 KA1 线圈通电闭合并自锁。中间继电器 KA1 常开触点(11-12)和 KA1(15-18)闭合,KA1(11-12)闭合 KM3 线圈和 KT 线圈得电,KM3 主触点闭合,短接限流电阻 $R$,KM3 常开触点(5-18)闭合,使 KM1 线圈得电,触点 KM1(4-14)闭合使 KM6 线圈得电。于是,M1 电动机定子绕组接成三角形,接入正相序三相交流电源全电压启动低速正向运行。KT 时间继电器延时时间到,KT 的通电延时断开触点(14-21)断开,接触器 KM6 断电,KM6 主触点断开。KT 的通电延时闭合触点(14-23)闭合,接触器 KM7、KM8 通电,使 M1 定子绕组由三角形接法自动换接成双星形接法,M1 自动由低速变高速运行。由此可知,主电动机在高速挡为两级启动控制,以减少电动机高速挡启动时的冲击电流。

当需要反向运行时,按下反转启动按钮 SB2,中间继电器 KA2 线圈通电闭合并自锁,从而使接触器 KM3、KM2 和 KM6 通电吸合,控制 M1 电动机低速反向启动运行;在 KM3 线圈通电的同时 KT 线圈通电吸合，待 KT 延时时间到，触点 KT(14-21) 断开使 KM6 线圈断电释放，触点 KT(14-23) 闭合使 KM7、KM8 线圈通电吸合，这样，使 M1 定子绕组由三角形接法自动换接成双星形接法，M1 自动由低速变高速运行反向运转。

(4) 主轴电动机 M1 的停车制动控制。

M1 电动机的停车制动控制由按钮 SB6、速度继电器 KS、交流接触器 KM1 和 KM2 实现。当主轴电动机 M1 处于高速或低速运转时，其速度达到 120 r/min 后，速度继电器 KS 的常开触点闭合，为主轴电动机 M1 停车时进行反接制动做好了准备。速度继电器常开触点 KS-3 在主轴电动机正转时闭合，速度继电器常开触点 KS-1 在主轴电动机反转时闭合。

若 M1 为正向低速运行，即按下按钮 SB1，由 KA1、KM3、KM1 和 KM6 控制使 M1 运转。欲停车时，按下停止按钮 SB6，SB6(4-5) 断开，使接触器 KA1、KM3、KM1 和 KM6 相继断电释放。由于电动机 M1 正转时速度继电器 KS-3(14-15) 触点闭合，所以按下 SB6 后，SB6(4-14) 闭合，使 KM2 线圈通电并自锁，同时 KM6 线圈仍通电吸合。此时 M1 定子绕组仍接成三角形，并串入限流电阻 R 进行反接制动，当速度降至 KS 复位转速时 KS-3(14-19) 断开，使 KM2 和 KM6 断电释放，反接制动结束。

若 M1 为正向高速运行，即由 KA1、KM3、KM1、KM7、KM8 控制下使 M1 运转。欲停车时，按下 SB6 按钮，SB6(4-5) 断开，使 KA1、KM3、KM1、KT、KM7、KM8 线圈相继断电，由于电动机 M1 正转时速度继电器 KS-3(14-19) 触点闭合，所以按下 SB6 后，SB6(4-14) 闭合，使 KM2 线圈通电并自锁，同时由于 KT 线圈失电，KT 的通电延时断开触点(14-21) 闭合，KM6 线圈通电吸合。此时 M1 定子绕组接成三角形，并串入不对称电阻 R 反接制动。当速度降至 KS 复位转速时 KS-3(14-19) 断开，使 KM2 和 KM6 断电释放，反接制动结束。

若 M1 为反向低速运行，即按下按钮 SB2，由 KA2、KM3、KM2 和 KM6 控制使 M1 反向低速运转。欲停车时，按下停止按钮 SB6，SB6(4-5) 断开，使接触器 KA2、KM3、KM1 和 KM6 相继断电释放。由于电动机 M1 反转时速度继电器 KS-1(14-15) 触点闭合，所以按下 SB6 后，SB6(4-14) 闭合，使 KM1 线圈通电并自锁，同时 KM6 线圈仍通电吸合。此时 M1 定子绕组仍接成三角形，并串入限流电阻 R 进行反接制动，当速度降至 KS 复位转速时 KS-1(14-15) 断开，使 KM1 和 KM6 断电释放，反接制动结束。

若 M1 为反向高速运行，即由 KA2、KM3、KM2、KM7、KM8 控制下使 M1 运转。欲停车时，按下 SB6 按钮，SB6(4-5) 断开，使 KA2、KM3、KM2、KT、KM7、KM8 线圈相继断电，由于电动机 M1 正转时速度继电器 KS-1(14-15) 触点闭合，所以按下 SB6 后，SB6(4-14) 闭合，使 KM1 线圈通电并自锁，同时由于 KT 线圈失电，KT 的通电延时断开触点(14-21) 闭合，KM6 线圈通电吸合。此时 M1 定子绕组接成三角形，并串入不对称电阻 R 反接制动。当速度降至 KS 复位转速时 KS-1(14-15) 断开，使 KM1 和 KM6 断电释放，反接制动结束。

(5) 主轴变速控制。

T68 卧式镗床的主轴变速和进给变速分别由各自的变速孔盘机构进行变速。变速可在停车时进行也可在运行中进行。变速孔盘机构操纵过程：变速时将变速手柄拉出→转动变速盘，选好速度→变速手柄推回。拉出变速手柄时，相应的变速行程开关不受压；推回变速手柄时，相应的变速行程开关压下，其中，行程开关 SQ1、SQ2 为主轴变速用行程开关，行程开关 SQ3、SQ4 为进给变速用行程开关，当未处于变速状态时，行程开关会受压。因此，主轴变速控制时，行程开关 SQ1、SQ2 为释放状态，行程开关 SQ3、SQ4 为受压状态。

1）M1 停车时主轴变速控制。

停车时主轴变速控制由行程开关 SQ1～SQ4、速度继电器 KS、交流接触器 KM1、KM2、KM6 实现，以便齿轮顺利啮合。

当需要完成主轴变速时，进给运动未进行变速，进给变速手柄处于推回状态，进给变速开关 SQ3、SQ4 均为受压状态，触点 SQ3(4-14) 断开，SQ4(17-15) 闭合。因需主轴变速，主轴变速手柄被拉出，转动变速盘调整速度。此时主轴变速行程开关 SQ1、SQ2 不受压，此时触点 SQ1(4-14) 由断开状态变为接通状态、SQ2(17-15) 由接通状态变为断开状态，但因 SQ4(17-15) 闭合为闭合状态，使 KM1 通电并自锁，KM1 常开触点 (4-14) 闭合，使 KM6 通电吸合，则由主电路分析可得 M1 串入电阻 $R$ 以三角形接法低速正向启动。当电动机转速达到 140 r/min 左右时，KS-2(14-17) 常闭触点断开，KS-3(14-19) 常开触点闭合，使 KM1 线圈断电释放，而 KM2 通电吸合，且 KM6 仍通电吸合。于是，M1 进行反接制动，当转速降到 100 r/min 时，速度继电器 KS 释放，触点复原，KS-2(14-17) 常闭触点由断开变为接通，KS-3(14-19) 常开触点由接通变为断开，使 KM2 断电释放，KM1 通电吸合，KM6 仍通电吸合，M1 又正向低速启动。由此可知，当拉出手柄，转动变速盘时，M1 正向低速启动，而后又制动为缓慢脉动转动，M1 重复上述过程，间歇地启动与反接制动，处于冲动状态，有利于齿轮良好啮合。

当主轴变速完成将主轴变速手柄推回原位时，主轴变速开关 SQ1、SQ2 压下，使 SQ1(4-14) 常闭触点断开，使 KM1 线圈断电，M1 电动机停转，自此变速完成。

2）M1 正向高速运行时主轴变速控制。

M1 电动机在高速运行时主轴变速控制由中间继电器 KA1，时间继电器 KT，速度继电器 KS，接触器 KM1、KM3 和 KM7、KM8 实现。

主轴在正向高速运行过程中需要变速，可将主轴变速操作手柄拉出，转动变速盘调整速度。此时主轴变速开关 SQ1、SQ2 不再受压，此时 SQ1(10-11) 触点由接通变为断开，SQ1(4-14) 触点由断开变为接通，因 SQ1(10-11) 断开，则 KM3、KT 线圈断电释放。因为是运转状态，速度继电器 KS-2 断开，KS-3 接通，则 KM1 线圈断电释放，KM2 线圈通电吸合，KM2 辅助常开触点 (4-14) 闭合。时间继电器 KT 线圈断电，使通电延时闭合触点 KT(14-23) 由接通状态变为断开状态，通电延时断开触点 KT(14-21) 由断开变为接通状态，则 KM7、KM8 断电释放，KM6 通电吸合。于是 M1 定子绕组接为三角形连接，串入限流电阻 $R$ 进行正向低速反接制动，使 M1 转速迅速下降，当转速下降到速度继电器 KS 释放转速时，KS-3 断开，KS-2 接通，KM2 线圈断电释放，KM1 线圈通电吸合，又由 KS 控制 M1 进行了正向低速脉动转动，以利齿轮啮合。

待齿轮啮合完成，将主轴变速手柄推回原位，SQ1、SQ2 行程开关压下，SQ1 常开触点由断开变为接通状态，常闭触点由常开变为常闭状态。此时 KM3、KT 和 KM1、KM6 通电吸合，M1 先正向三角形联结低速启动，在时间继电器 KT 延时时间到后，KM6 断电释放，KM7、KM8 通电吸合，自动转为高速运行。

由上述可知，所谓运行中变速是指机床拖动系统在运行中，可拉出变速手柄进行变速，而机床电气控制系统可使电动机接入电气制动，制动后又控制电动机低速脉动旋转，以利齿轮啮合。待变速完成后，推回变速手柄又能自动启动运转。

（6）进给变速控制。

M1 在进给变速控制时其工作原理与主轴变速时相似。拉出进给变速手柄，使限位开关 SQ3 和 SQ4 复位，推入手柄则 SQ3 和 SQ4 被压住。

（7）快速移动电动机 M2 的控制。

主轴箱、工作台或主轴的快速移动，均由快速移动电动机拖动。工作时，先将有关手柄扳动，接通有关离合器，挂上有关方向的丝杠。然后由快速操纵手柄压动限位开关 SQ7 或 SQ8，控制接触器 KM4 或 KM5 线圈得电，进而控制快速移动电动机 M2 正转或反转。

将快速移动手柄扳到正向位置，压动 SQ7，SQ7 常开触点（25-26）闭合，KM4 线圈得电吸合，M2 正向转动，相应部件获得正向快速移动。将手柄扳至中间位置，SQ7 复位，KM4 线圈断电释放，M2 停转。

将快速移动手柄扳到反向位置，压动 SQ8，SQ8 常开触点（4-28）闭合，KM5 线圈得电吸合，M2 反向转动，相应部件获得反向快速移动。将手柄扳至中间位置，SQ8 复位，KM4 线圈断电释放，M2 停转。

### 3. 照明和指示灯电路分析

控制变压器 TC 的二次侧分别输出 24V 和 6V 电压，作为机床低压照明和指示灯的电源。EL 为机床的低压照明灯，由开关 SA 控制，用于机床的局部照明，FU5 用于机床照明的短路保护。HL 为工作指示灯，当 QS 接通，HL 即可点亮，FU4 用于工作指示灯电路的短路保护。

### 4. 联锁保护电路分析

主轴箱或工作台与主轴机动进给联锁。T68 型卧式镗床的运动部件较多，为防止机床或刀具损坏，保证主轴进给和工作台进给不能同时进行，将行程开关 SQ5（3-4）、SQ6（3-4）并联接在主轴电动机 M1 和进给电动机 M2 的控制电路中。SQ5 是与工作台和镗头架自动进给手柄联动的行程开关，当手柄操作工作台和镗头架进给时，SQ5 受压，其常闭触点 SQ5（3-4）断开。SQ6 是与主轴和平旋盘刀架自动进给手柄联动的行程开关，当手柄操作主轴和平旋盘刀架自动进给时，SQ6 受压，其常闭触点 SQ6（3-4）断开。而主轴电动机 M1、快速进给电动机 M2，必须在 SQ5、SQ6 中至少有一个处于闭合状态下才能工作，如果两个手柄都处于进给位置，则 SQ5、SQ6 都断开，将控制电路切断，使主轴电动机停止，快速进给电动机也不能启动，从而实现联锁保护。

M1 电动机正反转控制、高低速控制、M2 电动机的正反转控制均设有互锁保护环节。

电路通过熔断器和热继电器实现短路保护和过载保护，同时采用接触器或继电器构成具有欠电压与零电压保护的电路。

### 【知识点3】 T68 型卧式镗床的常见故障及处理方法

#### 1. 主轴旋转时的实际转速要比主轴变速盘上指示的转速成倍提高或下降一半

故障分析：T68 型卧式镗床主轴有多种转速，是采用双速电动机和机械滑移齿轮来实现变速的。主轴电动机的高、低速是由高低速行程开关 SQ 来控制的，低速时 SQ 不受压，高速时 SQ 压下。行程开关 SQ 安装在轴调速手柄的旁边，主轴调速机构转动时推动一个撞钉，撞钉推动簧片使 SQ 通断。所以在安装调整时，应使 SQ 的通断动作与变速盘指示转速相符。假如安装调整不当，使 SQ 动作恰恰相反，则会发生主轴实际转速比变速盘上指示快一倍或慢一半。

检查处理：调整 SQ 的位置，使能正确动作。

#### 2. 主轴电动机只有高速挡，没有低速挡，或只有低速挡，没有高速挡

故障分析：常见的原因有时间继电器 KT 不动作，或行程开关 SQ 安装的位置不当；若行程开关 SQ 安装的位置不当，造成 SQ 总是处于接通或断开状态。假如 SQ 总是接通的状态，则主轴电动机只有高速；若 SQ 总是断开状态，则主轴电动机只有低速。若时间继电器 KT 不动作，则接触器 KM7、KM8 不能接通，则主轴电动机 M1 便不能转换到高速挡运转，只能停留在低速挡运转。

检查处理：若是 SQ 位置安装不当，则应调整 SQ 位置。若是时间继电器 KT 故障，则看 KT 线圈是否通电吸合，若已吸合再检查 KT 延时触点动作是否正确及接线是否正确。

#### 3. 停车状态，主轴变速手柄拉出后，主轴电动机不能变速

故障分析：停车状态，需主轴变速时，主轴变速手柄被拉出，此时主轴变速行程开关 SQ1、SQ2 不受压，使 KM1 通电并自锁，使 KM6 通电吸合，则 M1 串入电阻 $R$ 以三角形接法低速正向启动。当电动机转速达到 140 r/min 左右时，KS – 2 断开，KS – 3 闭合，使 KM1 线圈断电释放，而 KM2 通电吸合，且 KM6 仍通电吸合。于是，M1 进行反接制动，当转速降到 100 r/min 时，速度继电器 KS 释放，使 KM2 断电释放，KM1、KM6 通电吸合，使 M1 低速冲动。从工作原理分析可能原因有行程开关 SQ1、SQ2 安装位置偏移或触点接触不良，速度继电器触点不动作等。

检查处理：若是行程开关位置安装不当，则应调整行程开关位置。若是速度继电器触点不动作，则应及时更换速度继电器。

#### 4. 典型故障练习

如图 4 – 19 所示，T68 型卧式镗床电路中标红部分代表故障点，请根据故障点分析可能出现的故障现象。

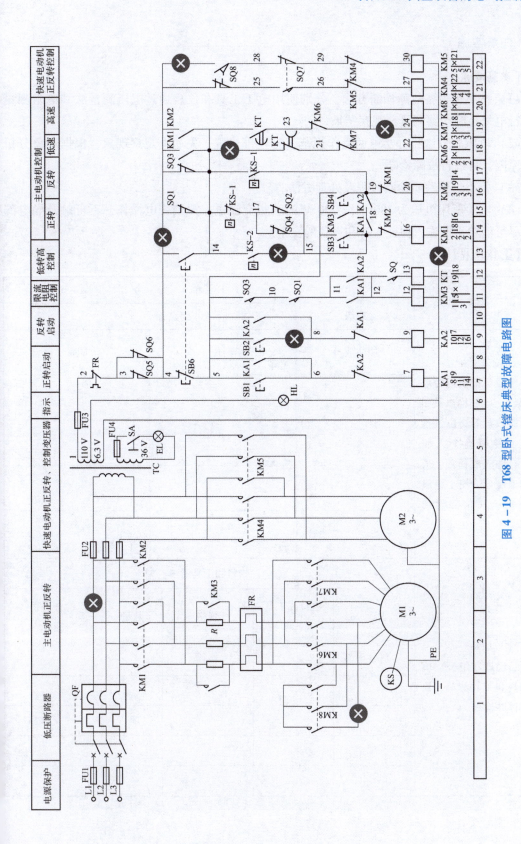

图 4-19 T68型卧式镗床典型故障电路图

## 5.4 任务实施

**【实施要求】**

（1）按机床设备故障诊断方法，分别使用电工工具和仪表通过电压测量法和电阻测量法进行电气控制线路测量，观察结果。

（2）机床故障诊断时要遵循操作规范，悬挂维修牌，先通电观察现象，根据现象分析故障原因，再进行故障诊断。

（3）每小组要写明诊断过程及处理方法。

（4）实验所用电压为 380 V 或 220 V 的三相交流电，严禁带电操作，不可触及导电部件，尽可能单手操作，保证人身和设备的安全。

**【工作流程】**

| 流程 | 任务单 | | | |
|---|---|---|---|---|
| | 班级 | | 小组名称 | |
| 1. 岗位分工<br>小组成员按项目经理（组长）、电气检修员和项目验收员等岗位进行分工，并明确个人职责，合作完成任务。采用轮值制度，使小组成员在每个岗位都得到锻炼 | 团队成员 | 岗位 | | 职责 |
| | | | | |
| | | | | |
| | | | | |
| | 物料和工具清单 | | | |
| 2. 领取原料<br>项目经理（组长）填写物料和工具清单，领取器件并检查 | 序号 | 物料或工具名称 | 规格 | 数量 | 检查是否完好 |
| | | | | | |
| | | | | | |
| | | | | | |
| | | | | | |

续表

| 流程 | 任务单 | | | |
|---|---|---|---|---|
| | 班级 | | 小组名称 | |
| 3. 分析电路原理<br>项目经理完成 T68 型卧式镗床控制电路原理分析 | 电路原理分析 | | | |
| 4. 通电记录故障现象<br>项目经理和电气检修员共同完成故障镗床的通电,并记录故障现象,分析故障原因 | 故障现象 | | 产生原因 | 遇到的问题 |
| | | | | |
| 5. 判断故障范围,查找故障点<br>电气维修员根据故障现象确定故障范围,并通过检测最终确定故障点 | 故障范围 | | 故障点 | 诊断过程 |
| | | | | |
| 6. 故障排除<br>电气维修员根据故障点进行故障修复,并记录修复方法 | 故障点 | | 处理方法 | 遇到的问题 |
| | | | | |
| 7. 通电试车<br>电气检修员与项目验收员完成镗床控制电路故障排除的验收工作 | 工序 | | 完成情况 | 遇到的问题 |
| | | | | |

笔记区

## 5.5 任务评价

| 项目内容 | 评分标准 | 配分 | 扣分 | 得分 |
| --- | --- | --- | --- | --- |
| 故障现象 | (1) 调试步骤每错一步扣1分；<br>(2) 调试不全面，每项扣3分；<br>(3) 不能明确故障现象，每项扣4分 | 20 | | |
| 故障分析 | (1) 错标或标不出故障范围，每个故障点扣5分；<br>(2) 不能标出最小的故障范围，每个故障点扣5分；<br>(3) 每少查出一个故障点，扣10分 | 30 | | |
| 故障排除 | (1) 实际排除故障过程中，思路不清晰，每个故障点扣5分；<br>(2) 每少排除一个故障点，扣3分；<br>(3) 排除故障方法不正确，每次扣2分 | 30 | | |
| 其他 | (1) 排除故障时，产生新的故障不能自行修复，扣10分；产生后修复正常的，扣5分；<br>(2) 损坏电动机，扣20分；<br>(3) 每超过10 min，从总分中扣5分，但此项扣分不超过20分 | 20 | | |
| 安全、文明生产 | 违反安全、文明生产操作规程，扣5~40分 | | | |
| 定额时间90 min | 每超时5 min扣5分 | | | |
| 备注 | 除定额时间外，各项目的最高扣分不应超过配分 | | | |
| 开始时间 | | 结束时间 | | 实际时间 |

指导教师签名_____ 日期_____

【拓展阅读】

电气维修工如何过五一

以劳为荣：电气维修工如何过五一

## 项目四　习题

**1. 选择题**

（1）移动电动机在电动葫芦中的作用是（　　）。
A. 控制电动葫芦上下移动　　　　　　B. 控制电动葫芦左右移动
C. 控制电动葫芦旋转　　　　　　　　D. 控制电动葫芦的平衡

（2）电动葫芦需要（　　）个交流接触器完成工作。
A. 1　　　　　B. 2　　　　　C. 3　　　　　D. 4

（3）电动葫芦的电气控制线路是一种（　　）线路。
A. 点动控制　　　　　　　　　　　　B. 自锁控制
C. 联锁的正反转控制　　　　　　　　D. 点动双重联锁的正反转控制

（4）CA6140型普通卧式车床中主轴电动机M1和冷却泵电动机M2的控制关系是（　　）。
A. M1、M2可分别启动、停止　　　　B. M1、M2必须同时启动、停止
C. M2比M1先启动　　　　　　　　　D. M2必须在M1启动后才能启动

（5）CA6140型普通卧式车床中不需要进行过载保护的是（　　）。
A. 主轴电动机M1　　　　　　　　　　B. 冷却泵电动机M2
C. 刀架快速移动电动机M3　　　　　　D. 主轴电动机M1和冷却泵电动机M2

（6）CA6140型普通卧式车床控制，不正确的说法是（　　）。
A. 主运动控制可能有正反转　　　　　B. 冷却泵控制可能有正反转
C. 快速移动控制采用点动控制　　　　D. 快速移动控制没有过载保护

（7）CA6140型普通卧式车床电路安全照明电路电压是（　　）V。
A. 5　　　　　B. 1.5　　　　C. 24　　　　D. 12

（8）X62W铣床工作台能进行上、下、前、后、左、右6个方向的移动，是（　　）电动机实现的。
A. 主轴电动机M1　　　　　　　　　　B. 进给电动机M2
C. 冷却泵电动机M3　　　　　　　　　D. M1和M2同时作用

（9）X62W型万能铣床主轴电动机的正反转靠（　　）来实现。
A. 正、反转接触器　　　　　　　　　B. 组合开关
C. 机械装置　　　　　　　　　　　　D. 正、反转按钮控制

（10）X62W 型万能铣床工作台左右运动行程通过调整（　　）来实现。
A. 电压　　　　　　　　　　　　B. 工作台两端的撞铁位置
C. 电流　　　　　　　　　　　　D. 质量

（11）为了缩短 X62W 型万能铣床的停车时间，主轴电动机设有（　　）制动环节。
A. 制动电磁离合器　　B. 串电阻反接制动　　C. 能耗制动　　D. 再生发电制动

（12）X62W 型万能铣床中，（　　）是与主轴变速手柄联动的瞬时动作行程开关。
A. SQ7　　　　B. SQ6　　　　C. SQ5　　　　D. SQ4

（13）M7130 型平面磨床的控制电路由（　　）供电。
A. 直流 110 V　　B. 直流 220 V　　C. 交流 200 V　　D. 交流 380 V

（14）M7130 型平面磨床中，电磁吸盘 YH 工作后（　　）和工作台才能进行磨削加工。
A. 液压泵电动机　　B. 砂轮电动机　　C. 压力继电器　　D. 照明变压器

（15）M7130 型平面磨床中，冷却泵电动机 M2 必须在（　　）运行后才能启动。
A. 照明变压器　　　　　　　　　B. 伺服驱动器
C. 液压泵电动机 M3　　　　　　D. 砂轮电动机 M1

（16）Z3040 型摇臂钻床的工作特点之一是主轴箱可以绕内立柱做（　　）的回转，因此便于加工大中型工件。
A. 90°　　　　B. 180°　　　　C. 270°　　　　D. 360°

（17）Z3040 型摇臂钻床上的摇臂升降电动机 M2 不加过载保护的原因是（　　）。
A. 要正、反转　　　　　　　　　B. 短时工作
C. 电动机不会过载　　　　　　　D. 负载固定不变

（18）Z3040 型摇臂钻床上摇臂的升降动作和摇臂的夹紧松开动作顺序应该是（　　）。
A. 先松开，再升降　　　　　　　B. 先升降，再松开
C. 升降和松开同时进行　　　　　D. 先夹紧，再升降

（19）T68 型卧式镗床常用（　　）制动。
A. 反接　　　B. 能耗　　　C. 电磁离合器　　　D. 电磁抱闸

（20）T68 型卧式镗床所具备的运动方式有主运动、（　　）、辅助运动。
A. 镗轴的旋转运动　　　　　　　B. 进给运动
C. 后立柱水平移动　　　　　　　D. 工作台旋转运动

（21）T68 型卧式镗床的高、低速转换是由（　　）实现的。
A. SQ　　　　B. SQ1　　　　C. SQ2　　　　D. SQ3

（22）T68 型卧式镗床是一台（　　）电动机。
A. 双速　　　B. 单速　　　C. 步进　　　D. 伺服

**2. 简答题**

（1）简述电动葫芦的工作原理。

（2）CA6140 型普通卧式车床电气控制具有哪些特点？

（3）CA6140 型普通卧式车床电气控制线路中有几台电动机？它们的作用分别是什么？

（4）X62W 型万能铣床控制线路中采用了哪些机械、电气联锁？为什么要有这些联锁？还有哪些保护措施？

（5）如果 X62W 型万能铣床的工作台能左、右进给，但不能前后、上下进给，试分析故障原因。

（6）在 X62W 型万能铣床电气控制电路中，行程开关 SQ1～SQ7 的作用各是什么？

（7）X62W 型万能铣床主轴变速能否在主轴停止或主轴旋转情况下进行，为什么？X62W 型万能铣床电气控制具有哪些特点？

（8）M7130 型平面磨床电气控制具有哪些特点？

（9）M7130 型平面磨床电气控制线路中，欠电流继电器 KA 和电阻器 $R$ 的作用分别是什么？

（10）M7120 型平面磨床电磁吸盘电路设有哪些保护环节？

（11）M7130 型平面磨床的电磁吸盘线圈为何要用直流供电而不能用交流供电？

（12）分析 Z3040 型摇臂钻床电气控制电路中，KT 与 YV 各在什么时候通电动作，时间继电器 KT 各触点的作用是什么？

（13）Z3040 型摇臂钻床电路中有哪些联锁与保护？

（14）试述 Z3040 型摇臂钻床欲使摇臂向下移动时的操作及电路工作情况。

（15）若 Z3040 型摇臂钻床的摇臂不能夹紧，试分析可能是由哪些原因造成的。

（16）T68 型卧式镗床是如何实现主轴变速控制的？

（17）试叙述 T68 型卧式镗床快速进给的控制过程。

（18）T68 型卧式镗床是如何实现变速时的连续反复低速冲动的？

# 项目五

# 其他电机的控制

【项目概述】

　　本项目共有 4 个任务，任务 1 介绍直流电机结构与工作原理、分类、铭牌数据、机械特性与启动方法；任务 2 在对单相异步电动机的特点和启动方式认识的基础上进行单相电容式异步电动机常见故障分析与排除；任务 3 对自动控制系统中常用的控制电动机如伺服电动机、步进电动机进行了介绍；任务 4 以一般用途的电力变压器为主要研究对象，着重分析单相变压器的工作原理、基本结构和运行情况，对其他用途的变压器做了简单介绍。

【知识图谱】

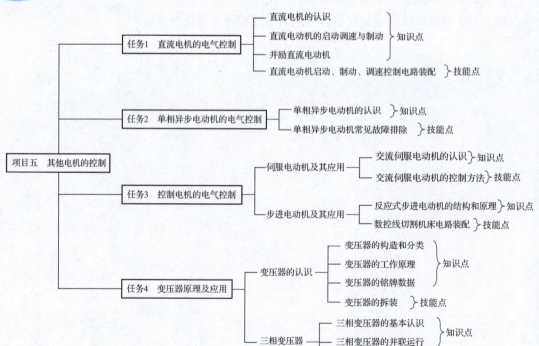

# 任务 1　直流电机的电气控制

## 1.1　任务引入

**【情景描述】**

在工厂中对机械设备的驱动系统中常用的直流电机进行全面检查与调试工作，为了控制直流电机，需要理解直流电机的拖动（启动、调速、制动）的方法与原理。

情境动画

**【任务要求】**

要求完成一台直流电机的检查与试验工作，并设计并励直流电动机正反转控制电路、电枢串电阻调速控制电路、能耗制动控制电路。

## 1.2　任务分析

**【学习目标】**

了解直流电机结构与分类、铭牌数据，掌握直流电机工作原理、机械特性，理解直流电机拖动的方法与原理。能够准确地对直流电机进行检查与试验。掌握并励直流电动机正反转电路、电枢串电阻调速控制电路、能耗制动控制电路的检测及通电调试方法。在任务实施中要具有对职业的认同感、责任感，培养精雕细琢、精益求精的工作理念。

**【分析任务】**

对欲投入运行的一台直流电机进行全面的检查和试验工作，并能掌握直流电机的结构、工作原理及铭牌含义，理解其机械特性。在理解直流电动机启动、调速和制动方法及原理的基础上，设计电气控制原理图，并实现相应的拖动方法。

## 1.3　知识链接

**【知识点 1】　直流电机的认识**

### 1. 直流电动机的工作原理

直流电机是通以直流电流的旋转电机，是电能和机械能相互转换的设备。将机械能转换为电能的是直流发电机，将电能转换为机械能的是直流电动机。

微课：直流电机的认识

如图 5 – 1 所示为直流电动机的工作原理，其基本结构与发电机完全相同，只是将直流电源接至电刷两端。当电刷 A 接至电源的正极，电刷 B 接至负极，电流将从电源正极流出，经过电刷 A、换向片 1、线圈 abcd 到换向片 2 和电刷 B，最后回到负极。根据电磁力定律，载流导体在磁场中受电磁力的作用，其电磁力的方向由左手定则确定。如图 5 – 1 所示 ab 导体所受电磁力方向向左，而导体 cd 所受电磁力的方向向右，这样就产生了一个转矩。在转矩的作用下，电枢便按逆时针方向旋转起来。当电枢从如图 5 – 1 所示的位置转过 90°时，线圈磁感应强度为 0，因而使电枢旋转的转矩消失，但由于机械惯性，电枢仍能转过一个角度，使电刷 A、B 分别与换向片 2、1 接触，于是线圈中又有电流流过。此时电流从正极流出，经过电刷 A、换向片 2、线圈到换向片 1 和电刷 B，最后回到电源负极,此时导体 ab 中的电流改变了方向,同时导体 ab 已由 N 极下转到 S 极下,其所受电磁力方向向右。同时,处于 N 极下的导体 cd 所受的电磁力方向向左。因此,在转矩的作用下,电枢继续沿着逆时针方向旋转,这样电枢便一直旋转下去,这就是直流电动机的基本原理。

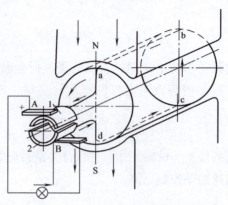

图 5-1 直流电动机的工作原理

一台直流电动机原则上既可作为发电机运行,也可以作为电动机运行,只是外界条件不同而已。在直流电动机的电刷上加直流电源,将电能转换成机械能,是作为电动机运行;若用原动机拖动直流电动机的电枢旋转,将机械能变换成电能,从电刷引出直流电动势,则作为发电机运行。

### 2. 直流电动机的结构与分类

从直流电动机的基本工作原理可知,直流电动机的磁极和电枢之间必须有相对运动,因此,任何电动机都有固定不动的定子和旋转的转子两部分组成,这两部分之间的间隙称为气隙。直流电动机的结构如图 5-2 所示,它是直流电动机的轴向剖面图。如图 5-3 所示为直流电动机的径向剖面图。下面分别介绍直流电动机各部分的构成。

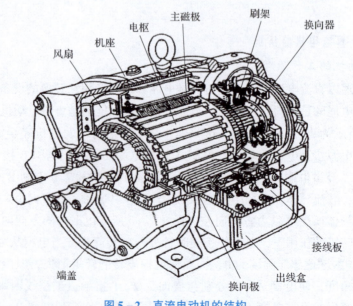

动画:直流电动机的工作原理

图 5-2 直流电动机的结构

（1）定子。

定子的作用是产生磁场和对电动机作机械支撑，它包括主磁极、换向极、机座、端盖、转轴、电刷装置等，如图 5-3 所示。

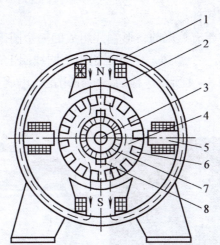

1—机座；2—主磁极；3—转轴；4—电枢铁芯；5—换向极；6—电枢绕组；7—换向器；8—电刷。

图 5-3　直流电动机的径向剖面图

①机座。机座一般由铸钢或厚钢板焊接而成。它用来固定主磁极、换向极及端盖，借助底脚将电动机固定于机座上。机座还是磁路的一部分，用以通过磁通的部分称为磁轭。

②主磁极。主磁极的作用是产生主磁通。它由主磁极铁芯和励磁绕组组成。主磁极铁心一般由 1~1.5 mm 厚的钢板冲片叠压紧固而成。为了改善气隙磁通量密度的分布，主磁极靠近电枢表面的极靴较极身宽。励磁绕组由绝缘铜线绕制而成。直流电动机中的主磁极总是成对的，相邻主磁极的极性按 N 极和 S 极交替排列。改变励磁电流的方向，就可改变主磁极的极性，也就改变了磁场方向。

③换向极。在两个相邻的主磁极之间的中性面内有一个小磁极，这就是换向极。它的构造与主磁极相似，由铁芯和绕组构成。中小容量直流电动机的换向极铁心是用整块钢制成的，大容量直流电动机和换向要求高的电动机换向极铁心用薄钢片叠成。换向极绕组要与电枢绕组串联，因通过的电流大，导线截面较大，匝数较少。换向极的作用是产生附加磁场，改善电动机的换向，减少电刷与换向器之间的火花。

④电刷装置。电刷装置由电刷、刷握、压紧弹簧和刷杆座等组成。电刷是用碳－石墨等制成的导电块，电刷装在刷握的刷盒内，用压紧弹簧把它压紧在换向器表面上。电刷数一般等于主磁极数，各同极性的电刷经软线汇在一起，再引到接线盒内的接线板上。电刷的作用是使外电路与电枢绕组接通。

（2）转子。

转子又称电枢，是用来产生感应电动势实现能量转换的关键部分。它包括电枢铁芯和电枢绕组、换向器、转轴、风扇等。

①电枢铁芯。电枢铁芯一般用 0.5 mm 厚的涂有绝缘层的硅钢片冲叠而成，这样铁芯在主磁场中运动时可以减少磁滞和涡流损耗。铁芯表面有均匀分布的齿和槽，槽中嵌放电枢绕

组。电枢铁芯也是磁的通路,固定在转子支架或转轴上。

②电枢绕组。电枢绕组是用绝缘铜线绕制的线圈,按一定规律嵌放到电枢铁芯槽中,并与换向器作相应的连接。电枢绕组是电动机的核心部件,电动机工作时在其中产生感应电动势和电磁转矩,实现能量的转换。

③换向器。它是由许多带有燕尾的楔形铜片组成的一个圆筒,铜片之间用云母片绝缘,用套筒 V 形环和螺帽紧固成一个整体。电枢绕组中不同线圈上的两个端头接在一个换向片上。金属套筒式换向器如图 5-4 所示。换向器的作用是与电刷一起起转换电动势和电流的作用。

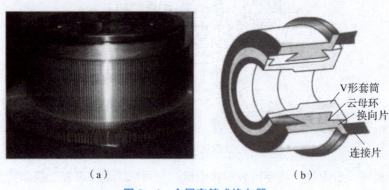

图 5-4　金属套筒式换向器
(a) 外形；(b) 剖面图

(3) 直流电动机的分类。

根据上述结构特点,以直流电动机为例,按励磁绕组在电路中连接方式（即励磁方式）可分为他励、并励、串励和复励 4 种。直流电动机按励磁分类的接线图如图 5-5 所示。

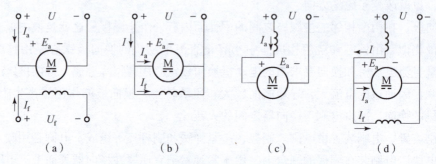

图 5-5　直流电动机按励磁分类的接线图
(a) 他励；(b) 并励；(c) 串励；(d) 复励

1) 他励电动机——励磁绕组和电枢绕组分别由不同的直流电源供电,如图 5-5 (a) 所示。

2) 并励电动机——励磁绕组和电枢绕组并联,由同一直流电源供电,如图 5-5 (b) 所示。

并励电动机从电源输入的电流 $I$ 等于电枢电流 $I_a$ 与励磁电流 $I_f$ 之和,即：$I = I_a + I_f$。

3）串励电动机——励磁绕组和电枢绕组串联后接于直流电源，串励电动机从电源输入的电流、电枢电流和励磁电流是同一电流，即：$I = I_a = I_f$，如图 5-5（c）所示。

4）复励电动机——有并励和串励两个绕组，它们分别与电枢绕组并联和串联，如图 5-5（d）所示。

(4) 直流电机铭牌数据。

凡表征电机额定运行情况的各种数据称为额定值。额定值一般都标注在电机的铭牌上，所以也称为铭牌数据，它是正确合理使用电机的依据。直流电机铭牌举例说明如表 5-1 所示。

表 5-1 直流电机铭牌举例说明

| 直流电机 | | |
|---|---|---|
| 标准编号 | | |
| 型号 Z3-31 | 1.1 kW | 110 V |
| 13.45 A | 1 500 r/min | 励磁方式　他励 |
| 励磁电压 100 V | | 励磁电流 0.713 A |
| 绝缘等级 B | 定额 S1 | 质量 59 kg |
| 出品编号 | | 出品日期　1990 年　月 |
| ××电机厂 | | |

直流电机的额定数据主要有：

额定电压 $U_N$(V)。在额定情况下，电刷两端输出（发电机）或输入（电动机）的电压。

额定电流 $I_N$(A)。在额定情况下，允许电机长期流出或流入的电流。

额定功率（额定容量）$P_N$(kW)。电机在额定情况下允许输出的功率。对于发电机，是指向负载输出的电功率

$$P_N = U_N I_N \tag{5-1}$$

对于电动机，是指电动机轴上输出的机械功率

$$P_N = U_N I_N \eta_N \tag{5-2}$$

额定转速 $n_N$(r/min)。在额定功率、额定电压、额定电流时电机的转速。

额定效率 $\eta_N$。输出功率与输入功率之比，称为电机的额定效率，即

$$\eta_N = \frac{输出功率}{输入功率} \times 100\% = \frac{P_2}{P_1} \times 100\% \tag{5-3}$$

定额（工作方式）：电动机在额定状态运行时能持续工作的时间和顺序。电动机定额分为连续、短时和断续 3 种，分别用 S1、S2、S3 表示。

①连续定额（S1）——表示电动机在额定工作状态下可以长期连续运行。

②短时定额（S2）——表示电动机在额定工作状态下，只能在规定时间内运行，我国规定的短期运行有 10 min、30 min、60 min 及 90 min 4 种。

③断续定额（S3）——表示电动机运行一段时间后，就要停止一段时间，只能周期性地重复运行，每一周期为 10 min。我国规定的负载持续率有 15%、25%、40%、60% 4 种。例如，当持续率为 25% 时，2.5 min 为工作时间，7.5 min 为停车时间。

温升：电动机各发热部分的温度与周围冷却介质温度之差称为温升。

绝缘等级：电动机各绝缘部分所用的绝缘材料的等级。

电机在实际运行时，由于负载的变化，往往不是总在额定状态下运行。电机在接近额定的状态下运行才是经济的。

3. **直流电动机的检查和试验**

（1）检查项目。

检修后欲投入运行的电动机，所有的紧固元件应拧紧，转子转动应灵活。此外还应检查下列项目：

1）检查出线是否正确，接线是否与端子的标号一致，电动机内部的接线是否碰触转动的部件。

2）检查换向器的表面，应光滑、光洁，不得有毛刺、裂纹、裂痕等缺陷。换向片间的云母片不得高出换向器的表面，凹下深度为 1~1.5 mm。

3）检查刷握。刷握应牢固而精确地固定在刷架上，各刷握之间的距离应相等，刷距偏差不超过 1 mm。

4）检查刷握的下边缘与换向器表面的距离、电刷在刷握中装配的尺寸要求、电刷与换向片的吻合接触面积。

5）电刷压力弹簧的压力。一般电动机应为 12~17 kPa，经常受到冲击振动的电动机应为 20~40 kPa。统一电动机内各电刷的压力，一般与其平均值的偏差不应超过 10%。

6）检查电动机气隙的不均匀度。当气隙在 3 mm 以下时，其最大容许偏差值不应超过其算术平均值的 20%；当气隙在 3 mm 以上时，偏差不应超过算术平均值的 10%。测量时可用塞规在电枢的圆周上检测各磁极下的气隙，每次在电动机的轴向两端测量。

（2）试验项目。

1）绝缘电阻测试。对 500 V 以下的电动机，用 500 V 的摇表分别测各绕组对地及各绕组之间的绝缘电阻，其阻值应大于 0.5 MΩ。

2）绕组直流电阻的测量。采用直流双臂电桥来测量，每次应重复测量 3 次，取其算术平均值。测得的各绕组的直流电阻值，应与制造厂或安装时最初测量的数据进行比较，相差不得超过 2%。

3）确定电刷中性线常采用的方法有以下 3 种：

①感应法。将毫伏表或检流计接到电枢相邻两极下的电刷上，将励磁绕组经开关接至直流低压电源上。使电枢静止不动，接通或断开励磁电源时，毫伏表将会左右摆动，移动电刷位置，找到毫伏表摆动最小或不动的位置，这个位置就是中性线位置。

②正反转发电机法。将电动机接成他励发电机运行，使输出电压接近额定值。保持电动机的转速和励磁电流不变，使电动机正转和反转，慢慢移动电刷位置，直到正转与反转的电枢输出电压相等，此时的电刷位置就是中性位置。

③正反转电动机法。对于允许可逆运行的直流电动机,在外加电压和励磁电流不变的情况下,使电动机正转和反转,慢慢移动电刷位置,直到正转与反转的转速相等,此时电刷的位置就是中性线位置。

4)耐压试验。在各绕组对地之间和各绕组之间施加频率为 50 Hz 的正弦交流电压。施加的电压值为:对 1 kW 以下、额定电压不超过 36 V 的电动机,加 500 V + 2 倍额定电压,历时 1 min 不击穿为合格;对 1 kW 以上、额定电压在 36 V 以上的电动机,加 1 000 V + 2 倍额定电压,历时 1 min 不击穿为合格。

5)空载试验。应在上述各项试验都合格的条件下进行。将电动机接入电源和励磁,使其在空载下运行一段时间,观察各部位,看是否有过热现象、异常噪声、异常振动或出现火花等,初步鉴定电动机的接线、装配和修理的质量是否合格。

6)负载试验。一般情况可以不进行此项试验。必要时可结合生产机械来进行。负载试验的目的是考验电机在工作条件下的输出是否稳定。对于发电机主要是检查输出电压、电流是否合格;对电动机,主要是看转矩、转速等是否合格。同时,检查负载情况下各部位的温升、噪声、振动、换向以及产生的火花等是否合格。

7)超速试验。目的是考核电动机的机械强度及承受能力。一般在空载下进行,使电动机超速达 120% 的额定转速,历时 2 min,机械结构没有损坏,没有残余变形为合格。

### 【知识点2】 直流电动机的启动、调速与制动

在电力拖动系统中,电动机是原动机,起主导作用。电动机的启动、调速和制动特性是衡量电动机运行性能的重要指标。下面就以他励直流电动机的拖动为例,介绍直流电动机启动、调速和制动的方法。

#### 1. 直流电动机启动和反转

(1)启动要求。

直流电动机的转速从零增加到稳定运行速度的整个过程称为启动过程(或称启动)。要使电动机启动过程达到最优的要求,应考虑的问题包括:①启动电流 $I_s$ 的大小;②启动转矩 $T_s$ 的大小;③启动时间的长短;④启动过程是否平滑;⑤启动过程的能量损耗和发热量的大小;⑥启动设备是否简单及其可靠性如何。

直流电动机在启动最初,启动电流 $I_s$ 一般都较大,因为此时 $n=0$,$E_a=0$。如果电枢电压为额定电压 $U_N$,因为 $R_a$ 很小,则启动电流可达额定电流的 10~20 倍。这样大的启动电流会使换向恶化,产生严重的火花。而与电枢电流成正比的电磁转矩也会过大,对生产机械产生过大的冲击力。因此启动时必须限制启动电流的大小。为了限制启动电流,一般采用电枢回路串电阻启动或降压启动。同时,电动机要能启动,启动时的电磁转矩应大于它的负载转矩。从公式 $T_s = C_T \phi I_s$ 来看,当启动电流降低时,启动转矩会下降。要使 $T_s$ 足够大,励磁磁通就要尽量大。为此,在启动时需将励磁回路的调节电阻全部切除,使励磁电流尽量大,以保证磁通 $\phi$ 为最大。

(2)启动方法。

直流电动机常用的启动方法有电枢串电阻启动和降压启动两种。不论采用哪种方法,启动时都应该保证电动机的磁通达到最大值,从而保证产生足够大的启动转矩。

1) 电枢串电阻启动。

启动过程中，由于转速 $n$ 上升，电枢电动势 $E$ 上升，启动电流 $I$ 下降，启动转矩 $T$ 下降，电动机的加速度作用逐渐减小，致使转速上升缓慢，启动过程延长。如果要在启动过程中保持加速度不变，必须要求电动机的电枢电流和电磁转矩在启动过程中保持不变，即随着转速上升，启动电阻 $R$ 应平滑地减小。为此往往把启动电阻分成若干段，来逐级切除。如图 5-6 所示为他励直流电动机自动启动电路图。图中 $R_{st1}$、$R_{st2}$、$R_{st3}$、$R_{st4}$ 为各级串入的启动电阻，KM 为电枢线路接触器，KM1~KM4 为启动接触器，用它们的常开主触点来短接各段电阻。启动过程机械特性如图 5-7 所示。

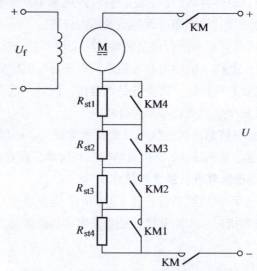

图 5-6 他励直流电动机自动启动电路图

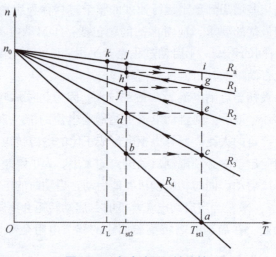

图 5-7 启动过程机械特性

在电动机励磁绕组通电后，再接通线路接触器 KM 线圈电路，其常开触点闭合，电动机接上额定电压 $U_N$，此时电枢回路串入全部启动电阻 $R_4 = R_a + R_{st1} + R_{st2} + R_{st3} + R_{st4}$ 启动，启

动电流 $I_{st1} = U_N/R_4$，产生的启动转矩 $T_{st1} > T_L$（设 $T_L = T_N$）。电动机从 $a$ 点开始启动，转速沿特性曲线上升至 $b$ 点，随着转速上升，反电动势 $E_a = C_e\phi n$ 上升，电枢电流减小，启动转矩减小，当减小至 $T_{st2}$ 时，接触器 KM1 线圈通电吸合，其触点闭合，短接第 1 级启动电阻 $R_{st4}$，电动机由 $R_4$ 的机械特性切换到 $R_3$（$R_3 = R_a + R_{st1} + R_{st2} + R_{st3}$）的机械特性。切换瞬间，由于机械惯性，转速不能突变，电动势 $E_a$ 保持不变，电枢电流将突然增大，转矩也成比例突然增大，恰当的选择电阻，使其增加至 $T$，电动机运行点从 $b$ 点过渡至 $c$ 点。从 $c$ 点沿 $cd$ 曲线继续加速到 $d$ 点，KM2 触点闭合，切除第 2 级启动电阻 $R$，电动机运行点从 $d$ 点过渡到 $e$ 点，电动机沿 $ef$ 曲线加速，如此周而复始，依次使接触器 KM3、KM4 触点闭合，电动机由 $a$ 点经 $b$、$c$、$d$、$e$、$f$、$g$、$h$ 点到达 $i$ 点。此时，所有启动电阻均被切除，电动机进入固有机械特性曲线运行并继续加速至 $k$ 点。在 $k$ 点 $T = T_L$，电动机稳定运行，启动过程结束。

由上分析可知，电枢回路串电阻启动与绕线转子三相异步电动机转子串电阻启动相似。为使电动机启动时获得均匀加速，减少机械冲击，应合理选择各级启动电阻，以使每一级切换转矩 $T_{st1}$、$T_{st2}$ 数值相同。一般 $T_{st1} = (1.5 \sim 2.0) T_N$，$T_{st2} = (1.1 \sim 1.3) T_N$。

2）降压启动。

当他励直流电动机的电枢回路由专用的可调压直流电源供电时，可以采用降压启动的方法。降低电枢电压时的机械特性特点：一是理想空载转速 $n_0$ 与电枢电压 $U$ 成正比，即 $n_0 \propto U$，且 $U$ 为负时，$n_0$ 也为负；二是特性斜率不变，与原有机械特性相同。因而改变电枢电压 $U$ 的人为机械特性是一组平行于固有机械特性的直线。他励直流电动机降压启动过程的机械特性如图 5-8 所示。

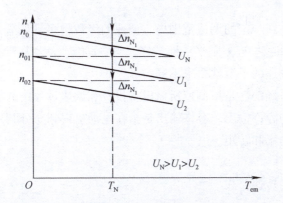

微课：直流电动机的启动

图 5-8　他励直流电动机降压启动过程的机械特性

在降压启动过程中，启动电流将随电枢电压降低的程度成正比减小。启动前先调好励磁，然后把电源电压由低向高调节，最低电压所对应的人为特性上的启动转矩 $T_{s1} > T_L$ 时，电动机就开始启动。启动后，随着转速上升，可相应提高电压，以获得需要的加速转矩。

降压启动过程中能量损耗很少，启动平滑，但需要专用电源设备，多用于要求经常启动的场合和大中型电动机的启动。

(3) 直流电动机的反转。

电力拖动系统在工作过程中,常常需要改变转动方向,为此需要电动机反方向启动和运行,即需要改变电动机产生的电磁转矩的方向。由电磁转矩公式 $T = C_T \phi I_a$ 可知,欲改变电磁转矩的方向,只需改变励磁磁通方向或电枢电流方向即可。所以,改变直流电动机转向的方法有两个:

①保持电枢绕组两端极性不变,将励磁绕组反接。

②保持励磁绕组极性不变,将电枢绕组反接。

2. 直流电动机的调速

为了提高生产率和保证产品质量,大量的生产机械要求在不同的条件下采用不同的速度。负载不变时,人为的改变生产机械的工作速度称为调速。调速可以采用机械、电气或机电配合的方法来实现。这里只讨论电气调速。电气调速即通过改变电动机的参数来改变转速。电气调速可以简化机械结构,提高传动效率,便于实现自动控制。

(1) 调速指标。

①调速范围($D$)。调速范围是指电动机拖动额定负载时,所能达到的最大转速与最小转速之比。不同的生产机械要求的调速范围是不同的,如车床 $D = 20 \sim 100$,龙门刨床 $D = 10 \sim 140$,轧钢机 $D = 3 \sim 120$。

②静差率(又称相对稳定性,$\delta$)。静差率是指负载转矩变化时,电动机的转速随之变化的程度。用理想空载增加到额定负载时电动机的转速降落 $\Delta n_N$ 与理想空载转速 $n_0$ 之比来衡量。电动机的机械特性越硬,相对稳定性就越好。不同生产机械对相对稳定性的要求不同,普通机床要求 $\delta \leq 30\%$,起重类机械 $\delta \leq 50\%$,而精度高的造纸机则要求 $\delta \leq 0.1\%$。

③调速的平滑性。在一定的调速范围内,调速的级数越多越平滑,相邻两级转速之比称为平滑系数($\varphi$)。$\varphi$ 值越接近1则平滑性越好。当 $\varphi = 1$ 时,称为无级调速,即转速连续可调。不同生产机械对调速的平滑性要求不同。

④调速的经济性。经济性是指调速所需设备投资和调速过程中的能量损耗。

⑤调速时电动机的容许输出。容许输出是指在电动机得到充分利用的情况下,在调速过程中所能输出的最大功率和转矩。

(2) 调速方法。

根据直流电动机的转速公式

$$n = \frac{U - I_a(R_a + R)}{C_e \phi} \tag{5-4}$$

可知,当电枢电流 $I_a$ 不变时,只要电枢电压 $U$、电枢回路串入的附加电阻 $R$ 和励磁磁通 $\phi$,3个量中,任一个发生变化,都会引起转速变化。因此,他励直流电动机有3种调速方法:电枢串电阻调速、降低电枢电压调速和减弱磁通调速。

1) 改变电枢电路串接电阻的调速。

由电枢回路串接电阻 $R_{pa}$ 时的人为机械特性可画出不同 $R_{pa}$ 值的人为机械特性曲线,如图 5-9 所示。从图中可以看出,串入的电阻越大,曲线的斜率越大,机械特性越软。

## 项目五　其他电机的控制

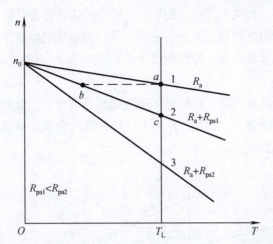

图 5-9　他励直流电动机电枢串电阻调速的机械特性

在负载转矩 $T_L$ 下,当电枢未串 $R_{pa}$ 时,电动机稳定运行在固有特性曲线 1 的 $a$ 点上,当电阻 $R_{pa1}$ 接入电枢电路瞬间,因惯性电动机转速不能突变,工作点从 $a$ 点过渡到人为特性 2 的 $b$ 点,此时电枢电流因 $R_{pa1}$ 的串入而减小。电磁转矩减小,$T<T_L$,电动机减速,电枢电动势 $E_a$ 减小,电枢电流 $I_a$ 回升,$T$ 增大,直到 $T=T_L$,电动机在特性 2 的 $c$ 点稳定运行,显然 $n_c<n_a$。

2）降低电枢电压调速。

以他励直流电动机拖动恒转矩负载为例,保持励磁磁通 $\phi$ 为额定值不变,电枢回路不串电阻,降低电枢电压 $U$ 时,电动机将运行于较低的转速。他励直流电动机降压调速的机械特性如图 5-10 所示。

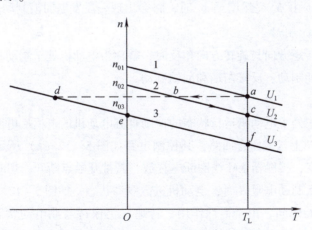

微课：直流电动机的调速

图 5-10　他励直流电动机降压调速的机械特性

降压调速的物理过程为：在负载转矩 $T_L$ 下,电动机稳定运行在固有特性曲线 1 的 $a$ 点,若突然将电枢电压从 $U_1=U_N$ 降至 $U_2$,因机械惯性,转速不能突变,电动机由 $a$ 点过渡到特性曲线 2 上的 $b$ 点,此时 $T<T_L$,电动机立即进行减速,随着 $n$ 的下降,电动势 $E_a$ 下降,电枢电流 $I_a$ 回升,电磁转矩 $T$ 上升,直到特性 2 的 $c$ 点,$T=T_L$,电动机以较低转速 $n_c$ 稳定运行。

若降压幅度较大时，如从 $U_1$ 突然降到 $U_3$，电动机运行转速点由 $a$ 点过渡到 $d$ 点，由于 $n_d > n_{03}$，电动机进入发电回馈制动状态，直至 $e$ 点。当电动机减速至 $e$ 点时，$E_a = U_3$，电动机重新进入电动状态继续减速直至特性曲线 3 的 $f$ 点，$T = T_L$ 电动机以更低的转速稳定运行。

3）减弱磁通调速。

减弱磁通调速的特点是理想空载转速随磁通的减弱而上升，机械特性斜率 $\beta$ 则与励磁磁通的平方成反比。随着磁通 $\phi$ 的减弱，$\beta$ 增大，机械特性变软。他励直流电动机减弱磁通调速的机械特性如图 5-11 所示。

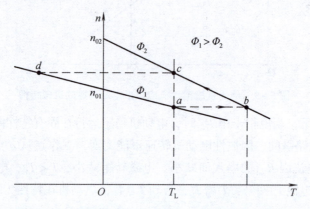

图 5-11　他励直流电动机减弱磁通调速的机械特性

减弱磁通调速的物理过程：若电动机原在 $a$ 点稳定运行，当磁通 $\phi$ 从 $\phi_1$ 突然降至 $\phi_2$ 时，由于机械惯性，转速来不及变化，则电动机由 $a$ 点过渡到 $b$ 点，此时 $T > T_L$。电动机立即加速，随着 $n$ 的提高，$E_a$ 增大，$I_a$ 下降，$T$ 下降，直到 $c$ 点 $T = T_L$，电动机以新的较高的转速稳定运行。而 $\phi$ 由 $\phi_2$ 突然增至 $\phi_1$ 时，将会出现一段发电回馈制动。

### 3. 直流电动机的制动

电动机的电磁转矩方向与旋转方向相反时，就称为电动机处于制动状态。电动机的电磁制动分为 3 种：能耗制动、反接制动和回馈制动。

（1）能耗制动。

能耗制动是把正处于电动机运行状态的他励直流电动机的电枢从电网上切除，并接到一个外加的制动电阻 $R$ 上构成闭合回路，其控制电路如图 5-12（a）所示。制动时，保持磁通大小、方向均不变，接触器 KM 线圈断电释放，其常开触点断开，切断电枢电源；当常闭触点闭合，电枢接入制动电阻 $R$ 时，电动机进入制动状态，如图 5-12（b）所示。

电动机制动开始瞬间，由于惯性作用，转速 $n$ 仍保持与原电动状态时的方向和大小，电枢电动势 $E_a$ 亦保持电动状态时的大小和方向，但由于此时电枢电压 $U = 0$，因此电枢电流为

$$I_a = \frac{U - E_a}{R_a + R_{bk}} = -\frac{E_a}{R_a + R_{bk}} \tag{5-5}$$

电枢电流为负值，其方向与电动状态时的电枢电流反向，称为制动电流 $I_k$，由此产生的电磁转矩 $T$ 也与转速 $n$ 方向相反，成为制动转矩，随着 $n \downarrow \rightarrow E_a \downarrow \rightarrow I_a \downarrow \rightarrow$ 制动电磁转矩

$T\downarrow$，直至 $n=0$。在制动过程中，电动机把拖动系统的动能转变为电能并消耗在电枢回路的电阻上，故称为能耗制动。

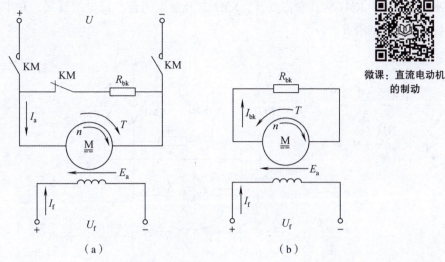

图 5-12 能耗制动
(a) 能耗制动控制电路；(b) 电动机进入制动状态

若电动机拖动的是位能性负载，如图 5-13 所示，下放重物采用能耗制动时，电动机转速 $n$ 由原电动状态时方向和大小下降至 0，为电动机能耗制动过程，与前述电动机拖动反抗性负载时相同。但当 $n=0$，$T=0$ 后，拖动系统在位能负载转矩 $T_L$ 作用下反转，$n$ 反向，$E_a$ 反向，$I_a$ 反向，$T$ 反向。且随着 $n$ 的反向增加，电磁转矩 $T$ 也反向增加，直到 $T=T_L$，获得稳定运行，重物获得匀速下放，此状态称为稳定能耗制动运行。

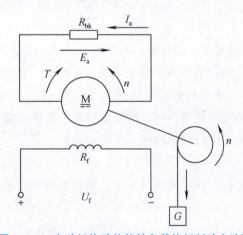

图 5-13 电动机拖动位能性负载能耗制动电路图

(2) 反接制动。

反接制动分两种：电枢反接制动和倒拉反接制动。

1) 电枢反接制动。

电枢反接制动是将电枢反接在电源上，同时电枢回路要串接制动电阻 $R_{bk}$，其控制电路如图 5-14 所示。当接触器 KM1 线圈通电吸合，KM2 线圈断电释放时，KM1 常开触点闭合，KM2 常开触点断开，电动机稳定运行在电动状态。而当 KM1 线圈断电释放，KM2 通电吸合时，由于 KM1 常开触点断开，KM2 常开触点闭合，把电枢反接，并串入限制反接制动电流的制动电阻 R。

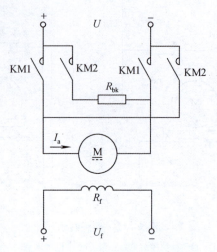

图 5-14 电枢反接制动控制电路

电枢电源反接瞬间，转速 n 因惯性不能突变，电枢电动势 $E_a$ 亦不变，但电枢电压 U 反向，此时电枢电流 $I_a$ 为负值。式（5-6）表明制动时电枢电流反向，那么电磁转矩也反向，与转速方向相反，起制动作用，电动机处于制动状态。在电磁转矩 T 与负载转矩 $T_L$ 共同作用下，电动机转速迅速下降。

$$I_a = \frac{-U_N - E_a}{R_a + R_{bk}} = -\frac{U_N + E_a}{R_a + R_{bk}} \tag{5-6}$$

当 n=0 时，若要求准确停车，应立即切断电源，否则将进入反向启动。若要求电动机反向运行，且负载为反抗性恒转矩负载，当电动机 n=0 时，电磁转矩 $|T| < |T_L|$，则电动机堵转；若 $|T| > |T_L|$，电动机将反向启动，直至 $T = T_L$，电动机稳定运行在反向电动状态。如果负载为位能性恒转矩负载，电动机反向旋转，转速继续上升。超越反向的理想空载转速，此时电动机在反向发电回馈制动状态下稳定运行。

2) 倒拉反接制动。

这种制动方法一般发生在提升重物的情况下，控制电路如图 5-15（a）所示。

电动机在提升重物时，接触器 KM 线圈通电吸合，其常开触点闭合，短接电阻 $R_{bk}$ 电动机稳定工作在正转提升的电动状态，以 $n_a$ 转速提升，如图 5-15（b）所示。下放重物时，接触器 KM 线圈断电释放，其常开触点断开，电枢电路串入较大电阻 $R_{bk}$ 这时电动机转速因惯性不能突变，但由于此时电磁转矩 $T < T_L$，电动机减速并下降至 0。在位能负载转矩作用下，电动机转速 n 反向成为负值，电枢电动势 $E_a$ 也反向成为负值，电枢电流 $I_a = (U_N - E_a)/(R_a + R_{bk})$ 为正值（注意：此时 $E_a$ 为负值），所以电磁转矩 T 保持提升时的原方向，与转速方向相反，电动机处于制动状态，直至 $T = T_L$，电动机以稳定转速 $n_b$ 下放重物，如

图 5-15（b）所示。此运行状态是由位能负载转矩拖动电动机反转而产生的，故称为倒拉反接制动。

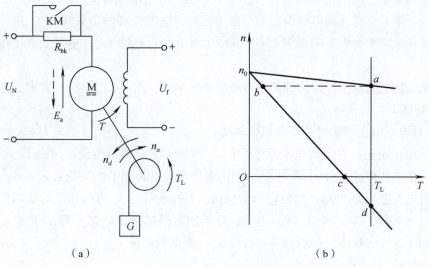

图 5-15 倒拉反接制动
(a) 控制电路；(b) 机械特性

(3) 发电回馈制动。

当电动机转速高于理想空载转速，即 $n > n_0$ 时，电枢电动势 $E_a$ 大于电枢电压 $U$，电枢电流 $I_a = \dfrac{U - E_a}{R} < 0$，其方向与电动状态时相反，电动机向电源回馈电能，电磁转矩 $T$ 方向与电动状态时相反，而转速方向未变，为制动性质。此时电机的运行状态称为发电回馈制动状态。发电回馈制动常应用在位能负载高速拖动电动机和电动机降低电枢电压调速等场合。

1) 位能负载高速拖动电动机时的发电回馈制动。

由直流电动机拖动的电车，在平路行驶时，电磁转矩 $T$ 与负载转矩 $T_L$（包括摩擦转矩 $T_f$）相平衡，电动机稳定运行在正向电动状态，以 $n_0$ 转速旋转，如图 5-16 所示。

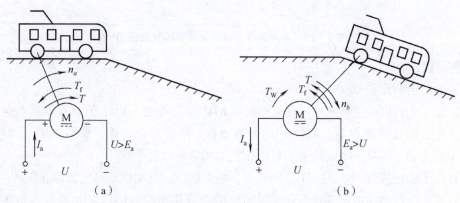

图 5-16 位能负载拖动电动机的发电回馈制动
(a) 电车平路行驶时电动状态；(b) 电车下坡时的发电回馈制动状态

当电车下坡时，$T_f$ 仍然存在，但由电车自重及载客产生的转矩 $T_W$ 是帮助运动的，此时的负载转矩 $T_L = T_f - T_W$，当 $T_W > T_f$ 时，$T_L$ 方向将与电车前进方向相同，于是在 $T_L$ 与电磁转矩 $T$ 共同作用下，电动机转速上升。当 $n > n_0$ 时，电枢电动势 $E_a > U$，$I$ 反向，$T$ 反向成为制动转矩，电动机进入发电回馈制动状态下运行，这时合成的负载转矩 $T_L$ 拖动电动机将轴上输入的机械功率变为电磁功率 $E_a I_a$，其中大部分回馈电网 $U I_a$，小部分消耗在电枢绕组的铜耗上。

由于电磁转矩的制动作用，抑制了转速的继续上升，当 $T = T_L = T_W - T_f$ 时，电机便稳定运行在 $n_b$ 转速下，且 $n_b > n_0$。

2) 降低电枢电压调速时的发电回馈制动。

电动机原稳定运行在正转电动状态，以 $n_a$ 旋转，当电动机电枢电压由 $U_N$ 降为 $U_1$ 时，电动机的理想空载转速也由 $n_0$ 降为 $n_{01}$，但因惯性电动机转速不能突变且 $n_a > n_{01}$，$E_a > U_1$，致使电动机电枢电流 $I_a$ 反向，电磁转矩 $T$ 反向。$T$ 的方向与 $n_a$ 方向相反起制动作用，使电动机转速迅速下降，在 $n_a$ 至 $n_{01}$ 区间电动机处于发电回馈制动状态。当 $n$ 降到 $n_{01}$ 后，电动机进入电动降速运行状态，最后稳定运行在比 $n_a$ 更低的转速下。

【知识点3】并励直流电动机

### 1. 并励直流电动机正反转控制设计及实现

并励直流电动机正反转控制原理图如图 5-17 所示。

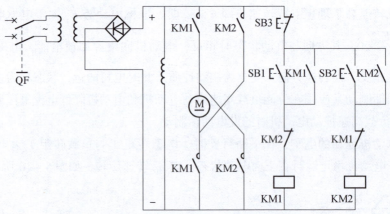

图 5-17 并励直流电动机正反转控制原理图

工作过程：

（1）合上电源开关 QF。

（2）按下正转启动按钮 SB1，直流接触器 KM1 线圈得电，KM1 的动断辅助触点打开形成互锁，防止 KM2 线圈得电，KM1 的动合辅助触点闭合形成自锁，保持 KM1 线圈持续得电，KM1 的主触点闭合，电动机电枢接通正向电压，电动机正转。

（3）按下停止按钮 SB3，KM1 线圈失电，触点复位，电动机断开电源停止正转。

（4）按下反转启动按钮 SB2，直流接触器 KM2 线圈得电，KM2 的动断辅助触点打开形成互锁，防止 KM1 线圈得电，KM2 的动合辅助触点闭合形成

## 2. 并励直流电动机的电枢串电阻调速控制设计与实现

并励直流电动机电枢串电阻调速控制原理图如图 5-18 所示。

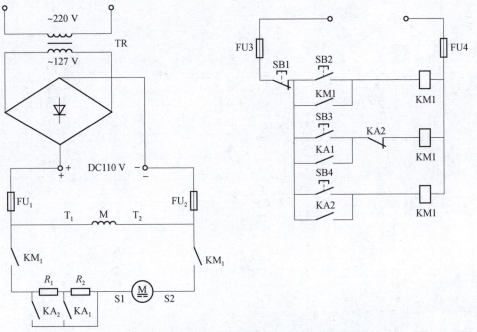

图 5-18　并励直流电动机电枢串电阻调速控制原理图

工作过程：

（1）按下启动按钮 SB2，接触器 KM1 线圈得电，KM1 的动合辅助触点闭合形成自锁，保持 KM1 线圈持续得电，KM1 的主触点闭合，电动机电枢串电阻 $R_1$ 和 $R_2$ 低速启动。

（2）按下启动按钮 SB3，中间继电器 KA1 线圈得电，KA1 的动合辅助触点闭合形成自锁，保持 KA1 线圈持续得电，KA1 的主触点闭合，短接电阻 $R_2$，使电动机的转速升高。

（3）按下启动按钮 SB4，中间继电器 KA2 线圈得电，KA2 的动断辅助触点打开形成互锁，使 KA1 线圈失电，KA1 触点复位，KA2 的动合辅助触点闭合形成自锁，保持 KA2 线圈持续得电，KA2 的主触点闭合，短接所有电阻，使电动机高速运行。

## 3. 并励直流电动机的能耗制动控制设计与实现

并励直流电动机的能耗制动控制原理图如图 5-19 所示。

工作过程：

按下启动按钮 SB2，交流接触器 KM1 线圈得电，KM1 的动断辅助触点打开，使与电枢并联的电阻 R 断开，KM1 的动合辅助触点闭合形成自锁，保持 KM1 线圈持续得电，KM1 的主触点闭合，电动机接通电源启动。

制动：

按下停止按钮，交流接触器 KM1 线圈失电，KM1 的主触点打开，电动机与电源断开，KM1 的动断辅助触点闭合，电阻 R 接入电枢回路开始能耗制动，当转速降到 0，电动机停止运行，制动结束。

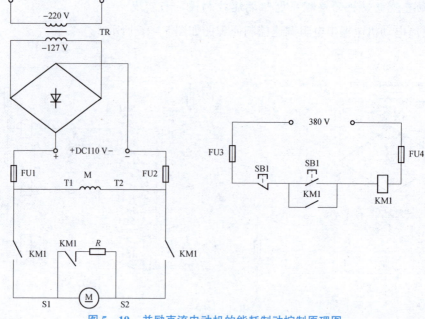

图 5-19 并励直流电动机的能耗制动控制原理图

## 1.4 任务实施

【实施要求】

(1) 对拆装或修理后的直流电动机进行检查和试验，确认无误后方可通电。

(2) 连接电路时，要按照"先主后控、先串后并、上入下出、左进右出"的原则接线，做到心中有数。

(3) 主、控制电路的导线要区分开颜色，以便于检查。

(4) 实验所用电压为 380 V 或 220 V 的三相交流电，严禁带电操作，不可触及导电部件，尽可能单手操作，保证人身和设备的安全。

【工作流程】

| 流程 | 任务单 | | | |
| --- | --- | --- | --- | --- |
| | 班级 | | 小组名称 | |
| 1. 岗位分工 小组成员按项目经理（组长）、电气设计工程师、电气安装员和项目验收员等岗位进行分工，并明确个人职责，合作完成任务。采用轮值制度，使小组成员在每个岗位都得到锻炼 | 团队成员 | 岗位 | | 职责 |
| | | | | |
| | | | | |
| | | | | |
| | | | | |

项目五　其他电机的控制

续表

**笔记区**

| 流程 | 任务单 | | | | |
|---|---|---|---|---|---|
| | 班级 | | | 小组名称 | |
| 2. 领取原料<br>项目经理（组长）填写物料和工具清单，领取器件并检查 | 物料和工具清单 | | | | |
| | 序号 | 物料或工具名称 | 规格 | 数量 | 检查是否完好 |
| | | | | | |
| | | | | | |
| | | | | | |
| | | | | | |
| | | | | | |
| 3. 绘制电气原理图<br>电气设计工程师完成直流电动机正反转控制电路电气原理图的绘制 | 电气原理图 | | | | |
| 4. 分析电路原理<br>电气设计工程师完成直流电动机正反转控制电路原理分析 | 电路原理分析 | | | | |
| 5. 电气电路配盘<br>电气安装员完成直流电动机正反转控制电路配盘 | 工序 | | 完成情况 | | 遇到的问题 |
| | 电气元件布局 | | | | |
| | 电气元件安装 | | | | |
| | 电气元件接线 | | | | |
| 6. 电路检查<br>电气安装员与项目验收员一起完成直流电动机正反转控制电路检查 | 工序 | | 完成情况 | | 遇到的问题 |
| | | | | | |

205

续表

| 流程 | 任务单 | | |
|---|---|---|---|
| | 班级 | | 小组名称 |
| | 工序 | 完成情况 | 遇到的问题 |
| 7. 通电试车<br>电气安装员与项目验收员完成直流电动机正反转控制电路验收 | | | |

## 1.5 任务评价

| 项目内容 | 评分标准 | 配分 | 扣分 | 得分 |
|---|---|---|---|---|
| 装前检查 | (1) 电动机质量检查，每漏一处扣 3 分；<br>(2) 电气元件漏检或错检，每处扣 2 分 | 15 | | |
| 安装元件 | (1) 不按布置图安装，扣 10 分；<br>(2) 元件安装不牢固，每只扣 2 分；<br>(3) 安装元件时漏装螺钉，每只扣 0.5 分；<br>(4) 元件安装不整齐、不匀称、不合理，每只扣 3 分；<br>(5) 损坏元件，扣 10 分 | 15 | | |
| 布线 | (1) 不按电路图接线，扣 15 分；<br>(2) 布线不符合要求：主电路，每根扣 2 分；控制电路，每根扣 1 分；<br>(3) 接点松动、接点露铜过长、压绝缘层、反圈等，每处扣 0.5 分；<br>(4) 损伤导线绝缘或线芯，每根扣 0.5 分；<br>(5) 标记线号不清楚、遗漏或误标，每处扣 0.5 分 | 30 | | |
| 通电试车 | (1) 第一次试车不成功，扣 10 分；<br>(2) 第二次试车不成功，扣 20 分；<br>(3) 第三次试车不成功，扣 30 分 | 40 | | |
| 安全文明生产 | 违反安全、文明生产规程，扣 5～40 分 | | | |
| 定额时间 90 min | 每超时 5 min 扣 5 分 | | | |
| 备注 | 除定额时间外，各项目的最高扣分不应超过配分 | | | |
| 开始时间 | 结束时间 | | 实际时间 | |

指导教师签名_____   日期_____

# 任务 2　单相异步电动机的电气控制

## 2.1　任务引入

**【情景描述】**

在工业生产过程中，因单相异步电动机用电电源方便，所以其应用范围较广。特别是小功率单相异步电动机被广泛用于家用电器、医疗器械及自动控制系统等。

情境动画

**【任务要求】**

在对单相异步电动机的特点和启动方式认识的基础上进行单相电容式异步电动机常见故障分析与排除。

## 2.2　任务分析

**【学习目标】**

能够了解单相异步电动机的结构，认识单相异步电动机脉动磁场的特点，理解单相异步电动机的机械特性以及两相异步电动机的结构及机械特性，掌握单相异步电动机的启动原理。掌握三相异步电动机的单相运行原理，以及单相异步电动机的常见故障分析与排除。在任务实施中要具有追求卓越的创造精神、精益求精的品质精神与协作共进的团队精神。

**【分析任务】**

对欲投入运行的一台单相异步电动机进行全面的检查和试验工作，并能掌握单相异步电动机的结构、工作原理，理解其机械特性。在理解单相异步电动机启动方法及原理的基础上，能够掌握三相异步电动机的单相运行原理，以及对单相异步电动机进行故障分析与排除。

## 2.3　知识链接

**【知识点1】单相异步电动机的认识**

单相异步电动机的转子大多是笼型的，定子铁心也是采用硅钢片冲压而成，定子绕组有分布在定子铁心槽内的（称为隐极式）和集中放置在铁心上的（称为凸极式）两种。与三相异步电动机的工作情况相比，单相异步电动机有许多不同之处，下面讨论其工作原理。

微课：单相异步电动机的认识

**1. 单相异步电动机的工作原理**

如图 5-20 所示为全距集中绕组的磁通势。

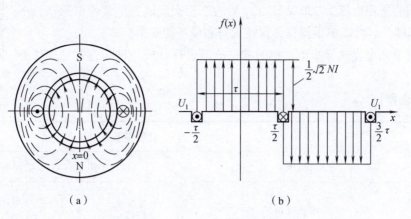

图 5-20　全距集中绕组的磁通势
(a) 全距集中绕组产生的两极磁通势和磁场；(b) 磁通势的展开空间分布图

在单相全距集中绕组中通入余弦变化的交流电时，所产生的矩形磁通势的高度，将随时间作余弦变化。当 $\omega t = 0$ 时，电流达到最大值，矩形波的高度也达到最大值 $F_m$；当 $\omega t = 90°$ 时，电流为 0，矩形波的高度也为 0。当电流为负值时，磁通势也随着改变方向。

**2. 单相罩极式异步电动机**

单相罩极式异步电动机按磁极形式分，有凸极式与隐极式两种，其中以凸极式最为常见，如图 5-21 所示。这种电动机定、转子铁心均由 0.5 mm 厚的硅钢片叠制而成，转子为笼型结构，定子做成凸极式，在定子凸极上装有单相集中绕组，即为工作绕组。在磁极极靴的 1/3～1/4 处开有小槽，槽中嵌有短路铜环，短路环将部分磁极罩起来，这个短路铜环称为罩极线圈。

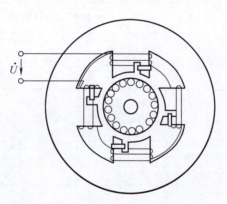

图 5-21　单相罩极凸极式异步电动机

### 2.4　任务实施

【实施要求】

(1) 对拆装或修理后的单相电容式异步电动机进行检查和试验，确认无误后方可通电。

(2)实验所用电压为 380 V 或 220 V 的三相交流电,严禁带电操作,不触及导电部件,尽可能单手操作,保证人身和设备的安全。

(3)对单相电容式异步电动机的常见故障进行分析与排除,并完成任务单的填写。

微课:单相异步电动机的启动调速

【工作流程】

| 流程 | 任务单 ||||
|---|---|---|---|---|
| | 班级 | | 小组名称 | |
| 1. 岗位分工<br>小组成员按项目经理(组长)、电气工程师、电气检修员和项目验收员等岗位进行分工,并明确个人职责,合作完成任务。采用轮值制度,使小组成员在每个岗位都得到锻炼 | 团队成员 || 岗位 | 职责 |
| | | | | |
| | | | | |
| | | | | |
| | 物料和工具清单 |||||
| 2. 领取原料<br>项目经理(组长)填写物料和工具清单,领取器件并检查 | 序号 | 物料或工具名称 | 规格 | 数量 | 检查是否完好 |
| | | | | | |
| | | | | | |
| | | | | | |
| | | | | | |

210

续表

| 流程 | 任务单 | | | | | | | | |
|---|---|---|---|---|---|---|---|---|---|
| | 班级 | | | | 小组名称 | | | | |
| 3. 训练记录<br>电气检修员完成电动机检修，并记录数据 | 拟设故障 | 故障现象 | 电源电压/V | 转速/(r·min$^{-1}$) | 转向 | 空载电流/mA | 绕组直流电阻 | |
| | | | | | | | 主绕组 | 副绕组 |
| | 未设故障时 | | | | | | | |
| | 电容完全失效 | | | | | | | |
| | 电容击穿 | | | | | | | |
| | 电容容量过大 | | | | | | | |
| | 电容与副绕组脱焊 | | | | | | | |
| | 副绕组引线断 | | | | | | | |
| | 主绕组引线断 | | | | | | | |
| | 主绕组引线两端对调 | | | | | | | |
| | 副绕组引线两端对调 | | | | | | | |
| | 用调压器降低电源电压、加大负荷 | | | | | | | |
| 4. 拟设故障<br>电气工程师完成故障拟设 | 电容式电动机检修训练记录 | | | | | | | | |

续表

| 流程 | 任务单 | | | |
|---|---|---|---|---|
| | 班级 | | 小组名称 | |
| | 完成情况 | | 遇到的问题 | |
| 5. 项目验收<br>　项目验收员核对检修结果 | | | | |

## 2.5 评分标准

| 项目内容 | 评分标准 | 配分 | 扣分 | 得分 |
|---|---|---|---|---|
| 电动机检查 | （1）电动机质量检查，每漏一处扣 3 分；<br>（2）电气元件漏检或错检，每处扣 2 分 | 30 | | |
| 布线 | （1）不按电路图接线，扣 15 分；<br>（2）布线不符合要求：主电路，每根扣 2 分；控制电路，每根扣 1 分；<br>（3）接点松动、接点露铜过长、压绝缘层、反圈等，每处扣 0.5 分；<br>（4）损伤导线绝缘或线芯，每根扣 0.5 分；<br>（5）标记线号不清楚、遗漏或误标，每处扣 0.5 分 | 30 | | |
| 故障排除 | （1）少排除 1 项故障，扣 10 分；<br>（2）少排除 2 项故障，扣 20 分；<br>（3）少排除 3 项故障，扣 30 分 | 40 | | |
| 安全文明生产 | 违反安全、文明生产规程，扣 5~40 分 | | | |
| 定额时间 90 min | 每超时 5 min 扣 5 分 | | | |
| 备注 | 除定额时间外，各项目的最高扣分不应超过配分 | | | |
| 开始时间 | | 结束时间 | | 实际时间 |

指导教师签名＿＿＿＿＿＿＿＿＿＿　　日期＿＿＿＿＿＿＿＿＿＿

笔记区

# 任务 3  控制电动机的电气控制

## 子任务 3.1  伺服电动机及其应用

### 3.1.1  任务引入

**【情景描述】**

伺服电动机被广泛应用在机床、印刷设备、包装设备、纺织设备、激光加工设备、机器人、自动化生产线等对工艺精度、加工效率和工作可靠性等要求相对较高的设备中。在认识交流伺服电动机的结构基础上分析其工作原理和控制方式。伺服电动机在自控系统中常被用作执行元件,即将输入的电信号转换为转轴上的机械传动,一般分为交流伺服电动机与直流伺服电动机。

情境动画

**【任务要求】**

学习交流伺服电动机结构、掌握交流伺服电动机工作原理、控制方法,并完成一台交流伺服电动机的检查与试验工作。

### 3.1.2  任务分析

**【学习目标】**

了解交流伺服电动机结构,掌握交流伺服电动机工作原理、控制方法,能够准确地对交流伺服电动机进行检查与试验。在任务实施中要具有热爱劳动、积极进取的职业习惯,培养新时代工匠精神。

**【分析任务】**

对欲投入运行的一台交流伺服电动机进行全面的检查和试验工作,并能掌握交流伺服电动机的结构、工作原理,理解其控制方法。

### 3.1.3  知识链接

**【知识点1】  交流伺服电动机的认识**

1. 交流伺服电动机的结构

交流伺服电动机结构类似单相异步电动机,在定子铁心槽内嵌放两相绕组,一个是励磁绕组 $N_f$,由给定的交流电压 $U_f$ 励磁;另一个是控制绕组 $N_c$,输入交流控制电压 $U_c$。两相绕组在空间相差90°电角度。常用的转子有两种结构,一种为笼型转子,但为减小转子转动惯量而做成细而长的形状,转子导条和端环采用高阻值材料或采用铸铝转子,如图5-22(a)所示;另一种是用铝合金或紫铜等非磁性材料制成的空心杯转子,空心杯转子交流伺服电动机还有一个内定子,内定子上不装绕组,仅作为磁路一部分,相当于笼型转子的铁心,杯形转子装在内外定子之间的转轴上,可在内外定子之间的气隙中自由旋转,如图5-22(b)所示。

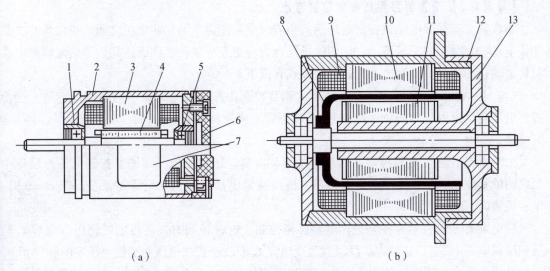

1、5—轴承；2—机壳；3—定子；4—转子；6—接线板；7—铭牌；8—杯形转子；9—定子绕组；
10—外定子；11—内定子；12—机壳；13—端盖。

图 5-22　交流伺服电动机结构示意图

（a）笼型转子；（b）杯形转子

## 2. 交流伺服电动机的工作原理

交流伺服电动机的工作原理与两相异步电动机工作原理相同。但交流伺服电动机会出现"自转"现象。在励磁绕组 $N_f$ 中串入电容 $C$ 进行移相，使励磁电流 $I_f$ 与控制绕组 $N_c$ 中的电流 $I_c$ 在相位上近似相差 90°电角度，如图 5-23 所示。它们产生的磁通 $\Phi_f$ 与 $\Phi_c$，在相位上也近似相差 90°电角度，于是在空间产生一个两相旋转磁场。在旋转磁场的作用下，在笼型转子的导条中或杯形转子的杯形筒壁中产生感应电动势与感应电流，该转子电流与旋转磁场相互作用产生电磁转矩，从而使转子转动起来。但一旦控制电压取消，仅有励磁电压作用时，若交流伺服电动机仍按原转动方向旋转，即呈现"自转"现象。"自转"是不符合交流伺服电动机可控性要求的。为了防止"自转"现象的发生，必须增大转子电阻。

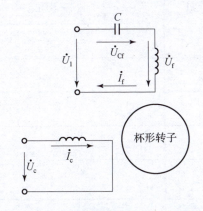

图 5-23　交流伺服电动机的工作原理图

**【知识点2】交流伺服电动机的控制方法**

当改变交流伺服电动机控制电压的大小或改变控制电压与励磁电压之间的相位角时，都能使电动机气隙中的正转磁场、反转磁场及合成转矩发生变化，因而达到改变交流伺服电动机转速的目的。交流伺服电动机的控制方式有以下3种。

（1）幅值控制。这种控制方式是通过调节控制电压的大小来调节电动机的转速，进而控制电压与励磁电压的相位保持90°电角度不变。当控制电压 $U=0$ 时，电动机停转，即 $n=0$。

（2）相位控制。这种控制方式是通过调节控制电压的相位（即调节控制电压与励磁电压之间的相位角 $\beta$）来改变电机的转速，进而控制电压的幅值始终保持不变。当 $\beta=0$ 时，电动机停转，$n=0$。

（3）幅相控制。幅相控制也称电容移相控制。这种控制方式是将励磁绕组串电容 $C$ 后接到励磁电源 $U_1$ 上。这种方法既通过可变电容 $C$ 来改变控制电压和励磁电压间的相位角 $\beta$，同时又通过改变控制电压的大小来共同达到调速的目的，称为幅相控制。虽然这种控制方式的机械特性及调节特性的线性度不如上述两种方法，但它不需要复杂的移相装置，设备简单、成本低，所以它已成为自控系统中常用的一种控制方式。

### 3.1.4 任务实施

**【实施要求】**

（1）对拆装或修理后的交流伺服电动机进行外观检查，通电观察故障现象。

（2）实验所用电压为380 V或220 V的三相交流电，严禁带电操作，不触及导电部件，尽可能单手操作，保证人身和设备的安全。

（3）对交流伺服电动机的连接、电气参数、编码器进行检查及故障排除，并完成任务单的填写。

**【工作流程】**

| 流程 | 任务单 | | | |
|---|---|---|---|---|
| | 班级 | | 小组名称 | |
| 1. 岗位分工<br>小组成员按项目经理（组长）、电气工程师、电气检修员和项目验收员等岗位进行分工，并明确个人职责，合作完成任务。采用轮值制度，使小组成员在每个岗位都得到锻炼 | 团队成员 | 岗位 | | 职责 |
| | | | | |
| | | | | |
| | | | | |
| | | | | |
| | | | | |

续表

| 流程 | 任务单 | | | | |
|---|---|---|---|---|---|
| | 班级 | | 小组名称 | | |
| 2. 领取原料<br>项目经理（组长）填写物料和工具清单，领取器件并检查 | 物料和工具清单 | | | | |
| | 序号 | 物料或工具名称 | 规格 | 数量 | 检查是否完好 |
| | | | | | |
| | | | | | |
| | | | | | |
| | | | | | |
| 3. 训练记录<br>电气检修员完成电动机检修，并记录数据 | 拟设故障 | | | | |
| | 未设故障时 | | | | |
| | 电源一相失电 | | | | |
| | 电机过载 | | | | |
| | 两相运行 | | | | |
| 4. 拟设故障<br>电气工程师完成故障拟设 | 交流伺服电动机检查记录 | | | | |
| 5. 项目验收<br>项目验收员核对故障排除和检修结果 | 完成情况 | | | 遇到的问题 | |

笔记区

### 3.1.5 评分标准

| 项目内容 | 评分标准 | 配分 | 扣分 | 得分 |
| --- | --- | --- | --- | --- |
| 电动机检查 | (1) 电动机质量检查，每漏一处扣 3 分；<br>(2) 电气元件漏检或错检，每处扣 2 分 | 30 | | |
| 布线 | (1) 不按电路图接线，扣 15 分；<br>(2) 布线不符合要求：主电路，每根扣 2 分；控制电路，每根扣 1 分；<br>(3) 接点松动、接点露铜过长、压绝缘层、反圈等，每处扣 0.5 分；<br>(4) 损伤导线绝缘或线芯，每根扣 0.5 分；<br>(5) 标记线号不清楚、遗漏或误标，每处扣 0.5 分 | 30 | | |
| 故障排除 | (1) 少排除 1 项故障，扣 10 分；<br>(2) 少排除 2 项故障，扣 20 分；<br>(3) 少排除 3 项故障，扣 30 分 | 40 | | |
| 安全文明生产 | 违反安全、文明生产规程，扣 5～40 分 | | | |
| 定额时间 90 min | 每超时 5 min 扣 5 分 | | | |
| 备注 | 除定额时间外，各项目的最高扣分不应超过配分 | | | |
| 开始时间 | 结束时间 | | 实际时间 | |

指导教师签名_____  日期_____

## 子任务 3.2　步进电动机及其应用

### 3.2.1　任务引入

**【情景描述】**

数控线切割机床在加工零件时，先根据图纸上零件的形状、尺寸和加工工序编制计算机程序，并将该程序记录在穿孔纸带上，而后由光电阅读机读出后进入计算机，计算机就对每一方向的步进电动机给出控制电脉冲（这里十字拖板 $X$、$Y$ 方向的两根丝杆，分别由两台步进电动机拖动），指挥两台步进电动机运转，通过传动装置拖动十字拖板按加工要求连续移动，进行加工，从而切割出符合要求的零件。

**【任务要求】**

要求对步进电动机在数控线切割机床中的工作原理进行分析，并根据原理图完成接线，如图 5-24 所示。

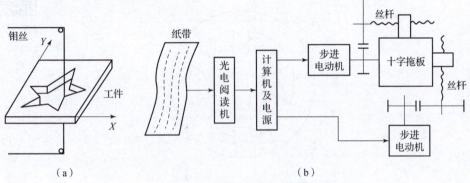

图 5-24　线切割机床十字拖板及工作原理示意图
（a）十字拖板示意图；（b）工作原理示意图

### 3.2.2　任务分析

**【学习目标】**

步进电动机的转速不受电压和负载变化的影响，也不受环境条件温度、压力等的限制，仅与脉冲频率成正比，所以应用于高精度的控制系统中。通过本次任务，能够掌握步进电动机的结构、工作原理，完成对步进电动机在数控线切割机床中作用的分析。

**【分析任务】**

对步进电动机进行学习，并能掌握步进电动机的结构、工作原理。在理解步进电动机原理的基础上，能够掌握步进电动机的应用，完成对步进电动机在数控线切割机床中工作原理的分析。

### 3.2.3　知识链接

**【知识点 1】反应式步进电动机的结构和原理**

随着控制技术的发展，特种电动机的应用越来越多，特别是步进电动机，被广泛用于数字控制系统中，如数控机床、自动记录仪表、数-模变换装置、线切割机等。本部分内容在认识步进电动机结构的基础上分析其工作原理、通电方式及应用范围等。

步进电动机是将电脉冲信号转换成角位移和线位移的执行元件。每输入一个电脉冲电动机就移动一步，因此，也称为脉冲式同步电动机。步进电动机可分为反应式、永磁式和感应式几种。下面以常用的反应式步进电动机为例进行分析。

反应式步进电动机的定子为硅钢片叠成的凸极式，极身上套有控制绕组。定子相数 $m$ 可以是 2，3，4，5，6 相，每相有一对磁极，分别位于内圆直径的两端。转子为软磁材料的叠片叠成。转子外圆为凸出的齿状，均匀分布在转子外圆四周，转子中并无绕组。

如图 5-25 所示为三相反应式步进电动机结构示意图。其定、转子铁心均由硅钢片叠制而成，定子上有均匀分布的 6 个磁极，磁极上绕有控制（励磁）绕组，两个相对磁极组成一相，三相绕组接成星形联结。转子铁心上没有绕组，转子具有均匀分布的 4 个齿，且转子齿宽等于定子极靴宽。

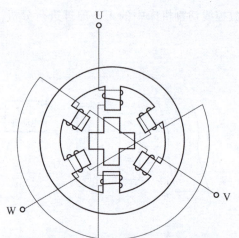

微课：步进电机

图 5-25 三相反应式步进电动机结构示意图

**1. 单三拍控制步进电动机工作原理**

如图 5-26 所示为单三拍控制方式下步进电动机工作原理图。单三拍控制中的"单"是指每次只有一相控制绕组通电，通电顺序为 U→V→W→U 或 U→W→V→U。"拍"是指一种通电状态换到另一种通电状态，"三拍"是指经过三次切换控制绕组的电脉冲为一个循环。

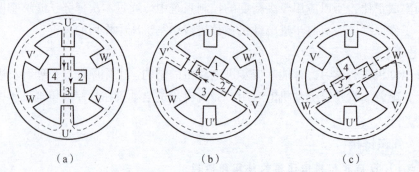

(a)　　　　　　　　(b)　　　　　　　　(c)

图 5-26 单三拍控制方式下步进电动机工作原理图
(a) U 相通电；(b) V 相通电；(c) W 相通电

当 U 相控制绕组通入电脉冲时，U、U′成为电磁铁的 N、S 极。由于磁路磁通要沿着磁阻最小的路径来闭合，将使转子齿 1、3 和定子极 U、U′对齐，即形成 U、U′轴线方向的磁通量 $\Phi_U$，如图 5-26（a）所示。

U 相脉冲结束，接着 V 相通入脉冲，由于上述原因，转子齿 2、4 与定子磁极 V、V′对齐，如图 5-26（b）所示，转子顺时针方向转过 30°。V 相脉冲结束，随后 W 相控制绕组通入电脉冲，使转子齿 3、1 和定子磁极 W、W′对齐，转子又在空间顺时针方向转过 30°，如图 5-26（c）所示。

由上分析可知，如果按照 U→V→W→U 的顺序通入电脉冲，转子按顺时针方向一步一步转动，每步转过 30°，该角度称为步距角。电动机的转速取决于电脉冲的频率，频率越高，转速越高。若按 U→W→V→U 顺序通入电脉冲，则电动机反向转动。三相控制绕组的通电顺序及频率大小，通常由电子逻辑电路来实现。

上述三相单拍通电方式，是在一相绕组断电的瞬间另一绕组刚开始通电，容易造成失步。而且由于单一控制绕组吸引转子，也容易使转子在平衡位置附近产生振荡，所以运行稳定性较差，故很少采用。

**2. 六拍方式控制步进电动机工作原理**

六拍控制方式中三相控制绕组通电顺序按 U→UV→V→VW→W→WU→U 进行，即先 U 相控制绕组通电，而后 U、V 两相控制绕组同时通电；然后断开 U 相控制绕组，由 V 相控制绕组单独通电；再使 V、W 两相控制绕组同时通电，依次进行下去，如图 5-27 所示。每转换一次，步进电动机顺时针方向旋转 15°，即步距角为 15°。若改变通电顺序（即反过来），步进电动机将逆时针方向旋转。该控制方式下，定子三相绕组经 6 次换接完成一个循环，故称为"六拍"控制。此种控制方式因转换时始终有一相绕组通电，故工作比较稳定。

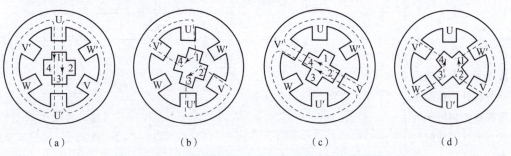

图 5-27　三相六拍控制方式下步进电动机工作原理图

(a) U 相通电；(b) U、V 相通电；(c) V 相通电；(d) V、W 相通电

### 3.2.4　任务实施

【实施要求】

（1）对拆装或修理后的步进电动机进行检查和试验，确认无误后方可通电。

（2）连接电路时，要按照"先主后控、先串后并、上入下出、左进右出"的原则接线，做到心中有数。

（3）主、控制电路的导线要区分开颜色，以便于检查。

**笔记区**

(4) 实验所用电压为 380 V 或 220 V 的三相交流电，严禁带电操作，不可触及导电部件，尽可能单手操作，保证人身和设备的安全。

**【工作流程】**

| 流程 | 任务单 | | | |
|---|---|---|---|---|
| | 班级 | | 小组名称 | |
| 1. 岗位分工<br>小组成员按项目经理（组长）、电气设计工程师、电气安装员和项目验收员等岗位进行分工，并明确个人职责，合作完成任务。采用轮值制度，使小组成员在每个岗位都得到锻炼 | 团队成员 | 岗位 | | 职责 |
| | | | | |
| | | | | |
| | | | | |
| | | | | |
| 2. 领取原料<br>项目经理（组长）填写物料和工具清单，领取器件并检查 | 物料和工具清单 | | | |
| | 序号 | 物料或工具名称 | 规格 | 数量 | 检查是否完好 |
| | | | | | |
| | | | | | |
| | | | | | |
| | | | | | |
| | | | | | |
| 3. 绘制电气原理图<br>电气设计工程师完成数控线切割机床电路简易电气原理图的绘制 | 电气原理图 | | | |
| 4. 分析电路原理<br>电气设计工程师完成数控线切割机床电路原理分析 | 电路原理分析 | | | |

项目五 其他电机的控制

续表

| 流程 | 任务单 |||
|---|---|---|---|
| | 班级 | | 小组名称 |
| 5. 电气电路配盘<br>电气安装员完成数控线切割机床电路配盘 | 工序 | 完成情况 | 遇到的问题 |
| | 电气元件布局 | | |
| | 电气元件安装 | | |
| | 电气元件接线 | | |
| 6. 电路检查<br>电气安装员与项目验收员一起完成数控线切割机床电路检查 | 工序 | 完成情况 | 遇到的问题 |
| | | | |
| 7. 通电试车<br>电气安装员与项目验收员完成数控线切割机床电路验收 | 工序 | 完成情况 | 遇到的问题 |
| | | | |

笔记区

### 3.2.5 评分标准

| 项目内容 | 评分标准 | 配分 | 扣分 | 得分 |
| --- | --- | --- | --- | --- |
| 装前检查 | （1）电动机质量检查，每漏一处扣 3 分；<br>（2）电气元件漏检或错检，每处扣 2 分 | 15 | | |
| 安装元件 | （1）不按布置图安装，扣 10 分；<br>（2）元件安装不牢固，每只扣 2 分；<br>（3）安装元件时漏装螺钉，每只扣 0.5 分；<br>（4）元件安装不整齐、不匀称、不合理，每只扣 3 分；<br>（5）损坏元件，扣 10 分 | 15 | | |
| 布线 | （1）不按电路图接线，扣 15 分；<br>（2）布线不符合要求：主电路，每根扣 2 分；控制电路，每根扣 1 分；<br>（3）接点松动、接点露铜过长、压绝缘层、反圈等，每处扣 0.5 分；<br>（4）损伤导线绝缘或线芯，每根扣 0.5 分；<br>（5）标记线号不清楚、遗漏或误标，每处扣 0.5 分 | 30 | | |
| 通电试车 | （1）第一次试车不成功，扣 10 分；<br>（2）第二次试车不成功，扣 20 分；<br>（3）第三次试车不成功，扣 30 分 | 40 | | |
| 安全文明生产 | 违反安全、文明生产规程，扣 5~40 分 | | | |
| 定额时间 90 min | 每超时 5 min 扣 5 分 | | | |
| 备注 | 除定额时间外，各项目的最高扣分不应超过配分 | | | |
| 开始时间 | 结束时间 | | 实际时间 | |

指导教师签名_____    日期_____

## 任务 4　变压器原理及应用

### 子任务 4.1　变压器的认识

#### 4.1.1　任务引入

【情景描述】

在电气线路中，小型变压器如发生绕组烧毁、绝缘老化、引出线断裂、匝间短路或绕组对铁心短路等故障，均需进行重绕修理。

情境动画

【任务要求】

要求在认识变压器的结构、工作原理的基础上完成小型变压器重绕修理工作，包括记录原始数据、拆卸铁心、制作模芯及骨架、绕制绕组、绝缘处理、铁心装配、检查和试验等过程。

#### 4.1.2　任务分析

【学习目标】

了解变压器的结构，掌握变压器的工作原理，能通过试验方式分析和计算变压器运行性能。在任务实施中要养成一丝不苟、吃苦耐劳的职业习惯，具有无私奉献、严谨认真的工匠精神。

【分析任务】

小型单相与三相变压器绕组重绕修理工艺基本相同，首先分析变压器的结构，理解工作原理，记录原始数据、拆卸铁心、制作模芯及骨架、绕制绕组、绝缘处理、铁心装配、检查和试验。

#### 4.1.3　知识链接

【知识点 1】变压器的构造和分类

变压器是基于电磁感应原理工作的静止的电磁器械。它主要由铁心和线圈组成，通过磁的耦合作用把电能从一次侧传递到二次侧。

在电力系统中，以油浸自冷式双绕组变压器应用最为广泛，下面主要介绍这种变压器的基本结构。变压器的器身是由铁心和绕组等主要部件构成的，铁心是磁路部分，绕组是电路部分，另外还有油箱及其他附件，其基本结构如图 5-28 所示。

1. 铁心

铁心一般由 0.35~0.5 mm 厚的硅钢片叠装而成。硅钢片的两面涂以绝缘漆使片间绝缘，以减小涡流损耗。铁心包括铁心柱和铁轭两部分。铁心柱的作用是套装绕组，铁轭的作用是连接铁心柱使磁路闭合。按铁心结构不同可分心式变压器、壳式变压器和 C 形变压器，如图 5-29 所示。

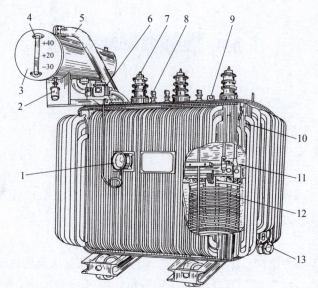

动画：变压器的结构组成

1—信号式温度计；2—吸湿器；3—储油柜；4—油表；5—安全气道；6—气体继电器；7—高压套管；8—低压套管；9—分接开关；10—油箱；11—铁心；12—线圈；13—放油阀门

图 5-28 油浸自冷式双绕组变压器

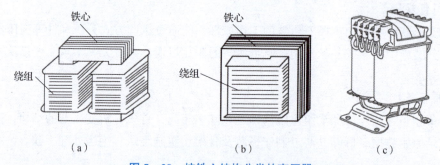

图 5-29 按铁心结构分类的变压器
(a) 心式变压器；(b) 壳式变压器；(c) C形变压器

### 2. 绕组

变压器的绕组是在绝缘筒上用绝缘铜线或铝线绕成。一般把接于电源的绕组称为一次绕组或原方绕组，接于负载的绕组称为二次绕组或副方绕组，或者把电压高的线圈称为高压绕组，电压低的线圈称为低压绕组。从高、低绕组的装配位置看，可分为同心式和交叠式绕组。

微课：变压器的认识

### 3. 绝缘套管

绝缘套管是变压器绕组的引出装置，将其装在变压器的油箱上，实现带电的变压器绕组引出线与接地的油箱之间的绝缘。

### 4. 油箱及其附件

变压器的铁心与绕组构成了变压器的器身，变压器的器身安装在装有变压器油的油箱内，变压器油起绝缘和冷却作用。由于器身全部浸在变压器油中，这样铁心和绕组不会因潮湿而侵蚀。同时，还可通过变压器油的对流，将铁心和绕组产生的热量经油箱和油箱上的散热管散发出去，从而降低变压器的温升。

为使变压器长久保持良好状态，在变压器油箱上方，安装了圆筒形的储油柜（又称油枕），并经连通管与油箱相连。柜内油面高度随变压器油的热胀冷缩而变化，由于储油柜内油与空气接触面积小，这就降低了变压器油的受潮和老化速度，确保变压器油的绝缘性能。

电力变压器附件还有安全气道、测温装置、分接开关、吸湿器与油表等。

### 5. 变压器的分类

按相数的不同，变压器可分为单相变压器、三相变压器和多相变压器；按绕组数目不同，变压器可分为双绕组变压器、三绕组变压器、多绕组变压器和自耦变压器；按冷却方式不同，变压器可分为油浸式变压器（油浸式变压器又可分为：油浸自冷式、油浸风冷式和强迫油循环式变压器）、充气式变压器和干式变压器；按用途不同，变压器可分为电力变压器（升压变压器、降压变压器、配电变压器等）、特种变压器（电炉变压器、整流变压器、电焊变压器等）、仪用互感器（电压互感器和电流互感器）和试验用的高压变压器等。

### 【知识点2】变压器的工作原理

变压器是一种静止电机，它是依据电磁感应定律工作的。下面以单相双绕组变压器为例来分析其工作原理。如图5-30所示，在同一个铁心的两侧分别缠上两组线圈，接电源的线圈称为一次线圈，接负载的线圈称为二次线圈，它们的匝数分别用 $N_1$ 和 $N_2$ 表示。

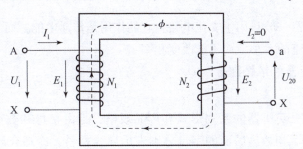

图5-30 单相双绕组变压器工作原理示意图

当一次绕组接到交流电源时，在外接电压 $U_1$ 作用下，一次绕组中就有电流 $I_1$ 通过，并在铁心中产生交变磁通，其频率和外接电压的频率一致。这个交变磁通通过闭合铁心交链二次绕组，根据电磁感应定律，便在一次、二次绕组内感应出电动势。二次绕组有了电动势，当接上负载后，形成回路，便向负载供电，实现了能量的传递。在这一过程中，一次侧和二次侧电动势的频率都等于磁通的交变频率，即一次侧外接电压的频率。

根据电磁感应定律，在电动势与磁通规定正方向符合右手螺旋定则的前提下，一次侧电动势为：

$$E_1 = -N_1 \frac{d\Phi}{dt} \tag{5-7}$$

二次侧电动势为：

$$E_2 = -N_2 \frac{d\Phi}{dt} \tag{5-8}$$

可见，当 $N_1 \neq N_2$ 时，则 $E_1 \neq E_2$，这时变压器就起到了变压的作用。一次、二次侧电动势之比为

$$k = \frac{E_1}{E_2} = \frac{N_1}{N_2} \tag{5-9}$$

即一次、二次侧感应电动势之比等于一次、二次绕组匝数之比，$k$ 称为变压器的变比，也称为匝数比。

当二次侧开路（即空载）时，如忽略绕组上的压降，则有

$$U_1 = E_1 \tag{5-10}$$
$$U_2 = E_2 \tag{5-11}$$

不计铁心中由于磁通量交变所引起的损耗，根据能量守恒定律，可得

$$U_1 I_1 = U_2 I_2 \tag{5-12}$$

由此可得

$$k = \frac{E_1}{E_2} = \frac{U_1}{U_2} = \frac{I_2}{I_1} = \frac{N_1}{N_2} \tag{5-13}$$

可见，对于常用电力变压器，一次侧感应电动势的大小接近于一次侧外加电压，而二次侧感应电动势接近于二次侧端电压，从而使一次、二次绕组匝数之比与一次、二次电压之比成正比；而一次、二次绕组匝数之比与一次、二次侧电流之比成反比。所以，变压器一次、二次侧电压之比取决于一次、二次绕组匝数之比，只要改变一次、二次绕组的匝数，便可达到改变电压的目的。

由此可知，变压器一般只用于交流电路，它的作用是传递电能，而不能产生电能。它只能改变交流电压、电流的大小，而不能改变频率。

【知识点3】变压器的铭牌数据

1. 变压器的型号

变压器的型号说明变压器的系列形式和产品规格，是由字母和数字组成的，如 SL7-200/30 第一个字母表示相数，后面的字母分别表示导线材料、冷却介质和方式等。斜线前边的数字表示额定容量（kV·A），斜线后边的数字表示高压绕组的额定电压（kV），其具体表示如图 5-31 所示。

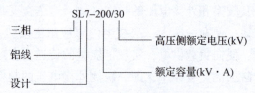

图 5-31 变压器的型号含义

该型号变压器即为三相矿物油浸自冷式双绕组铝线无励磁调压、第 7 次设计、额定容量为 200 kV·A、高压边额定电压为 30 kV。我们一般将容量为 630 kV·A 及以下的变压器称为小型变压器；容量为 800~6 300 kV·A 的变压器称为中型变压器；容量为 8 000~63 000 kV·A 的变压器称为大型变压器；容量在 90 000 kV·A 及以上的变压器称为特大型变压器。

2. 变压器的额定值

变压器的额定值是制造厂家设计制造变压器和用户安全合理地选用变压器的依据，主要包括：

①额定容量 $S_N$。是指变压器的视在功率，对三相变压器是指三相容量之和。由于变压器效率很高，可以近似地认为高、低压侧容量相等。额定容量的单位是 V·A、kV·A、MV·A。

②额定电压 $U_{1N}/U_{2N}$。是指变压器空载时，各绕组的电压值。对三相变压器指的是线电压，单位是 V 和 kV。

③额定电流 $I_{1N}/I_{2N}$。是指变压器允许长期通过的电流，单位是 A。额定电流可以由额定容量和额定电压计算。

对于单相变压器

$$I_{1N} = \frac{S_N}{U_{1N}}; \quad I_{2N} = \frac{S_N}{U_{2N}} \tag{5-14}$$

对于三相变压器

$$I_{1N} = \frac{S_N}{\sqrt{3}U_{1N}}; \quad I_{2N} = \frac{S_N}{\sqrt{3}U_{2N}} \tag{5-15}$$

④额定频率 $f$。我国规定标准工业用交流电的额定频率为 50 Hz。

除上述额定值外，变压器的铭牌上还标有变压器的相数、连接组和接线图、阻抗电压（或短路阻抗）的百分值、变压器的运行及冷却方式等。

### 4.1.4 任务实施

【实施要求】

#### 1. 记录原始数据

在拆卸铁心前及拆卸过程中，必须记录下列原始数据，作为制作模芯及骨架、选用线规、绕制绕组和铁心装配的依据。

1) 铭牌数据，包括型号，容量，相数，一、二次电压，连接组，绝缘等级。

2) 绕组数据，包括导线型号、规格，绕组匝数，绕组尺寸，绕组引出线规格及长度，绕组质量。测量绕组数据的方法包括：测量绕组尺寸；测量绕组层数、每层匝数及总匝数；测量导线直径，即取绕组的长边部分，烧去漆层，用棉纱擦净，对同一根导线应在不同位置测量 3 次，取其平均值。对于线径较小、匝数多的绕组，绕组的匝数较难取得精确数据。但如果匝数不正确，修理后变压器的电压比就会达不到要求，因此要特别小心。也可通过计算的方法获得数据。

#### 2. 拆卸铁心

拆卸铁心前，应先拆除外壳、接线柱和铁心夹板等附件。不同形状的铁心有不同的拆卸方法，但其第一步是相同的，即用螺钉旋具把浸漆后粘合在一起的硅钢片插松。不同形状的铁心的拆卸步骤如下：

1) E 字形硅钢片。

①先拆除横条（轭），用螺钉旋具插松并拆卸两端横条。

②拆 E 字形片，用螺钉旋具顶住中柱硅钢片的舌端，再用小锤轻轻敲击，使舌片后推，待推出 3~4 mm 后，即可用钢丝钳钳住中柱部位抽出 E 字形片。当拆出 5~6 片后，即可用

钢丝钳或手逐片抽出。

2）C字形硅钢片。

①拆除夹紧箍后，把一端横头夹住在台虎钳上，用小锤左右轻敲另一端横头，使整个铁心松动，注意保持骨架和铁心接口平面的完好。

②逐一抽出硅钢片。

3）F字形硅钢片。

①用螺钉旋具在两侧已插松的硅钢片接口处分别用力顶，使被顶硅钢片推出。

②用钢丝钳钳住已推出硅钢片的中柱部位，向外抽出硅钢片。当每侧拆出5～6片后，即可用钢丝钳或手逐片抽出。

4）π字形硅钢片。

①把一端横头夹紧在台虎钳上，用小锤左右轻敲另一端横头，使整个铁心松动。

②用钢丝钳钳住另一端横头，并向外抽拉硅钢片，即可拆卸。

5）日字形硅钢片。

①先插松第一、二片硅钢片，把铁轭开口一端掀起至绕组骨架上边。

②用螺钉旋具插松中柱硅钢片，并把舌端向后推出几毫米，再用钢丝钳抽出硅钢片。当拆出十余片后，即可用钢丝钳或手逐片抽出。

在拆卸铁心过程中应注意以下几点：

①有绕组骨架的铁心，拆卸铁心时应细心轻拆，以使骨架保持完整、良好，可供继续使用或作为重绕时的依据。

②拆卸铁心过程中，必须用螺钉旋具插松每片硅钢片，以便抽拉硅钢片。

③用钢丝钳抽拉硅钢片时，若抽不动时，应先用螺钉旋具插松硅钢片。对于稍紧难抽的硅钢片，可将其钳住后左右摆动几下，使硅钢片松动，就能方便地抽出。

④拆下的硅钢片应按只叠放、妥善保管，不可散失。如果少了几片，就会影响修理后变压器的质量。

⑤拆卸C字形铁心时，严防跌碰，切不可损伤两半铁心接口处的平面。否则，就会严重影响修理后的变压器的质量。

### 3. 制作模芯及骨架

在绕制变压器绕组前，应根据旧绕组和旧骨架的尺寸制作模芯和骨架。也可根据铁心尺寸、绕组数据和绝缘结构，设计、制作模芯和骨架。小型变压器一般都把导线直接绕制在绝缘骨架上，骨架成为绕组与铁心之间的绝缘结构。导线线径较大的绕组则采用模芯直接绕制绕组，并用绝缘材料如醇酸玻璃丝漆布等包在铁柱上，作为绕组与铁心之间的绝缘。为此，模芯及骨架的尺寸必须合适、正确，以保证绕组的原设计要求及绕组与铁心的装配。

### 4. 绕制绕组

小型变压器绕组的绕制，一般在手摇绕线机或自动排线机上进行，要求配有计数器，以便正确地绕制与抽头。绕组的绕制质量要求是：导线尺寸符合要求；绕组尺寸与匝数正确；导线排列整齐、紧密和绝缘良好。其绕制步骤如下：

1) 起绕时，在导线引线头上压入一条绝缘带折条，待绕几匝后抽紧起始线头。

2) 绕线时，通常按一次绕组、静电屏蔽、二次高压绕组、二次低压绕组为顺序，自左向右依次叠绕。当二次绕组数较多时，每绕好一组后，用万用表测量是否通路，检查是否有断线。

3) 每绕完一层导线，应安放一层层间绝缘。根据变压器绕组要求，做好中间抽头。导线自左向右排列整齐、紧密，不得有交叉或叠线现象，待绕到规定匝数为止。

4) 当绕组绕至近末端时，先垫入固定出线用的绝缘带折条，待绕至末端时，把线头穿入折条内，然后抽紧末端线头。

5) 拆下模芯，取出绕组，包扎绝缘，并用胶水或绝缘胶粘牢。

### 5. 绝缘处理

为了提高绕组的绝缘强度、耐潮性、耐热性及导热能力。必须经过浸漆处理。要求浸漆与烘干严格按绝缘处理工艺进行，以保证绝缘良好、漆蜡表面光滑并成为一个结实的整体。小型变压器的绝缘处理有时安排在铁心装配后进行，其工艺相同，但要求清除铁心表面残漆，并保证绝缘可靠。

### 6. 铁心装配

小型变压器的铁心装配，即铁心镶片，是将规定数量的硅钢片与绕组装配成完整的变压器。铁心装配的要求是：紧密、整齐、截面应符合设计要求，以免磁通密度过大致使运行时硅钢片发热并产生振动与噪声。铁心装配的步骤如下：

1) 在绕组两边，两片两片的交叉对插，插到较紧时，则一片一片地交叉对插。

2) 当绕组中插满硅钢片时，余下大约1/6比较难插的紧片，用螺钉旋具撬开硅钢片夹缝插入。

3) 镶插条形片（横条），按铁心剩余空隙厚度叠好插进去。

4) 镶片完毕后，将变压器放在夹板上，两头用木槌敲打平整，然后用螺钉或夹板紧固铁心，并将引出线焊到焊片上或连接在接线柱上。

【工作流程】

| 流程 | 任务单 | | |
|---|---|---|---|
| | 班级 | | 小组名称 | |
| 1. 岗位分工<br>小组成员按项目经理（组长）、变电安装工、变电维修工和变电检测员等岗位进行分工，并明确个人职责，合作完成任务。采用轮值制度，使小组成员在每个岗位都得到锻炼 | 团队成员 | 岗位 | 职责 |
| | | | |
| | | | |
| | | | |
| | | | |

续表

| 流程 | 任务单 | | | | | | | | | | | |
|---|---|---|---|---|---|---|---|---|---|---|---|---|
| | 班级 | | | | | 小组名称 | | | | | | |
| 2. 领取原料<br>项目经理（组长）填写物料和工具清单，领取器件并检查 | 物料和工具清单 | | | | | | | | | | | |
| | 序号 | | 物料或工具名称 | | 规格 | | 数量 | | | 检查是否完好 | | |
| | | | | | | | | | | | | |
| | | | | | | | | | | | | |
| | | | | | | | | | | | | |
| | | | | | | | | | | | | |
| | | | | | | | | | | | | |
| 3. 原始数据记录<br>变电安装工完成数据记录及铁心拆卸 | 变压器原始数据记录 | | | | | | | | | | | |
| | 铭牌数据 | | | | | | 绕组数据 | | | | | |
| | 型号 | 容量 | 相数 | 电压 | 连接组别 | 绝缘等级 | 导线型号 | 规格 | 绕组匝数 | 绕组尺寸 | 引出线规格 | 绕组质量 |
| | | | | | | | | | | | | |
| 4. 制作模芯及骨架、绕制绕组<br>变电安装工完成模芯及骨架的制作以及绕制绕组 | 完成情况 | | | | | | 遇到的问题 | | | | | |
| | | | | | | | | | | | | |
| 5. 绝缘处理<br>变电维修工完成浸漆处理 | 完成情况 | | | | | | 遇到的问题 | | | | | |
| | | | | | | | | | | | | |
| 6. 铁心装配<br>变电安装工完成铁心装配 | 完成情况 | | | | | | 遇到的问题 | | | | | |
| | | | | | | | | | | | | |
| 7. 变压器工艺记录<br>变电检测员完成变压器工艺记录 | 成品草图 | | | | | | 遇到的问题 | | | | | |
| | | | | | | | | | | | | |

## 4.1.5 评分标准

| 项目内容 | 评分标准 | 配分 | 扣分 | 得分 |
|---|---|---|---|---|
| 拆前检查 | （1）变压器质量检查，每漏一处扣3分；<br>（2）变压器结构漏检或错检，每处扣2分 | 10 | | |
| 数据记录 | （1）不按变压器铭牌记录数据，扣10分；<br>（2）数据记录错误一项，每项扣2分 | 15 | | |
| 拆卸 | （1）不按拆卸步骤拆卸，扣10分；<br>（2）拆卸不符合要求：铁心拆卸失误扣2分；磕碰一次扣2分 | 20 | | |
| 制作变压器包骨架 | （1）模芯的尺寸错误扣10分；<br>（2）骨架的尺寸错误扣10分；<br>（3）导线尺寸不符合要求扣10分；<br>（4）绕组尺寸与匝数不正确扣10分；<br>（5）导线排列不整齐、不紧密和绝缘性一般扣5分；<br>（6）未将规定数量的硅钢片与绕组装配成功，扣10分 | 55 | | |
| 安全文明生产 | 违反安全、文明生产规程，扣5~40分 | | | |
| 定额时间 90 min | 每超时 5 min 扣 5 分 | | | |
| 备注 | 除定额时间外，各项目的最高扣分不应超过配分 | | | |
| 开始时间 | | 结束时间 | 实际时间 | |

指导教师签名_____ 日期_____

## 子任务4.2　三相变压器

### 4.2.1　任务引入

**【情景描述】**

三相变压器广泛应用于工矿企业、邮电、纺织、铁路、建筑工地、学校、医院、宾馆、国防、科研等部门的电子计算机、精密机床、计算机体层扫描摄影（Computerized Tomography，CT）、精密仪器、实验装置、电梯、进口设备及生产流水线的交流稳压电源及各种类型的电力系统中，包括发电站、输配电系统以及工业设备等。在发电站中，它们被用于将发动机输出的高功率交流信号转换为更适合输送到远程地区的低功率信号。在输配电系统中，它们被用于调整输送到不同地区的电能水平，并确保电力质量稳定。在工业设备中，它们用于提供电源，以驱动各种类型的机器。

**【任务要求】**

在认识三相变压器磁路和联结组含义的基础上，对两台或以上的三相变压器并联运行情况进行分析，并得到在理想运行情况下三相变压器并联运行的条件。

### 4.2.2　任务分析

**【学习目标】**

了解三相变压器磁路，理解联结组含义，能够对两台或以上的三相变压器并联运行情况进行分析，并掌握在理想运行情况下三相变压器并联运行的条件。在任务实施中要具有持之以恒的学习态度，培养锲而不舍、坚持不懈的工匠精神。

**【分析任务】**

在实际电力系统中，普遍采用三相制供电，故三相变压器得到广泛使用。本次任务通过了解三相变压器磁路，理解联结组含义，对两台或以上的三相变压器并联运行情况进行分析，并得到在理想运行情况下三相变压器并联运行的条件。

### 4.2.3　知识链接

**【知识点1】三相变压器的基本认识**

三相变压器一次绕组接上三相对称电压，在其二次绕组侧感应出三相对称电动势。当在二次绕组接上对称负载时，在二次绕组中流过三相对称电流，其大小相等，相位互差120°。所以，三相变压器运行时，可取一相来分析，也就是说，单相变压器的分析方法完全适用于三相变压器在对称负载下运行时的分析。但三相变压器有与单相变压器不同的磁路系统和电路系统，这也是本次任务的重点。

1. 三相变压器的磁路

三相变压器在结构上可由三个单相变压器组成，称为三相变压器组。而大部分是把三个铁心柱和磁轭连成一个整体，做成三相心式变压器。

（1）三相变压器组的磁路。

三相变压器组是由三个相同的单相变压器组成的，如图5-32所示。它的结构特点是三相之间只有电的联系而无磁的联系；它的磁路特点是三相磁通各有自己单独的磁路，互不关联。如果外施电压是三相对称的，则三相磁通也一定是对称的。如果三个铁心的材料和尺寸相同，则三相磁路的磁阻相等，三相空载电流也是对称的。

三相变压器组的铁心材料用量较多，占地面积较大，效率也较低，但制造和运输上方便，且每台变压器的备用容量仅为整个容量的1/3，故大容量的巨型变压器有时采用三相变压器组的形式。

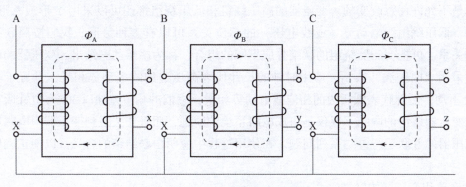

图 5-32　三相变压器组的磁路系统

（2）三相心式变压器的磁路。

三相心式变压器是由三相变压器组演变而来的。如果把三个单相变压器的铁心按如图 5-33（a）所示的位置靠拢在一起，外施三相对称电压时，则三相磁通也是对称的。因中心柱中磁通为三相磁通之和，且 $\dot{\Phi}_A + \dot{\Phi}_B + \dot{\Phi}_C = 0$，所以中心柱中无磁通通过。因此，可将中心柱省去，变成如图 5-33（b）所示的形状。实际上为了便于制造，常用的三相变压器的铁心是将三个铁心柱布置在同一平面内，如图 5-33（c）所示。由图 5-33（c）可以看出，三相心式变压器的磁路是连在一起的，各相的磁路是相互关联的，即每相的磁通都以另外两相的铁心柱作为自己的回路。

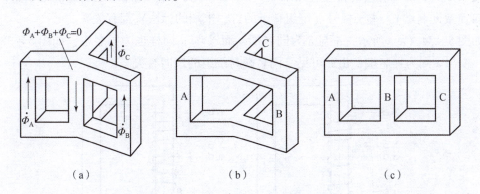

图 5-33　三相心式变压器的磁路系统
(a) 有中心柱型；(b) 无中心柱型；(c) 常用的平面布置型

## 2. 三相变压器的电路系统

三相变压器的电路系统是指三相变压器各相的高压绕组、低压绕组的连接情况。为表明连接方式，对绕组的首、尾端的标志进行了规定。国家标准规定变压器高、低压绕组的出线端有统一的标志方法，单相变压器的高压绕组首端用 A 表示，末端用 X 表示；低压绕组的首端用 a 表示，末端用 x 表示。三相变压器的高压绕组首端用 A、B、C 表示，末端用 X、Y、Z 表示；低压绕组的首端用 a、b、c 表示，末端用 x、y、z 表示。如果变压器有中点引出，则高、低压绕组的中点分别以 N 或 n 来表示。

这些标志都注明在变压器出线套管上，它牵涉变压器的相序和一次侧、二次侧的相位关系等，是不允许任意改变的。变压器的高压绕组和低压绕组都还可以采用 Y 形或 △ 形接法，而且高、低压绕组线电动势（或线电压）的相位关系可以有多种情形。我们按照联结方式与相位关系，可把变压器绕组的联结分成不同的组合，称为绕组的联结组。变压器的联结组一般均采用"时钟法"表示。即用时钟的长针代表高压边的线电动势相量，且置于时钟的 12 时处不动；短针代表低压边的相应线电动势相量，它们的相位差除以 30°为短针所指的钟点数。变压器绕组的联结不仅仅是组成电路系统的问题，而且还关系到变压器中电磁量的谐波及变压器的并联运行等一系列问题。在使用过程中应明白联结组的含义，以便正确地选用变压器。

(1) 单相变压器的联结组。

在掌握联结组概念前，必须先弄清楚绕组的同名端问题。如图 5-34 所示，对绕在同一个铁心柱上的高、低压绕组通电后，铁心中磁通交变，在两个绕组中都会产生感应电动势。设在某一瞬时，高压绕组某一端电位为正，则低压绕组也必然有一个电位为正的对应端，这两个对应的同极性端，我们称为同名端，在图上用符号"●"或星号"*"表示。如何判定同名端呢？我们规定，当在某一瞬时，电流分别从两个绕组的某一端流入（或流出）时，若两个绕组的磁通在磁路中方向一致，则这两个绕组的电流流入（或流出）端就是同名端，否则即为异名端。可见，当两个绕组的绕向确定，其同名端也便确定了。另外，绕组端子的标号可以有不同的选取方法，既可把同名端取作高压、低压绕组的首端（或末端），也可把异名端取作高、低压绕组的首端（或末端）。不难看出，高、低压绕组的感应电动势与它们的绕向（或同名端）、端子标号（绕组端子的首、末端的标法）都有关系。

如图 5-34（a）所示，A 与 a 为同名端，而 X 与 x 同样也为同名端，如图 5-38（b）所示，A 与 a 则为异名端，由此可见，同名端与绕组的绕向有关。

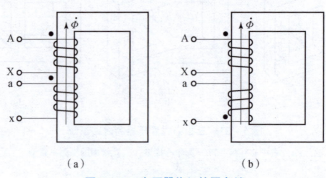

图 5-34 变压器绕组的同名端

(a) 绕组绕向相同时的同名端；(b) 绕组绕向相反时的同名端

(2) 三相变压器联结组标号的确定。

三相变压器联结组标号不仅与绕组的同名端及绕组首尾端的标记有关，还与三相绕组的联结方式有关。

三相绕组联结图规定高压绕组位于上方，低压绕组位于下方。根据时钟序数表示法判断联结组标号的方法步骤如下：

① 按三相变压器高、低压绕组联结方式，画出高、低压绕组的联结图，并在联结图中标出高、低压绕组相电动势的正方向。规定相电动势的正方向从绕组尾端指向首端。

② 作出高压侧的电动势相量图，将相量图的 A 点放在钟面的"12"处，相量图按逆时针方向旋转，相序为 A—B—C，即相量图的 3 个顶点 A、B、C 按顺时针方向排列。

③ 作出低压侧的电动势相量图，用高、低压侧对应绕组的相电动势的相位关系（同相位或反相位）确定，相量图按逆时针方向旋转，相序为 a—b—c，即相量图的 3 个顶点 a、b、c 按顺时针方向排列。

④ 把低压侧的相量图移向高压侧的相量图，并使两者的几何中心相重合。

⑤ 自该几何中心向低压侧相量图的 a 端点引一连线并延伸，其所指示钟面序数，即几点钟，就是高低压绕组的联结组标号。时钟序数乘 30°即为低压绕组与高压绕组相电动势之间的相位差。

(3) 三相变压器的标准联结组及其相量分析。

为了制造和使用上的方便，国家规定三相双绕组电力变压器的标准联结组为 Yyn0、Yd11、YNd11、YNy0、Yy0 等 5 种，其中前 3 种最常用。各种联结组有不同的适用范围，如 Yyn0 多用于容量不超过 1 800 kV·A，低压电压为 230 V/400 V 的配电变压器，供动力与照明负载。Yd11 用于高压侧电压 35 kV 及以下、低压侧电压高于 400 V 的配电变压器。YNd11 用于高压侧电压 110 kV 及以上且中性点接地的大型、巨型变压器中。Yy0 用于只供给动力负载、容量不太大的变压器。对单相变压器只采用 II 0 联结组，下面以 Yy0、Yd11 为例分析其联结组相量关系。

1）Yy0 联结组。

如图 5-35（a）~（c）所示分别为三相变压器 Yy0 联结组的接线图、相量图及简明表示。如图 5-35（a）所示的接线图中，高、低压侧绕组都按星形联结，且同名端都在首端。按联结组标号确定方法步骤为：

① 在图 5-35（a）中标出高、低压绕组相电动势 $\dot{E}_A$、$\dot{E}_B$、$\dot{E}_C$ 与 $\dot{E}_a$、$\dot{E}_b$、$\dot{E}_c$ 的正方向。

② 在图 5-35（b）中画出高压绕组的电动势相量图，将相量图的 A 点放在钟面的"12"处。

③ 根据低压绕组的 $\dot{E}_a$ 与 $\dot{E}_A$、$\dot{E}_b$ 与 $\dot{E}_B$、$\dot{E}_c$ 与 $\dot{E}_C$ 同相位，通过画平行线作出低压侧的电动势相量图。

④ 把低压侧相量图移向高压侧相量图，并使两者几何中心相重合。

⑤ 自几何中心向 a 端点引一连线并延伸，所指钟面序数为"0"（即"12"），确定该联结组标号为"0"，即为 Yy0 联结组。如图 5-35（c）所示的简明表示表明线电动势 $\dot{E}_{ab}$ 与 $\dot{E}_{AB}$ 同相位。

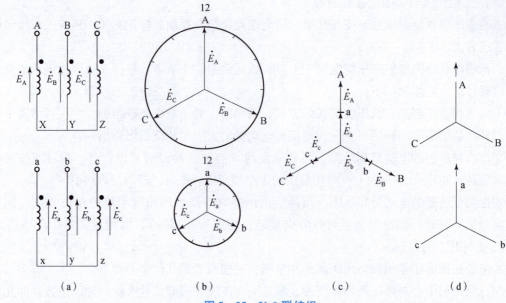

图 5-35 Yy0 联结组
(a) 接线图；(b) 相量图；(c) 简明表示

2) Yd11 联结组。

如图 5-36（a）~（c）所示分别为 Yd11 联结组的接线图、相量图及简明表示。如图 5-36（a）所示，高压绕组为星形联结，低压绕组为三角形逆联结，且同名端同时作为首端。如图 5-36（b）所示的高压侧相量图与图 5-35（b）所示的高压侧相量图一样。

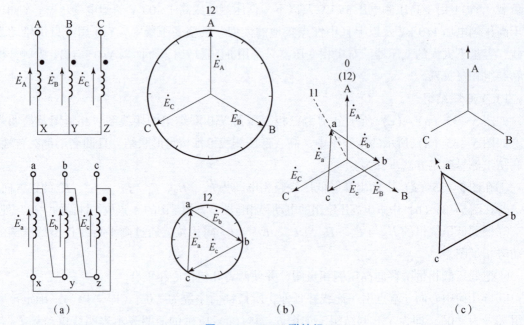

图 5-36 Yd11 联结组
(a) 接线图；(b) 相量图；(c) 简明表示

238

低压绕组的 $\dot{E}_a$ 与 $\dot{E}_A$ 同相位，所以在低压侧的相量图中 $\dot{E}_a$ 与 $\dot{E}_A$ 平行且方向一致，同时又因是三角形逆联结（a 与 y 相联结，b 与 z、c 与 x 相联结），所以 $\dot{E}_a = \dot{E}_{xa} = \dot{E}_{ca}$，$\dot{E}_b = \dot{E}_{yb} = \dot{E}_{ab}$，$\dot{E}_c = \dot{E}_{zc} = \dot{E}_{bc}$。把低压侧相量图移向高压侧相量图，并使两者几何中心相重合，自几何中心向 a 端点引一连线并延伸，所指钟面序数为"11"，确定该联结组标号为"11"，即为 Yd11 联结组。

【知识点 2】 三相变压器的并联运行

所谓变压器的并联运行，就是将两台或两台以上变压器的一次绕组接到同一电源上，二次绕组接到公共母线上，共同给负载供电，如图 5-37 所示。

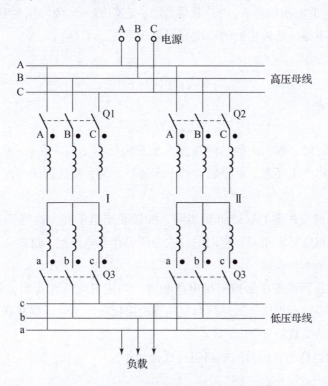

图 5-37　三相 Yy0 联结组变压器的并联运行

在现代电力系统中，常采用多台变压器并联运行的方式。采用并联运行的优点有：当某台变压器发生故障或需要检修时，可以把它从电网切除，而电网仍能继续供电，提高了供电的可靠性；可以根据负荷的大小，调整并联运行变压器的台数，以提高运行的效率；随着用电量的增加，分期安装变压器可以减少设备的初投资；并联运行时每台的容量小于总容量，这样可以减小备用变压器的容量。从现代制造水平来看，容量特别大的变电所只能采用并联运行。当然，并联运行的变压器的台数也不宜过多，因为单台大容量的变压器比总容量与其相同的几台小容量变压器造价要低，且安装占地面积也小。

**1. 变压器并联运行的理想情况**

（1）空载运行时，各变压器绕组之间无环流。

（2）负载时，各变压器所分担的负载电流与其容量成正比，防止某台过载或欠载，使并联的容量得到充分发挥。

（3）带上负载后，各变压器分担的电流与总的负载电流同相位，当总的负载电流一定时，各变压器所负担的电流最小，或者说当各变压器的电流一定时，所能承受的总负载电流为最大。

### 2. 变压器理想并联运行的条件

（1）并联运行的变压器的电压比 $k$ 要相等，否则变压器绕组间会产生环流。如电压比仅有少许差别，仍可并联运行。设两台变压器的组别相同，但电压比 $k$ 不等，即第Ⅰ台的电压比为 $K_Ⅰ$，第Ⅱ台的电压比为 $K_Ⅱ$。并联运行时，它们的一次绕组接至电压为 $U_1$ 的同一电网上，由于电压比不等，造成它们的二次绕组电压不等。

第Ⅰ台的电压为

$$U_{2Ⅰ} = U_1/k_Ⅰ \quad (5-16)$$

第Ⅱ台的电压为

$$U_{2Ⅱ} = U_1/k_Ⅱ \quad (5-17)$$

在它们并联运行时，其二次侧的两端就会出现电压差 $\Delta U_2 = U_{2Ⅰ} - U_{2Ⅱ}$，因而在两台变压器的二次绕组内将产生环流。根据磁动势平衡原理，两台变压器的一次绕组内也将同时出现环流。

（2）并联运行的变压器的联结组要相同。如果联结组不同，就等于只保证了二次额定电压大小相等，而相位却不相同，它们的二次电压仍存在电压差。这样一、二次绕组仍将产生极大的环流，这是不允许的。

（3）保证并联运行的变压器的阻抗电压相等。当阻抗电压相等时，各变压器所分担的负载与它们的额定容量成正比。如果两台变压器的阻抗电压不等，则并联时，阻抗电压较小的一台变压器承担的负载较大。

（4）保证并联运行的变压器的短路阻抗比值相等。

### 4.2.4 任务实施

【实施要求】

（1）完成两台三相变压器空载投入并联运行，设置阻抗电压相等的两台三相变压器并联运行及阻抗电压不相等的两台三相变压器并联运行。

（2）变压器选用两台三相心式变压器，其中不用低压绕组。

（3）确定三相变压器原、副方极性后，根据变压器的铭牌接成 Y/Y 接法，将两台变压器的高压绕组并连接电源。

**【工作流程】**

## 任务单

| 流程 | 班级 | | 小组名称 | |
|---|---|---|---|---|
| 1. 岗位分工<br>小组成员按项目经理（组长）、电气设计工程师、变电实验员、变电检测员等岗位进行分工，并明确个人职责，合作完成任务。采用轮值制度，使小组成员在每个岗位都得到锻炼 | 团队成员 | 岗位 | | 职责 |
| | | | | |
| | | | | |
| | | | | |
| | | | | |

### 物料和工具清单

| 流程 | 序号 | 物料或工具名称 | 规格 | 数量 | 检查是否完好 |
|---|---|---|---|---|---|
| 2. 领取原料<br>项目经理（组长）填写物料和工具清单，领取器件并检查 | | | | | |
| | | | | | |
| | | | | | |
| | | | | | |
| | | | | | |

### 电气原理图

| 流程 | |
|---|---|
| 3. 绘制电气原理图<br>电气设计工程师完成三相变压器并联运行接线图的绘制 | |

### 电路原理分析

| 流程 | |
|---|---|
| 4. 分析电路原理<br>电气设计工程师完成变压器并联运行实验电路原理分析 | |

续表

| 流程 | 任务单 ||||
|---|---|---|---|---|
| | 班级 | | 小组名称 | |
| 5. 数据测量记录<br>变电实验员检查变化和连接组，完成接线后，投入并联运行，记录数据。<br>（1）阻抗电压相等，逐次增加负载电流，直至其中一台输出电流达到额定值为止。 | 记录实验数据 ||| 根据数据画出负载分配曲线 $I_1=f(I)$ 及 $I_2=f(I)$。 |
| :^: | 序号 | $I_1$(A) | $I_2$(A) | $I$(A) | :^: |
| :^: | 1 | | | | :^: |
| :^: | 2 | | | | :^: |
| :^: | 3 | | | | :^: |
| :^: | 4 | | | | :^: |
| :^: | 5 | | | | :^: |
| :^: | 6 | | | | :^: |
| :^: | 7 | | | | :^: |
| :^: | 8 | | | | :^: |
| :^: | 9 | | | | :^: |
| （2）阻抗电压不相等时，并联运行 | 记录实验数据 ||| 根据数据画出负载分配曲线 $I_1=f(I)$ 及 $I_2=f(I)$。 |
| :^: | 序号 | $I_1$(A) | $I_2$(A) | $I$(A) | :^: |
| :^: | 1 | | | | :^: |
| :^: | 2 | | | | :^: |
| :^: | 3 | | | | :^: |
| :^: | 4 | | | | :^: |
| :^: | 5 | | | | :^: |
| :^: | 6 | | | | :^: |
| :^: | 7 | | | | :^: |
| :^: | 8 | | | | :^: |
| :^: | 9 | | | | :^: |
| 6. 变压器数据复核<br>变电检测员完成变压器数据复核 | 完成情况 ||| 遇到的问题 |

## 4.2 评分标准

| 项目内容 | 评分标准 | 配分 | 扣分 | 得分 |
|---|---|---|---|---|
| 线路检查 | (1) 变压器实验接线检查，每漏一处扣 5 分；<br>(2) 变压器实验接线漏检或错检，每处扣 5 分 | 30 | | |
| 数据记录 | (1) 变压器数据测量错误一项，扣 10 分；<br>(2) 数据计算错误一项，每项扣 5 分 | 20 | | |
| 实验步骤 | (1) 不按步骤实验，扣 10 分；<br>(2) 实验结果不符合要求，扣 5 分 | 25 | | |
| 安全文明生产 | 违反安全、文明生产规程，扣 5~40 | 20 | | |
| 定额时间 90 min | 每超时 5 min 扣 5 分 | 5 | | |
| 备注 | 除定额时间外，各项目的最高扣分不应超过配分 | | | |
| 开始时间 | | 结束时间 | | 实际时间 |

指导教师签名＿＿＿＿＿＿＿＿＿＿　　日期＿＿＿＿＿＿＿＿＿＿

【拓展阅读】

学好电气技术为人民服务

学好电气技术为人民服务

## 项目五 习题

**1. 选择题**

(1) 变压器空载损耗（　　）。

A. 全部为铜损耗　　　　　　　　　B. 全部为铁损耗

C. 主要为铜损耗　　　　　　　　　D. 主要为铁损耗

(2) 一台变压器原边接在额定电压的电源上，当副边带纯电阻负载时，则从原边输入的功率（　　）。

A. 只包含有功功率　　　　　　　　B. 只包含无功功率

C. 既有有功功率又有无功功率　　　D. 为零

(3) 用一台变压器向某车间的异步电动机供电，当开动的电动机台数增多时，变压器的端电压将（　　）。

A. 升高　　　　　　　　　　　　　B. 降低

C. 不变　　　　　　　　　　　　　D. 可能升高也可能降低

(4) 直流电动机启动时电枢回路串入电阻是为了（　　）。

A. 增加启动转矩　　　　　　　　　B. 限制启动电流

C. 增加主磁通　　　　　　　　　　D. 减小启动时间

(5) 在直流电机中，电枢的作用是（　　）。

A. 将交流电变为直流电　　　　　　B. 实现直流电能和机械能之间的转换

C. 在气隙中产生主磁通　　　　　　D. 将直流电流变为交流电流

**2. 判断题**

(1) 直流伺服电动机不论是他励式还是永磁式，其转速都是由信号电压控制的。（　　）

(2) 直流电动机的人为特性都比固有特性软。（　　）

(3) 一台接在直流电源上的并励电动机，把励磁绕组的两个端头对调后，电动机就会反转。（　　）

(4) 直流电机中，换向极的作用是改善换向，所以只要安装换向极都能起到改善换向的作用。（　　）

(5) 换向器是直流电机特有的装置。（　　）

(6) 直流电动机的额定功率指转轴上吸收的机械功率。　　　　　　　(　　)
(7) 变压器线圈绝缘处理工艺主要包括预烘、浸漆和干燥3个过程。　　(　　)

## 3. 简答题

(1) 如何改变两相交流伺服电动机的转向？为什么能改变其转向？

(2) 简述步进电动机的单三拍、六拍工作方式。

(3) 直流电动机的励磁方式有哪几种？试画电路图。

(4) 直流电动机停机时，应该先切断电枢电源，还是先断开励磁电源？

(5) 一台单相变压器，额定电压为 220 V/110 V，如果将二次侧误接在 220 V 电源上，对变压器有何影响？

## 4. 计算题

(1) 有一台 5 kV·A 的单相变压器，高、低压绕组各由两个线圈组成，一次绕组每个线圈的额定电压为 1 100 V，二次绕组每个线圈额定电压为 110 V，用这台变压器进行不同的联结，问可获得几种不同的电压比？每种联结时一、二次绕组的额定电流是多少？

(2) 一台直流电动机额定数据为：额定功率 $P_N = 17$ kW，额定电压 $U_N = 220$ V，额定转速 $n_N = 1\ 500$ r/min，额定效率 $\eta_N = 83\%$，求它的额定电流及额定负载时的输入功率。

# 项目六

# 创新拓展

## 【项目简介】

本项目通过引入恒压油泵控制系统、直进式拔丝机降压启动系统、消防泵一备一用控制系统等实际企业案例,引入行业的新技术、新工艺、新标准,使学生了解当前工业环境常用低压电气控制系统的设计、安装与调试方法,提升其工程实践能力和创新思维。通过电气绘图计算机软件的学习,紧密对接最新行业和企业岗位需求,使学生掌握计算机绘图技能。

## 【知识树】

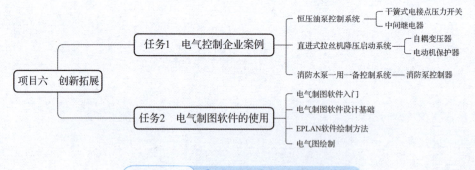

## 任务1 电气控制企业案例

### 子任务1.1 恒压油泵控制系统

【学习目标】
（1）了解压力开关的使用方法。
（2）了解油泵的恒压控制方法。
（3）能够根据控制要求,对低压控制系统进行选型和电气图设计。

#### 1.1.1 案例引入

【案例背景】

随着现代工业的快速发展,冷墩机和搓尖机在金属加工领域的应用越来越广泛。然而这两种设备在高温环境下长时间运行会导致设备性能下降,甚至影响生产效率和产品质量。为了解决这一问题,采用恒压油泵降温系统为冷墩机和搓尖机降温成为一种有效的方法。

恒压油泵降温系统的工作原理:

恒压油泵降温系统主要由油泵、油箱、冷却器、压力控制器等组成。首先,在降温过程中,油泵将冷却液从油箱中抽出,通过冷却器进行换热,使冷却液温度降低。其次,压力控制器保持系统内的压力稳定,以确保油泵能够正常工作。最后,降温后的冷却液流回油箱,形成一个循环过程。

【案例要求】

某金属制品企业引进50台冷墩机和50台搓尖机,如图6-1所示,为了保证设备的正常运行,企业拟引进2台5.5 kW恒压油泵站。根据所学知识,设计恒压油泵控制系统。

图6-1 恒压油泵低压控制系统现场

【案例分析】

案例分析1:如何实现恒压控制?

案例分析2:分析低压控制系统包括哪些电气器件?

## 1.1.2 知识链接

### 【知识点1】干簧式电接点压力开关

#### 1. 干簧式电接点压力开关简介

干簧式电接点常用于开关低电压和小电流，而且由于它们的气密结构以及在惰性气体中的工作环境，接点表面不会发生腐蚀。

由于此类接点具有高可靠性和低接触电阻，因此适用于多种应用，比如 PLC 应用、测量仪中的信号开关、指示灯、声音警报等。由于接点位于一个气密外壳中，因此特别适合用在高海拔地区。因为大气越稀薄，防止产生电弧所需要的接点间隙就越大。

> **小提示**
>
> 鉴于此类接点通常只具备开关小电流和低电压的能力，而且开关负载不超过 60 W，因此是规划阶段（尚未完全确定要处理的信号大小时）应用的理想之选。

#### 2. 干簧式电接点压力开关结构与工作原理

一个干簧式电接点由三个接触刀片（转换接点，SPDT 单刀双掷）组成，这些刀片采用铁磁材料，被熔接到一个玻璃罩内的惰性气体中。干簧式电接点结构示意图如图 6-2 所示，其中，C 表示离地，NC 表示常闭，NO 表示常开。

图 6-2　干簧式电接点结构示意图

当磁场靠近簧片开关时，两个接触刀片都会被拉到一起，开关闭合。电流可以通过。

随着磁场进一步移动，磁场强度会随着距离的增大而减小。而偏置电流将使接点始终保持闭合。只有磁场从反方向重新靠近干簧式电接点时，两个接触刀片才会再次断开。电流被中断。干簧式电接点动作功能示意图如图 6-3 所示。

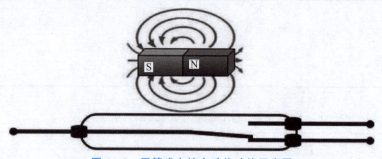

图 6-3　干簧式电接点动作功能示意图

**示例：**

假如将一台 1 MPa 干簧式电接点的开关点设置为 0.1 MPa，而且带磁体的仪表指针正向滑过该值，那么即使指针继续转动到 1 MPa，簧片开关接点也会保持状态不变。

只有在指针朝着 0 MPa 方向通过 0.1 MPa 时，干簧式电接点才会再次改变其状态。

## 【知识点2】 中间继电器

### 1. 中间继电器简介

中间继电器用于继电保护与自动控制系统中，以增加触点的数量及容量，还被用于在控制电路中传递中间信号。中间继电器的结构和原理与交流接触器基本相同，与接触器的主要区别在于，接触器的主触点可以通过大电流，而中间继电器的触点只能通过小电流，所以，它只能用于控制电路中，它一般没有主触点。因为过载能力比较小，所以它用的全部都是辅助触点，数量比较多。新国标对中间继电器的定义是 K，一般是直流电源供电，少数使用交流供电。

中间继电器和交流接触的原理一样，都是由固定铁心、动铁心、弹簧、动触点、静触点、线圈、接线端子和外壳组成。线圈通电，动铁心在电磁力作用下动作吸合，带动动触点动作，使常闭触点分开，常开触点闭合；线圈断电，动铁心在弹簧的作用下带动动触点复位。继电器组成如图 6-4 所示。

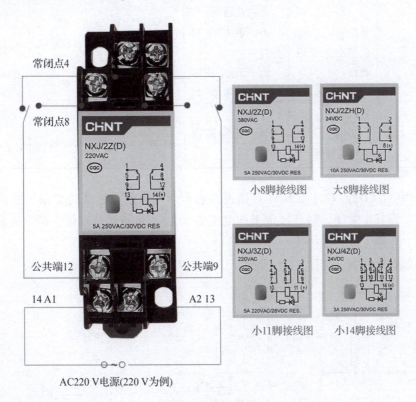

图 6-4 继电器组成

### 2. 中间继电器的作用

在工业控制线路和现在的家用电器控制线路中，常常会有中间继电器存在，对于不同的控制线路，中间继电器的作用有所不同，其在线路中的作用常见的有以下几种。

(1) 代替小型接触器。

(2) 增加接点数量。

(3) 增加接点容量。

(4) 转换接点类型。

(5) 用作开关。

(6) 转换电压。

(7) 消除电路中的干扰。

3. 中间继电器的选型与接线图

下面以正泰 NXJ 系列小型电磁继电器为例作详细介绍。NXJ 型号说明如表 6-1 所示。

表 6-1　NXJ 型号说明

| 型号缩写 | NXJ | / | (D) | 220 VAC | 插拔式 |
|---|---|---|---|---|---|
| 类别名称 | 继电器系列名称 | 触点形式 | 附加功能 | 线圈电压 | 连接方式 |
| 详细说明 | | 2Z：二组转换；<br>3Z：三组转换；<br>4Z：四组转换；<br>2ZH：二组大电流转换 | 无：普通型；<br>D：带状态指示灯<br>B：带状态指示灯及浪涌抑制 (DC)；<br>M：带隔弧罩 (4Z) | DC：5 V、6 V、12 V、24 V、36 V、48 V、110 V、127 V、220 V<br>AC：6 V、12 V、24 V、36 V、48 V、110 V、127 V、220 V、240 V、380 V、400 V、415 V | 插拔式：配套插座使用；<br>焊接式：PCB焊接使用 |

选型举例：NXJ/2Z（D）220 VAC 插拔式表示继电器触点形式为 2 组转换的触点（每组触点具有 1 常开 1 常闭，触点额定工作电流为 5 A），带指示灯功能，额定控制线圈电压为 220 VAC，连接方式为插拔式。

继电器触点接线方式如图 6-5 所示。

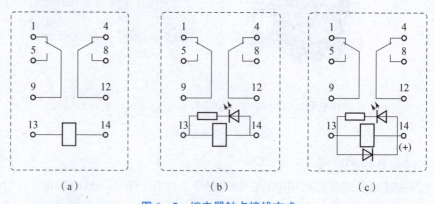

图 6-5　继电器触点接线方式
(a) 底视接线图；(b) 底视接线图（带指示灯）；(c) 底视接线图（带指示灯及二极管）

项目六 创新拓展

讨论题：分析如图6-5所示继电器的线圈和触点接线方式。

### 1.1.3 任务实施

【实施要求】

（1）认真仔细连接电路并自检，确认无误后方可通电。

（2）连接电路时，要按照"先主后控、先串后并、上入下出、左进右出"的原则接线，做到心中有数。

（3）主、控制电路的导线要区分开颜色，以便于检查。

（4）实验所用电压为380 V或220 V的三相交流电，严禁带电操作，不可触及导电部件，尽可能单手操作，保证人身和设备的安全。

【工作流程】

| 流程 | 任务单 ||||
|---|---|---|---|---|
| | 班级 | | 小组名称 | |
| 1. 岗位分工<br>小组成员按项目经理（组长）、电气设计工程师、电气安装员和项目验收员等岗位进行分工，并明确个人职责，合作完成任务。采用轮值制度，使小组成员在每个岗位都得到锻炼 | 团队成员 | | 岗位 | 职责 |
| | | | | |
| | | | | |
| | | | | |
| | 物料和工具清单 ||||
| | 序号 | 物料或工具名称 | 规格 | 数量 | 检查是否完好 |
| 2. 领取原料<br>项目经理（组长）填写物料和工具清单，领取器件并检查 | | | | | |
| | | | | | |
| | | | | | |
| | | | | | |

续表

| 流程 | 任务单 | | | |
|---|---|---|---|---|
| | 班级 | | 小组名称 | |
| 3. 绘制电气原理图<br>电气设计工程师完成恒压油泵控制系统电气原理图的绘制 | 电气原理图 | | | |
| 4. 分析电路原理<br>电气设计工程师完成恒压油泵控制系统原理分析 | 电路原理分析 | | | |
| 5. 绘制安装板布局图和接线图<br>电气设计工程师和电气安装员联合完成恒压油泵控制系统安装板布局图和接线图 | 安装板布局图和接线图 | | | |
| 6. 电气电路配盘<br>电气安装员完成恒压油泵控制系统配盘 | 工序 | 完成情况 | | 遇到的问题 |
| | 电气元件布局 | | | |
| | 电气元件安装 | | | |
| | 电气元件接线 | | | |
| 7. 电路检查<br>电气安装员与项目验收员一起完成恒压油泵控制系统检查 | 工序 | 完成情况 | | 遇到的问题 |
| 8. 通电试车<br>电气安装员与项目验收员完成恒压油泵控制系统验收 | 工序 | 完成情况 | | 遇到的问题 |

## 1.1.4 任务验收

**任务验收单**

| 任务名称 | | | 验收分数 | |
|---|---|---|---|---|
| 组别 | | | 验收时间 | |
| 任务工单验收 | | | | |
| 通电演示验收 | | | | |

<table>
<tr><td rowspan="6">文档验收</td><td colspan="4">任务文档验收清单</td></tr>
<tr><td>序号</td><td>文档名称</td><td>上交人</td><td>上交时间</td></tr>
<tr><td></td><td></td><td></td><td></td></tr>
<tr><td></td><td></td><td></td><td></td></tr>
<tr><td></td><td></td><td></td><td></td></tr>
<tr><td></td><td></td><td></td><td></td></tr>
</table>

<table>
<tr><td rowspan="20">验收评价</td><td colspan="5">评价标准</td></tr>
<tr><td>项目内容</td><td>评分标准</td><td>配分</td><td>扣分</td><td>得分</td></tr>
<tr><td>装前检查</td><td>(1) 电动机质量检查，每漏一处扣 3 分；<br>(2) 电气元件漏检或错检，每处扣 2 分</td><td>15</td><td></td><td></td></tr>
<tr><td>安装元件</td><td>(1) 不按布置图安装，扣 10 分；<br>(2) 元件安装不牢固，每只扣 2 分；<br>(3) 安装元件时漏装螺钉，每只扣 0.5 分；<br>(4) 元件安装不整齐、不匀称、不合理，每只扣 3 分；<br>(5) 损坏元件，扣 10 分</td><td>15</td><td></td><td></td></tr>
<tr><td>布线</td><td>(1) 不按电路图接线，扣 15 分；<br>(2) 布线不符合要求：主电路，每根扣 2 分；控制电路，每根扣 1 分；<br>(3) 接点松动、接点露铜过长、压绝缘层、反圈等，每处扣 0.5 分；<br>(4) 损伤导线绝缘或线芯，每根扣 0.5 分；<br>(5) 标记线号不清楚、遗漏或误标，每处扣 0.5 分</td><td>30</td><td></td><td></td></tr>
<tr><td>通电试车</td><td>(1) 第一次试车不成功，扣 10 分；<br>(2) 第二次试车不成功，扣 20 分；<br>(3) 第三次试车不成功，扣 30 分</td><td>40</td><td></td><td></td></tr>
<tr><td>安全文明生产</td><td colspan="4">违反安全、文明生产规程，扣 5~40 分</td></tr>
<tr><td>定额时间<br>90 min</td><td colspan="4">每超时 5 min 扣 5 分</td></tr>
<tr><td>备注</td><td colspan="4">除定额时间外，各项目的最高扣分不应超过配分数</td></tr>
<tr><td>开始时间</td><td colspan="2">结束时间</td><td colspan="2">实际时间</td></tr>
<tr><td colspan="5">评价标准指导教师签名</td></tr>
</table>

| 效果评价 | |
|---|---|

## 子任务1.2　直进式拔丝机降压启动系统

【学习目标】
(1) 了解自耦变压器的使用方法。
(2) 掌握电动机保护器的使用方法。
(3) 能够根据控制要求，对低压控制系统进行选型和电气图设计。

### 1.2.1　案例引入

【案例背景】

直进式拔丝机是常见的金属线材加工设备中的一种，如图6-6所示。直进式拔丝机可对高、中、低碳钢丝，不锈钢丝，铜丝，合金铜丝，铝合金丝等进行拉伸加工，精度高，而拔丝机的功率高，在启动时需要采用降压启动系统。直进式拔丝机降压启动系统是一种常用的电机降压启动方式，通过降低电机输入电压来减小启动电流，从而减小启动对电网的冲击。直进式拔丝机降压启动系统通常由变压器、接触器和控制器等组成，可以根据不同的电机型号和需求进行定制，实现电机平稳启动，提高生产效率和设备寿命。

图6-6　直进式拔丝机

【案例要求】

某机械设计公司计划生产拔丝机，电动机采用30 kW三相异步电动机，为了降低电动机启动对工厂其他车间的影响，拟采用降压启动系统，现场提供三相五线制电源，根据所学知识，设计直进式拔丝机降压启动系统，在设计过程中，需要充分考虑设备运行的稳定性和电动机安全性。

【案例分析】

案例分析1：如何提高降压启动时设备的稳定性和电动机的安全性？

案例分析 2：如何提高电动机的安全性？

### 1.2.2 知识链接

**【知识点 1】自耦变压器**

以正泰 QZB - J 系列启动用自耦减压变压器（以下简称自耦变压器）为例，它适用于交流 50 Hz、额定电压 380 V、额定输出功率 450 kW 及以下的三相鼠笼型感应电动机，不频繁操作条件下的降压启动，利用自耦变压器降压的特点，降低电动机的启动电流，以改善电动机启动时对输电网络的影响。

#### 1. 自耦变压器型号规格及含义

自耦变压器型号规格及含义如图 6-7 所示。

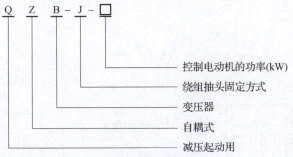

图 6-7　自耦变压器型号规格及含义

#### 2. 结构特征与工作原理

（1）自耦变压器是由线圈绕组、铁心、接线绝缘板等组成，该产品不能单独使用，只能作为各类自耦减压启动控制设备的部件使用。自耦变压器如图 6-8 所示。

图 6-8　自耦变压器

（2）自耦变压器属电动机短时启动用产品，在启动过程中会发热，因此对启动时间和启动频次有严格的限制。为防止自耦变压器因使用不当而过热损坏，QZB-J系列自耦变压器线圈内部增加了温度保护开关（热敏动断开关）。在使用时，其热敏动断常闭触点应串接到电机二次控制回路中，才能起到过热保护作用。当电动机启动时间超过自耦变压器的允许限值或其他因素造成自耦变压器过热时，温度保护开关就会动作，断开控制回路，使自耦变压器停止工作，此时不能启动电动机，只有当自耦变压器线圈温度下降到一定值，温度保护开关自动复位，才能再次启动。

自耦变压器建议降压启动电路如图6-9所示。

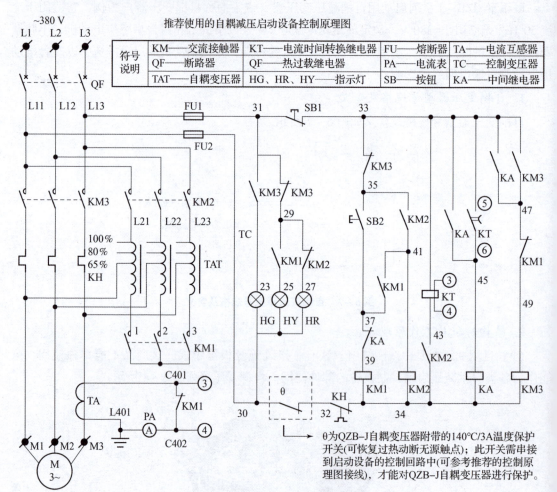

图6-9 自耦变压器建议降压启动电路

【知识点2】电动机保护器

电动机保护器如图6-10所示。电动机保护器通过电流互感器检测电动机主电路电流，判断电动机是否断相或过载。过载时触发过载反时限电路，根据过载电流倍数进行延时，延时时间到，内置电子开关关断；断相保护器通过断相保护电路延时，延时时间到，关断内置电子开关。

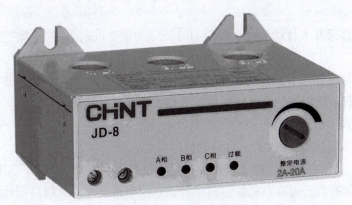

图 6-10　电动机保护器

控制电路电压为 AC220V 的接线图如图 6-11 所示。

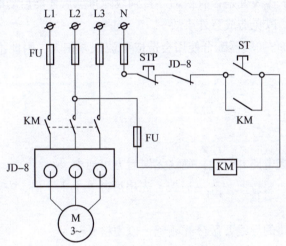

图 6-11　控制电路电压为 AC220V 的接线图

> **小提示**
> 
> （1）当电动机额定电流小于 3 A 时，三相主电路需多次穿心，穿过保护器穿心孔的最低信号电流与穿孔匝数之积需大于 3 A。
> 
> （2）应定期检查保护器的性能，并进行过载试验、断相试验。试验应由专业技术人员进行，并保证用电安全。
> 
> （3）该保护器不能用于控制直流接触器。
> 
> （4）保护器的输出接口是无触点的固态电子开关，故检验开关的通断特性时不能使用万用表的电阻挡。
> 
> （5）如果保护器用于自动控制电路，保护器动作后要重新启动时，需切断控制电路使保护器断电复位，否则可能导致保护器工作不正常。
> 
> （6）当保护器配用的交流接触器的线圈电压大于 380 V 或线圈电流大于 1 A 时，需使用中间继电器做转换接口。

> **小提示**
>
> （7）保护器重复工作时，两次启动的时间应大于 2 min，否则可能导致保护器不能正常工作。
>
> （8）当控制电路含有其他电器开关元件时，可能使保护器工作不正常。如使用该保护器控制带有节能模块的交流接触器，可能无法有效分断接触器。
>
> （9）保护器不适用具有可逆控制的电动机的保护。
>
> （10）保护器仅适用于保护一台电动机的场合。
>
> （11）如电动机在运行中停止，要检查电动机是否有断相、过载，先检查电动机是否温升过高，如有温升过高可能是过载停转；如没有温升可能是线路断相引起保护器动作，检查三相电源是否正常，交流接触器动、静触点是否接触良好，电动机三相电源线是否有松动等现象；如一切正常而电动机仍不能启动，则要细心检查直流接触器自锁触点和保护器接线端子连线处是否有松动。直到故障排除后才能启动电动机，故障未排除时，不能强制启动，以免造成意外事故。
>
> （12）保护器如与变频器配合使用会造成电流误差偏大，因此不适宜与变频器配合使用。

### 1.2.3 任务实施

【实施要求】

（1）认真仔细连接电路并自检，确认无误后方可通电。

（2）连接电路时，要按照"先主后控、先串后并、上入下出、左进右出"的原则接线，做到心中有数。

（3）主、控制电路的导线要区分开颜色，以便检查。

（4）实验所用电压为 380 V 或 220 V 的三相交流电，严禁带电操作，不可触及导电部件，尽可能单手操作，保证人身和设备的安全。

【工作流程】

| 流程 | 任务单 | | | |
| --- | --- | --- | --- | --- |
| | 班级 | | 小组名称 | |
| 1. 岗位分工<br>小组成员按项目经理（组长）、电气设计工程师、电气安装员和项目验收员等岗位进行分工，并明确个人职责，合作完成任务。采用轮值制度，使小组成员在每个岗位都得到锻炼 | 团队成员 | | 岗位 | 职责 |
| | | | | |
| | | | | |
| | | | | |
| | | | | |

续表

| 流程 | 任务单 | | | | |
|---|---|---|---|---|---|
| | 班级 | | 小组名称 | | |
| | 物料和工具清单 | | | | |
| 2. 领取原料<br>项目经理（组长）填写物料和工具清单，领取器件并检查 | 序号 | 物料或工具名称 | 规格 | 数量 | 检查是否完好 |
| | | | | | |
| | | | | | |
| | | | | | |
| | | | | | |
| | | | | | |
| 3. 绘制电气原理图<br>电气设计工程师完成直进式拔丝机降压启动系统电气原理图的绘制 | 电气原理图 | | | | |
| 4. 分析电路原理<br>电气设计工程师完成直进式拔丝机降压启动系统原理分析 | 电路原理分析 | | | | |
| 5. 绘制安装板布局图和接线图<br>电气设计工程师和电气安装员联合完成直进式拔丝机降压启动系统安装板布局图和接线图 | 安装板布局图和接线图 | | | | |
| 6. 电气电路配盘<br>电气安装员完成直进式拔丝机降压启动系统配盘 | 工序 | | 完成情况 | | 遇到的问题 |
| | 电气元件布局 | | | | |
| | 电气元件安装 | | | | |
| | 电气元件接线 | | | | |
| 7. 电路检查<br>电气安装员与项目验收员一起完成直进式拔丝机降压启动系统检查 | 工序 | | 完成情况 | | 遇到的问题 |
| | | | | | |
| 8. 通电试车<br>电气安装员与项目验收员完成直进式拔丝机降压起动系统验收 | 工序 | | 完成情况 | | 遇到的问题 |
| | | | | | |

## 1.2.4 任务验收

### 任务验收单

| 任务名称 | | 验收分数 | |
|---|---|---|---|
| 组别 | | 验收时间 | |
| 任务工单验收 | | | |
| 通电演示验收 | | | |

| 文档验收 | 任务文档验收清单 ||||
|---|---|---|---|---|
| | 序号 | 文档名称 | 上交人 | 上交时间 |
| | | | | |
| | | | | |
| | | | | |

| 验收评价 | 评价标准 ||||
|---|---|---|---|---|
| | 项目内容 | 评分标准 | 配分 | 扣分 | 得分 |
| | 装前检查 | (1) 电动机质量检查,每漏一处扣3分;<br>(2) 电气元件漏检或错检,每处扣2分 | 15 | | |
| | 安装元件 | (1) 不按布置图安装,扣10分;<br>(2) 元件安装不牢固,每只扣2分;<br>(3) 安装元件时漏装螺钉,每只扣0.5分;<br>(4) 元件安装不整齐、不匀称、不合理,每只扣3分;<br>(5) 损坏元件,扣10分 | 15 | | |
| | 布线 | (1) 不按电路图接线,扣15分;<br>(2) 布线不符合要求:主电路,每根扣2分;控制电路,每根扣1分;<br>(3) 接点松动、接点露铜过长、压绝缘层、反圈等,每处扣0.5分;<br>(4) 损伤导线绝缘或线芯,每根扣0.5分;<br>(5) 标记线号不清楚、遗漏或误标,每处扣0.5分 | 30 | | |
| | 通电试车 | (1) 第一次试车不成功,扣10分;<br>(2) 第二次试车不成功,扣20分;<br>(3) 第三次试车不成功,扣30分 | 40 | | |
| | 安全文明生产 | 违反安全、文明生产规程,扣5~40分 | | | |
| | 定额时间<br>90 min | 每超时5 min 扣5分 | | | |
| | 备注 | 除定额时间外,各项目的最高扣分不应超过配分 | | | |
| | 开始时间 | | 结束时间 | | 实际时间 | |
| | 评价标准指导教师签名_____ |||||

| 效果评价 | |
|---|---|

## 子任务 1.3　消防泵一用一备控制系统

【学习目标】
(1) 了解消防控制设备的使用方法。
(2) 能够根据控制要求，对低压控制系统进行选型和电气图设计。

### 1.3.1　案例引入

【案例背景】
消防系统的意义在于预防火灾、控制火灾、保护人员生命财产安全，以及遵守法律法规，它是现代社会建筑物和设施不可或缺的重要组成部分。而消防泵一备一用在消防系统中具有重要意义。

【案例要求】
某商场的消防泵功率为 7.5 kW，原有消防控制柜采用手动切换一备一用控制，根据客户需求，将原有系统更换为自动切换的系统。根据所学知识，设计消防泵一备一用自动控制系统。消防泵控制柜如图 6-12 所示。

图 6-12　消防泵控制柜

【案例分析】
案例分析 1：什么是电动机一备一用，它的工作过程是什么？

案例分析2：如何实现一备一用自动控制？

### 1.3.2 知识链接

**【知识点1】消防泵控制器**

消防泵控制器是一种用于控制消防泵的重要设备，它能够监测消防泵的运行状态，并在需要时自动启动消防泵，确保消防水源的稳定供应。消防泵控制器具有高度的可靠性和稳定性，能够在紧急情况下快速响应，保障人们的生命财产安全。

本案例以欣灵的 AK 系列消防泵控制器为例进行学习。AK 系列消防泵控制器产品型号说明如图 6-13 所示。

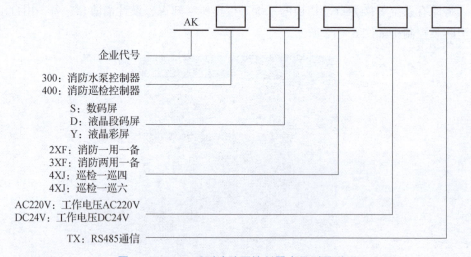

图 6-13 AK 系列消防泵控制器产品型号说明

1. **型号举例**：AK300-D2XF AC220V TX（AC220V 一用一备带通信消防泵控制器）

AK300-D2XF 型消防电气控制装置（消防泵控制器），是符合 GB 16806—2006 标准设计的一款产品，用于消防泵控制设备中的逻辑运算、自动远程信号处理、接触器驱动、电压电流显示及负载故障保护切换，适用于 0.75~500 kW 的水泵，适用于直接启动、星三角启动、软启动、自耦降压启动。

2. **操作面板**

AK300-D2XF 型消防电气控制装置的操作面板如图 6-14 所示。

A 区：LCD 显示屏区域

B 区：LED 指示灯区域

C 区：按键操作区域

D区：联动、故障预警区

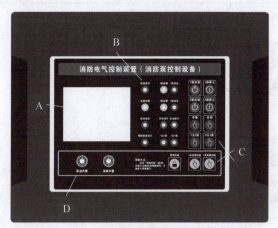

图 6-14　AK300-D2XF 型消防电气控制装置的操作面板

3. 按键介绍

AK300-D2XF 型消防电气控制装置按键介绍如表 6-2 所示。

表 6-2　AK300-D2XF 型消防电气控制装置按键介绍

| 按键名称 | 按键图标 | 按键功能 |
| --- | --- | --- |
| 1泵启动/△ | 【1泵启动】 | （1）按【1泵启动】键启动1泵；<br>（2）在参数设置界面，按【1泵启动】键为参数值加1，长按【1泵启动】键为参数值快速增加 |
| 1泵停止 | 【1泵停止】 | （1）按【1泵停止】键停止1泵；<br>（2）在参数设置界面，按【1泵停止】键为切换参数菜单后退；长按【1泵停止】键进入菜单 |
| 2泵启动/▽ | 【2泵启动】 | （1）按【2泵启动】键启动2泵；<br>（2）在参数设置界面，按【2泵启动】键为参数值减1，长按【2泵启动】键为参数值快速减小 |
| 2泵停止 | 【2泵停止】 | （1）按【2泵停止】键停止2泵；<br>（2）在参数设置界面，按【2泵停止】键为切换参数菜单前进 |

续表

| 按键名称 | 按键图标 | 按键功能 |
| --- | --- | --- |
| 手动 |  手动 | 切换模式为手动模式 |
| 自动 |  自动 | 切换模式为自动模式；长按【自动】清除系统密码 |
| 1主2备 |  1主2备 | 自动模式下，切换1泵为主泵，2泵为备用泵 |
| 2主1备 |  2主1备 | 自动模式下，切换2泵为主泵，1泵为备用泵 |
| 1泵故障切换 |  1泵故障切换 | 1泵正常运行时，按【1泵故障切换】键模拟1泵故障，自动切换2泵启动 |
| 2泵故障切换 |  2泵故障切换 | 2泵正常运行时，按【2泵故障切换】键模拟2泵故障，自动切换1泵启动 |
| 管理权限 |  管理权限 | 长按【管理权限】键3 s，并输入正确的3位密码，再按【管理权限】键解锁密码，才能进入系统操作面板 |

**4. 接线示意图**

常规不带机械应急的接线图如图6-15所示，消防电气控制装置接线图如图6-16所示。具体含义参见产品说明书，在此不再赘述。

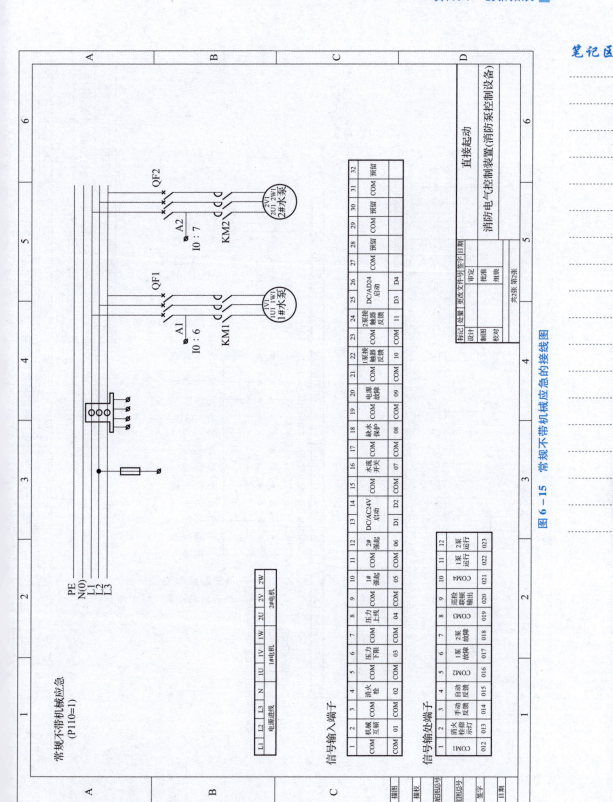

图 6-15 常规不带机械应急的接线图

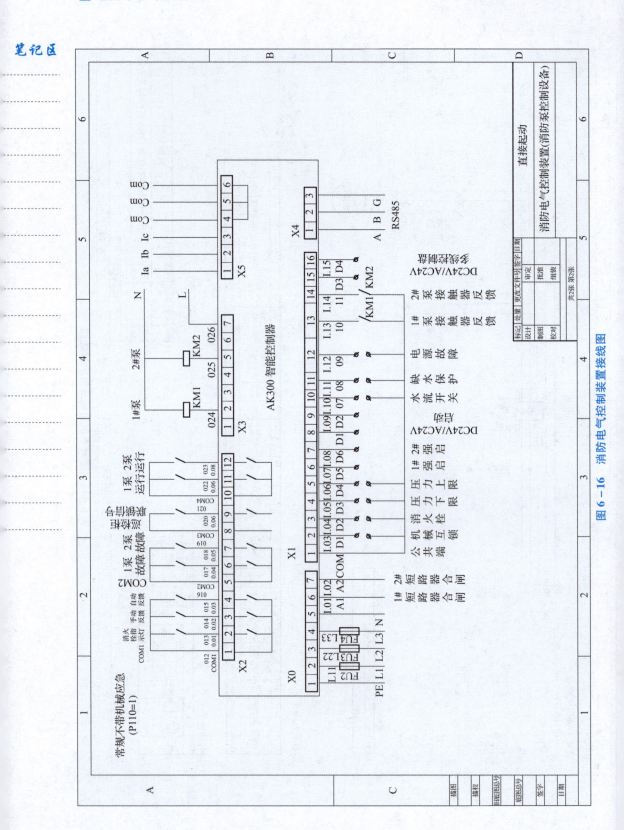

图 6-16 消防电气控制装置接线图

讨论题：相比传统接触器切换的消防泵一备一用控制电路，消防电气控制装置有什么优势？

### 1.3.3 任务实施

【实施要求】

（1）认真仔细连接电路并自检，确认无误后方可通电。

（2）连接电路时，要按照"先主后控、先串后并、上入下出、左进右出"的原则接线，做到心中有数。

（3）主、控制电路的导线要区分开颜色，以便检查。

（4）实验所用电压为 380 V 或 220 V 的三相交流电，严禁带电操作，不可触及导电部件，尽可能单手操作，保证人身和设备的安全。

【工作流程】

| 流程 | 任务单 | | |
|---|---|---|---|
| | 班级 | 小组名称 | |
| 1. 岗位分工<br>小组成员按项目经理（组长）、电气设计工程师、电气安装员和项目验收员等岗位进行分工，并明确个人职责，合作完成任务。采用轮值制度，使小组成员在每个岗位都得到锻炼 | 团队成员 | 岗位 | 职责 |
| | | | |
| | | | |
| | | | |
| | 物料和工具清单 | | |
| 2. 领取原料<br>项目经理（组长）填写物料和工具清单，领取器件并检查 | 序号 | 物料或工具名称 | 规格 | 数量 | 检查是否完好 |
| | | | | | |
| | | | | | |
| | | | | | |
| | | | | | |

续表

| 流程 | 任务单 | | | |
|---|---|---|---|---|
| | 班级 | | 小组名称 | |
| 3. 绘制电气原理图<br>电气设计工程师完成消防水泵一用一备控制系统电气原理图的绘制 | 电气原理图 | | | |
| 4. 分析电路原理<br>电气设计工程师完成消防泵一用一备控制系统原理分析 | 电路原理分析 | | | |
| 5. 绘制安装板布局图和接线图<br>电气设计工程师和电气安装员联合完成消防泵一用一备控制系统安装板布局图和接线图 | 安装板布局图和接线图 | | | |
| 6. 电气电路配盘<br>电气安装员完成消防泵一用一备控制系统配盘 | 工序 | 完成情况 | | 遇到的问题 |
| | 电气元件布局 | | | |
| | 电气元件安装 | | | |
| | 电气元件接线 | | | |
| 7. 电路检查<br>电气安装员与项目验收员一起完成消防泵一用一备控制系统检查 | 工序 | 完成情况 | | 遇到的问题 |
| 8. 通电试车<br>电气安装员与项目验收员完成消防泵一用一备控制系统验收 | 工序 | 完成情况 | | 遇到的问题 |

## 1.3.4 任务验收

### 任务验收单

| 任务名称 | | 验收分数 | |
|---|---|---|---|
| 组别 | | 验收时间 | |
| 任务工单验收 | | | |
| 通电演示验收 | | | |

| 文档验收 | 任务文档验收清单 | | | |
|---|---|---|---|---|
| | 序号 | 文档名称 | 上交人 | 上交时间 |
| | | | | |
| | | | | |
| | | | | |

| 验收评价 | 评价标准 | | | | |
|---|---|---|---|---|---|
| | 项目内容 | 评分标准 | 配分 | 扣分 | 得分 |
| | 装前检查 | (1) 电动机质量检查，每漏一处扣3分；<br>(2) 电气元件漏检或错检，每处扣2分 | 15 | | |
| | 安装元件 | (1) 不按布置图安装，扣10分；<br>(2) 元件安装不牢固，每只扣2分；<br>(3) 安装元件时漏装螺钉，每只扣0.5分；<br>(4) 元件安装不整齐、不匀称、不合理，每只扣3分；<br>(5) 损坏元件，扣10分 | 15 | | |
| | 布线 | (1) 不按电路图接线，扣15分；<br>(2) 布线不符合要求：主电路，每根扣2分；控制电路，每根扣1分；<br>(3) 接点松动、接点露铜过长、压绝缘层、反圈等，每处扣0.5分；<br>(4) 损伤导线绝缘或线芯，每根扣0.5分；<br>(5) 标记线号不清楚、遗漏或误标，每处扣0.5分 | 30 | | |
| | 通电试车 | (1) 第一次试车不成功，扣10分；<br>(2) 第二次试车不成功，扣20分；<br>(3) 第三次试车不成功，扣30分 | 40 | | |
| | 安全文明生产 | 违反安全、文明生产规程，扣5~40分 | | | |
| | 定额时间<br>90 min | 每超时5 min 扣5分 | | | |
| | 备注 | 除定额时间外，各项目的最高扣分不应超过配分 | | | |
| | 开始时间 | 结束时间 | | 实际时间 | |
| | 评价标准指导教师签名_____ | | | | |

| 效果评价 | |
|---|---|

# 任务 2  电气制图软件的使用

## 子任务 2.1  电气制图软件入门

### 2.1.1  引言

EPLAN 是一款专业的电气工程设计软件,它为电气工程师提供了从设计到文档生成的一站式解决方案。本部分将详细介绍如何入门使用 EPLAN,帮助读者快速掌握这款软件的基本操作。

### 2.1.2  EPLAN 特点

**1. 项目创建与管理**

(1) 新建项目:在软件中,选择"文件"→"新建"→"项目",然后输入项目名称和保存路径,即可创建一个新的电气工程设计项目。

(2) 项目设置:在新建项目后,需要设置项目的相关参数,如电气标准、图纸大小等。这些设置有助于确保设计的规范性和可读性。

(3) 项目管理:在项目创建完成后,可以使用 EPLAN 的项目管理功能,对项目进行组织和维护。例如,可以添加或删除图纸、管理图纸版本等。

**2. 电气设计方面**

(1) 原理图绘制:在 EPLAN 中,可以使用各种工具和符号来绘制电气原理图。这些工具包括导线、连接点、设备符号等。还可以使用自动布局功能,让软件完成原理图的布局工作。

(2) 布线设计:在原理图绘制完成后,需要进行布线设计。在 EPLAN 中,可以选择不同的线规、颜色和样式来绘制电线和电缆。此外,还可以使用软件提供的碰撞检测功能,检查设计中的电气冲突。

(3) 符号与设备库:EPLAN 提供了丰富的符号和设备库,方便用户进行电气设计。可以选择合适的符号和设备,将其添加到原理图中。此外,还可以创建自己的符号和设备库,以便于后续的设计工作。

**3. 文档生成与导出**

(1) 报表生成:在完成电气设计后,可以使用 EPLAN 的报表生成功能,生成各种类型的报表,如电缆清单、设备清单等。这些报表有助于更好地了解项目的电气细节。

(2) 导出与打印:可以将设计导出为 PDF、DWG 等格式,以便于其他人员查看和编辑。同时,还可以将报表导出为 Excel 等格式,方便数据分析和处理。

> **小提示**
>
> (1) 建议按默认设置,将软件主程序安装在 C 盘。
>
> (2) 由于系统主数据是用户主数据,是用户日常维护的主数据,含有自定义的符号、图框、表格等数据,最为重要的是含有日常设计的项目数据,因此,建议改变其安装路径,将其安装在除 C 盘以外的其他盘下,避免在 Ghost 系统崩溃的时候项目数据和主数据丢失。

> **小提示**
>
> （3）如果许可有英文和中文两种版本，可以按多语言版本进行安装，这时需要在"语言模块"窗口中选择英文和中文。
>
> （4）"激活"选项决定了安装目录的语言显示。若选择"英文"，安装目录会以英文显示，例如，"Administration""Macros""Projects""Symbols""Forms"；若选择"中文"，安装目录会以中文显示，例如，"管理""宏""项目""符号""表格"。
>
> （5）"激活"选项建议安装目录的语言显示为英文，因为人们都习惯安装路径目录为英文描述。在 EPLAN 的高级应用中，人们习惯调用英文路径。例如，在调用一个脚本的时候，若脚本中的路径用英文描述，而安装目录用中文描述就会造成脚本无法加载。
>
> （6）数据目录一般在"C:\Users\Public\EPLAN\Data"路径下，不同的系统，路径的名称可能会有区别，比如"Users"为"用户"。

## 子任务 2.2　电气制图软件设计基础

### 2.2.1　基本操作指令

#### 1. 软件的启动与认识

安装成功后，打开桌面软件图标  进入系统主界面，系统主界面如图 6-17 所示。程序首次启动后即调用预设置的 EPLAN 界面。除了其他界面元素，在主窗口左侧会看到页导航器。首次启动时，该窗口为空白。带有背景图形的右侧区域将用作打开页的工作区域。

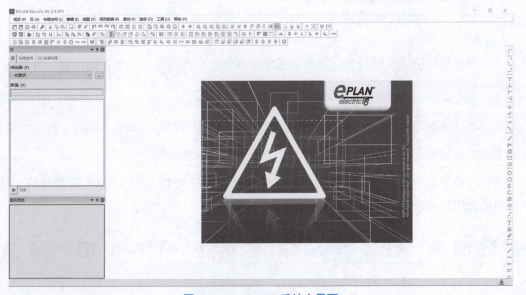

图 6-17　EPLAN 系统主界面

标题栏下方是菜单栏，如图 6-18 所示。包括最重要的命令和对话框调用。

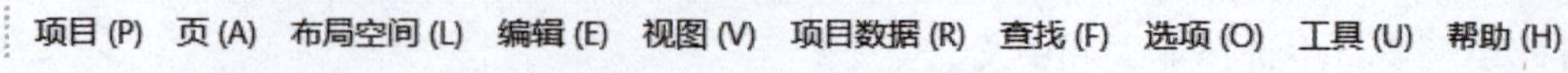

| 项目(P) 页(A) 布局空间(L) 编辑(E) 视图(V) 项目数据(R) 查找(F) 选项(O) 工具(U) 帮助(H) |

图 6-18 菜单栏

用鼠标左键单击相应菜单，即可显示该菜单的全部菜单项。只要未打开任何项目或页，就不能选择多个菜单项。这些菜单项显示为灰色，如图 6-19 所示。

若干菜单项的功能如同一个开关，可进行打开或关闭操作。例如视图菜单中的图形预览菜单项。如果已打开选项，则通过前置小对钩☑对其进行标识。

**示例：**

以下示例显示视图菜单中已打开的"图形预览"菜单项，如图 6-20 所示。

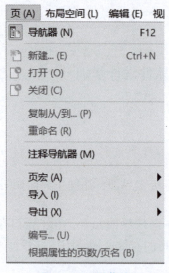

图 6-19 页菜单

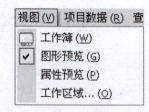

图 6-20 打开"图形预览"功能

> **小提示**
> 
> 在页导航器中标出的页会在图形预览中显示为缩小的视图。例如，借助窗口可快速查找项目中的各页。

配有符号的菜单项中，通过一个框强调打开状态的相应符号。例如，通过导航器菜单项在页菜单中调用页导航器即属此种情况（符号处于打开状态：）

工具栏位于菜单栏下方并由按钮组成，用这些按钮可直接调用 EPLAN 最重要的功能。暂时只能使用部分按钮。部分工具栏如图 6-21 所示。

图 6-21 部分工具栏

状态栏位于窗口边缘下方,如图 6-22 所示。用鼠标指向菜单项或工具栏的按钮时,会显示经命令调用的关于操作的简短功能信息文本。

图 6-22 状态栏

如果光标定位在一个打开的页中,在状态栏中会显示关于光标位置、栅格状态、逻辑状态和在特定前提下的当前已选元素的数据的说明。

**示例:**
我们已在待创建的练习项目中打开了原理图第一页(完整页名 = ANL + SCP/1),并将光标定位在一个特定位置上,其状态栏如图 6-23 所示。

图 6-23 状态栏示例

①X:176.00 mm    Y:216.00 mm。
X 和 Y 是光标的水平和垂直位置(坐标),以栅格为单位。在逻辑页(像这样的原理图页)上坐标将以栅格量为单位,在图页上以 mm 或 in(1 in = 25.4 mm)为单位。

②打开:4.00 mm。
此显示表示已打开栅格捕捉选项且此页的栅格尺寸为 4 mm。栅格的大小可以在页属性中进行配置,并且显示在状态栏中。可通过"视图"→"栅格"来切换栅格的开/关,也可以单击如图 6-24 所示的栅格工具栏上的按钮。默认情况下,A = 1 mm,B = 2 mm,C = 4 mm,D = 8 mm,E = 16 mm。

③逻辑 1:1。
表明这里是比例为 1:1 的一个逻辑页。

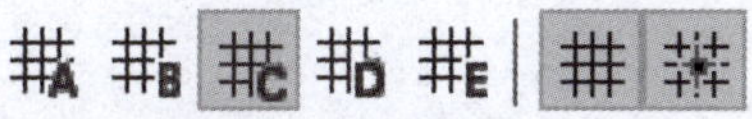

图 6-24 栅格工具栏

通过"选项"→"设置"→"用户"→"图形的编辑"→"2D"菜单项,打开如图 6-25 所示的栅格系统设置对话框,可以设置默认栅格尺寸,进行自定义时请注意,一般情况下要打开栅格,这样定位比较快速,插入点和对象插入点能够很容易地被放置在栅格上。在进行原理图设计时,默认栅格是 4 mm。

"选项"→"捕捉到栅格"菜单项用来设置捕捉到栅格的开/关。如果激活此功能,后续的操作全部捕捉到栅格。在状态栏中,栅格大小前同时显示"开"或"关"状态。

"编辑"→"其他"→"对齐到栅格"菜单项用来使所选择对象的插入点重新排列到栅格上,如图 6-26 所示。

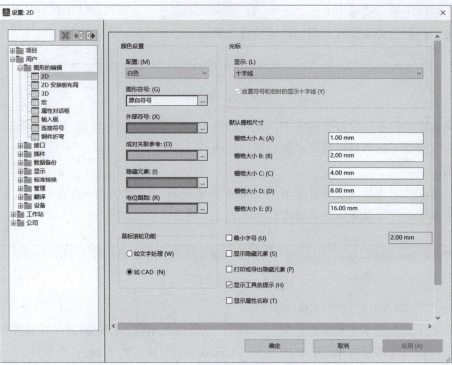

图 6-25 栅格系统设置对话框

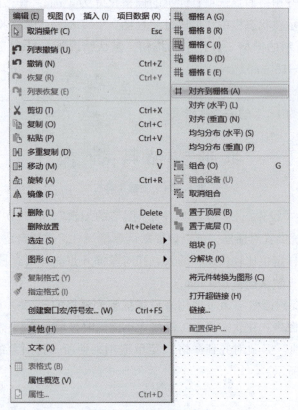

图 6-26 对齐栅格命令

## 2. 基础知识

(1) 电气制图的 3 要素。

电气工程师在设计图纸时，经常采用线条图形（即电气符号）代表物理上存在的电气设备。例如用长方形代表一个线圈，用圆形代表一个电动机。同时，电气制图是在一定的区域内绘制而成的，这个工作区域是用图框来定义的。项目图纸中的材料表、端子图表、电缆图表等图纸统称为表格，在传统的 CAD 设计中，这些表格都是来回对应原理图查找，一个一个手动统计出来的，比较费力，还容易产生错误。

电气制图的要素包括符号、图框和表格 3 部分。符号是在电气或电子电路原理图上用来表示各种电气和电子设备的图形，如接触器、熔断器、按钮、指示灯等。常用电气符号已经实现了国际标准化，方便电气工程师之间使用符号进行有效的沟通。

图框是电气工程制图中图纸上限定绘图区域的线框。完整的电气图框通常由边框线、图框线标题栏和会签栏组成。标题栏用于确定图样名称、图号、制图者和审核者等信息，一般由更改区、签字区、名称及代号区和其他区域组成。

表格是指电气工程项目设计中，根据评估项目原理图图纸，提供的所绘制的项目需要的各种工程图表。项目的封页、目录表、材料清单、接线表、电缆清单、端子图表、PLC 总览表等都属于表格的范畴。

EPLAN 的数据结构中含有系统数据和项目数据。当新建一个 EPLAN 项目时，首先要选择一个项目模板。选择模板完成后，EPLAN 系统根据模板的要求，将指定标准的符号库、图框以及用于生成报表的表格从系统主数据中复制到项目数据中。

当一个外来项目中含有与系统主数据不一样的符号、图框、表格的时候，可以用项目数据同步系统主数据，这样可以得到这些数据，便于在其他项目中应用。一般来说，系统主数据是企业内部标准化的数据，不允许未得到授权的人进行修改，因此，这个逆向操作不建议用户使用。

在 EPLAN Electric P8 软件中，EPLAN 的系统主数据是指符号、图框和表格。这是 EPLAN 设计的核心主数据。除此之外，系统主数据还包括部件库、翻译库、项目结构标识符、设备标识符集、宏电路和符合设计要求的各种规则与配置。

EPLAN 系统主数据如图 6-27 所示，主数据的含义如下：

管理（Administration）：含有权限管理文件。

文档（Documents）：含有 PDF 格式的文档（产品选型手册）和 Excel 表格。

DXF_DWG：含有 DXF 或 DWG 格式的文件。

表格（Forms）：含有多种类型和样式的表格，属于系统主数据。

功能定义（Function definition）：含有功能定义的文件。

图片（Images）：含有多种图片文件。

宏（Macros）：含有各种类型的宏、窗口宏、符号宏和页面宏。

机械模型（Mechanical models）：含有相关的机械数据。

部件（Parts）：含有 Microsoft Access 格式的部件数据库和相关的导入/导出控制文件部件，管理的格式为"*mdb"。

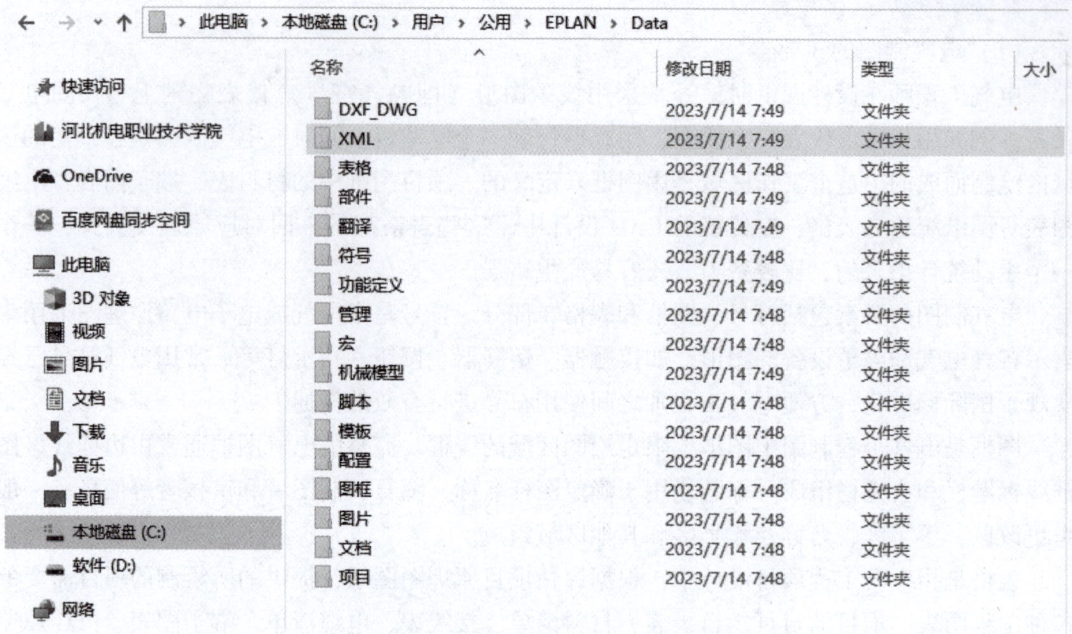

图 6-27　EPLAN 系统主数据

图片 (Plot Frames)：含有符合各种标准的图，属于系统主数据。

配置 (Schemes)：含有预定义或用户定义的各种配置，如工作区域、过滤器、排序设置。

脚本 (Scripts)：含有相关格式的脚本（"cs" 和 "*vb" 格式）。

符号 (Symbols)：含有符合各种标准的符号，属于系统主数据。

模板 (Templates)：含有项目模板、基本项目模板和导出项目数据的交换文件。

翻译 (Translation)：含有 Microsoft Access 格式的翻译字典数据库。翻译字典数据库的格式为 "*mdb"。

XML：含有 XML 格式的文件。

## 子任务 2.3　EPLAN 软件绘制方法

### 2.3.1　新建项目

什么是项目？

在 EPLAN 中将原理图、列表和总览等从属文档创建为项目之内的页。可以说，一个项目是多种文档的集合。项目被纳入一个专用数据库中并在其中被组织，即所谓的"项目管理"。

什么是项目结构？

在 EPLAN 中，"项目结构"是指项目中使用的关于对象、页、设备和功能的所有标识结构的总和。必须标识项目（页、设备和功能）的全部对象，并在项目内部形成等级式结构。例如，在等级式排列的项目结构中，可以很轻松地在项目内部分配并查找页和设备。将项目结构化的标识符也称为"结构标识符"。

什么是项目模板？

建立一个新项目时，始终需要一个模板。使用项目模板创建一个已给定某些设置的项目，从而在一个项目模板中保存页和设备标识符的结构。项目模板的文件扩展名为 ept。

EPLAN 中存在两种类型的项目——原理图项目和宏项目。

原理图项目是一套完整的工程图纸项目。在这个项目图纸中包含电气原理图、单线图、总览图安装板和自由绘图，同时还包含存入项目中的一些主数据（如符号、图框、表格、部件等）。信息通过对原理图电路逻辑的自动评估，自动生成工程中所需要的各种类型的报表，如项目图纸封页目录表、BOM 表、端子图表、电缆图表、PLC 总览、接线表、接线图等，满足了项目的设计、安装和维护指导的要求。

宏项目用来创建、编辑、管理和快速自动生成宏（部分或标准的电路），这些宏包括窗口宏、符号宏和页面宏。宏项目中保存着大量的标准电路，不像原理图项目那样是描述一个控制系统或产品控制的整套工程图纸（各个电路间有非常清楚的逻辑和控制顺序）。

可以通过"项目"→"属性"菜单项打开项目属性标签并设置项目类型。修改属性"项目类型"，如图 6-28 所示，在"数值"一栏中可定义项目是原理图项目还是宏项目。

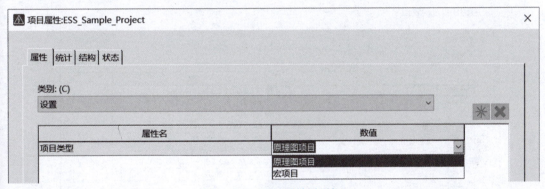

图 6-28 项目属性对话框

1. 新建项目

单击"项目"→"新建"菜单项，或者使用工具栏 命令。弹出"创建项目"对话框，如图 6-29 所示，在"项目名称"文本框中输入"示例 1"，可以根据要求选择不同的模板，本项目选择"GB_tpl001.ept"，勾选"设置创建时间"和"设置创建者"复选框，根据要求修改内容，单击"确定"按钮，关闭对话框。

（1）单击"确定"按钮后，EPLAN 会显示一个项目创建的进度条，表明系统正在根据模板的要求，将系统主数据中的数据复制到项目数据中。

（2）在此过程完成以后，弹出"项目属性"对话框，如图 6-30 所示，项目属性中可以修改公司名称、地址等信息，根据项目要求修改相应的属性值后单击"确定"按钮，项目创建完成。

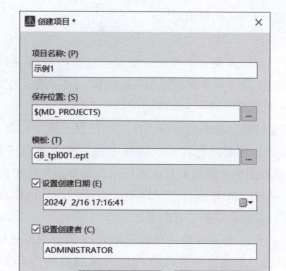

图 6-29 "新建项目"对话框

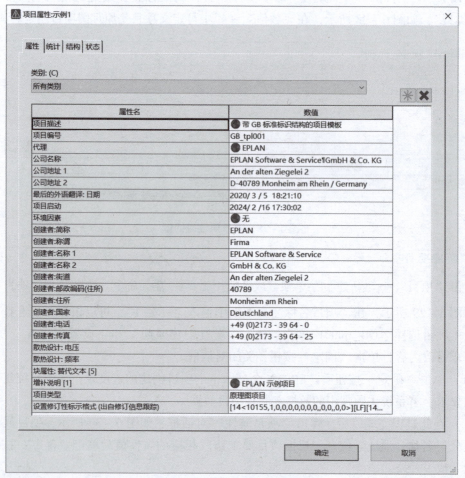

图 6-30 "项目属性"对话框

常规的 EPLAN 项目由"*edb"和"*elk"组成。"*edb"是个文件夹，其内包含子文件夹，其中存储着 EPLAN 的项目数据；"*elk"是一个链接文件，当双击它时，会启动 EPLAN 并打开此项目。

2. 项目组成

在默认安装路径"C:\Users\Public\EPLAN\Data\项目"目录下有一个名为"ESS_Sample_Macros"的项目文件和一个名为"ESS_Sample_Project"的目录。在 ESS_Sample_Project 中含有子目录和项目数据。通过"项目"→"打开"菜单项，可以选择 ESS_Sample_Project.elk 文件以打开项目。常规的原理图项目可以分为不同的项目类型，每种类型的项目可以处在设计的不同阶段，因而有不同的含义。例如，常规项目描述的是一套工程图纸，修订项目则描述这套图纸版本有了变化。

下面是项目文件名及其含义。

*elk：可编辑的 EPLAN 项目。

*.ell：可编辑的 EPLAN 项目，带有变化跟踪。

*elp：压缩成包的 EPLAN 项目。

*els：归档的 EPLAN 项目。

*elx：归档并压缩成包的 EPLAN 项目。

*elr：已关闭的 EPLAN 项目。

*elt：临时的 EPLAN 参考项目。

如图 6-31 所示是当打开项目时，可供选择的原理图文件类型。

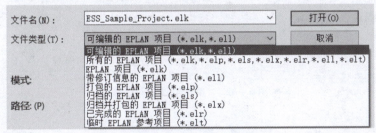

图 6-31 项目文件类型

3. 项目备份

单击"项目"→"备份"→"项目"菜单项，弹出"备份项目"对话框，如图 6-32 所示。

操作演示

在此对话框中可以选择想要备份的项目"示例 1 更名"，在"方法"下拉列表中选择"另存为"，在备份目录中指明存放路径。

备份的方法包括另存为、锁定文件供外部编辑、归档。不同的方法的区别如下。

（1）另存为：项目被保存为另外一种存储格式，文件名后缀为"zw1"，原来的项目保持不变。

（2）锁定文件供外部编辑：项目被保存为另外一种存储格式，文件名后缀为"zw1"，原来的项目被写保护，*elk 项目变成 els 项目，保存在同一目录下。

(3) 归档：项目被保存为另外一种存储格式，文件名后缀为"zw1"，原来的项目被删除，*.elk 项目变成 *ela 项目，保存在同一目录下。

在"备份项目"对话框中，单击"确定"按钮，完成项目"示例1更名"的备份。

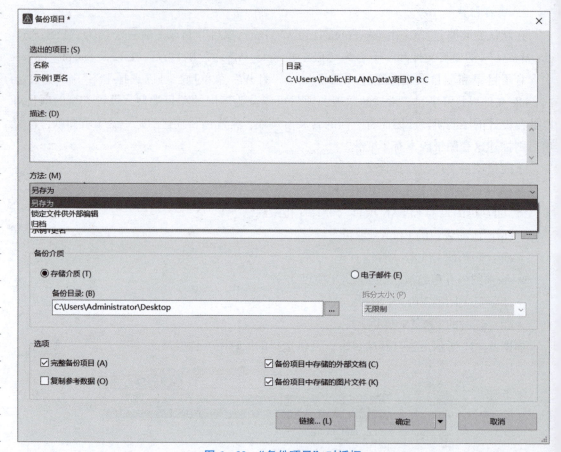

图 6-32 "备份项目"对话框

4. 项目恢复

(1) 单击"项目"→"恢复"→"项目"菜单项，弹出"恢复项目"对话框，如图 6-33 所示。

操作演示

(2) 在此对话框中，备份路径选择桌面，在"项目"列表中可看到上一步备份的项目"示例1更名"，恢复的项目放在默认的"目标目录"，"项目名称"改名为"示例1恢复"，单击"确定"按钮后，项目被恢复。

> **小提示**
>
> 在接到项目设计任务时，应该避免一上来就画图的习惯，应该先理解工程项目的规划设计。项目设计的关键在于合理组织并对设计对象（机器或生产线）的功能进行有效划分。ISO/IEC81346 是《工业系统、装置和设备以及工业产品结构原理和参考代号》的系列标准，其中规定"="表示功能，"+"表示位置，"&"表示文档类型。

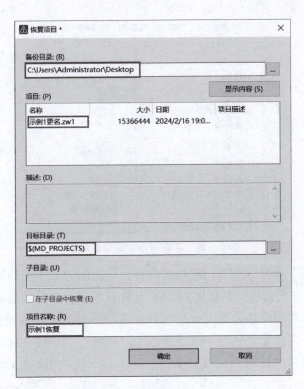

图 6-33 "恢复项目"对话框

5. 项目交流

（1）EPLAN 用户间的交流。

EPLAN 用户间在进行项目交流时，通常采用备份和恢复或打包和解包的方法。也可以以 E-mail 的方式邮寄，通过设置压缩包的大小压缩邮寄。通过"项目"菜单可以查看相关内容。

（2）EPLAN 用户与非 EPLAN 用户间的交流。

1）DXF/DWG 文件导入/导出。

DXF/DWG 文件是 CAD 格式的文件，这些文件包含像线段、圆弧这样的纯图形元素，是 EPLAN 使用的中性文件，目的是便于与 CAD 用户沟通。

我们可以将 DXF/DWG 格式的图纸导入 EPLAN 中，由于其不属于 EPLAN 规范设计的图纸，因此导入 EPLAN 后变为自由图形页，并且不具有电气逻辑。通过命令路径"页"→"导入"→"DXF/DWG"导入。

EPLAN 图纸可以导出为 DXF/DWG 格式，导出的命令路径为"页"→"导出"→"DXF/DWG"，文件导入/导出功能选项如图 6-34 所示。

2）PDF 文件导出。

EPLAN 支持将项目导出为智能的 PDF 文件，便于项目的交流和现场生产维护指导。同时，可以将在 PDF 中添加的注释导入 EPLAN 项目中，以便查看、修改和确定。

操作演示

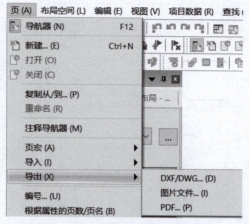

图 6-34　文件导入导出功能选项

EPLAN 能够将整个项目导出为 PDF 格式文件，导出的方式不依赖第三方程序，也不需要利用虚拟打印机的方式实现，而是从 EPLAN 软件直接导出，因而继承一阶逻辑，是智能化的 PDF。这种智能性表现在分散元件的关联参考间的智能跳转都被保存在 PDF 文件中。导出 PDF 文件的命令路径为"页"→"导出"→"PDF"，如图 6-34 所示。PDF 导出对话框中"$(DOC)"表示项目的 DOC 文件夹，也可以选择不同的颜色，如图6-35 所示。

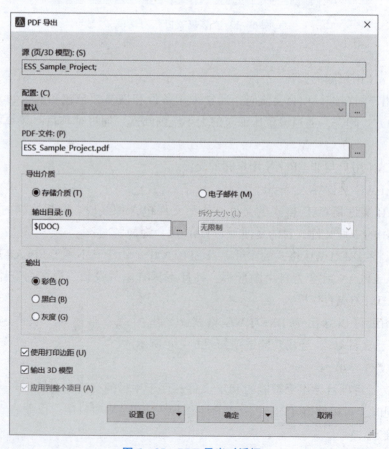

图 6-35　PDF 导出对话框

## 2.3.2 页

EPLAN 中含有多种类型的图纸页，各种类型页的含义和用途不一样。为了便于区别，每种页类型前面都有不同图标以示不同。由于 EPLAN 是一个逻辑软件，因此可以区分逻辑图纸和自由绘图纸。电气工程的逻辑图主要是单线原理图和多线原理图，自控仪表的逻辑图为管道及仪表流程图，流体工程的逻辑图为流体原理图。自由图形和总览视图为非逻辑图，因为图纸上都是图形信息，不包含任何逻辑信息。

按生成的方式分，EPLAN 页可分为两类，即交互式（手动式）和自动式。所谓交互式，即手动绘制图纸，设计者与计算机互动，根据工程经验和理论设计图纸。另一类图纸是根据评估逻辑图纸生成的，这类图纸称为自动式图纸。端子图表、电缆图表及目录表都属于自动式。如表 6-3 所示列出了 EPLAN 中的页类型及其功能描述。

表 6-3 页类型及其功能描述

| 页类型 | 功能描述 |
| --- | --- |
| 多线原理图（交互式） | 电气工程中的电路图 |
| 单线原理图（交互式） | 单线图是功能的总览，可与原理图相互转换、实时关联 |
| 总览（交互式） | 功能的描述，对于 PLC 卡总览、插头总览等 |
| 拓扑（交互式） | 针对二维原理图中的布线路径网络设计 |
| 安装板布局（交式） | 安装板布局图设计 |
| 图形（交互式） | 自由绘图，没有电气逻辑成分 |
| 外部文档（交互式） | 可链接外部文档（如 Microsoft Word 文档或 PDF 文件） |
| 管道及仪表流程图（交互式） | 仪表自控中的管道及仪表流程图 |
| 流体原理图（交互式） | 流体工程中的原理图 |
| 预规划（交互式） | 用于预规划模块中的图纸页 |
| 模型视图（交互式） | 基于布局空间 3D 模型生成的 2D 绘图 |
| 功能总览（流体）（交互式） | 流体工程的功能总览 |

### 1. 页导航器

页导航器可用于集中查看和编辑项目中的页及其属性。通过"页"→"导航器"菜单项打开页导航器，在页导航器内可以进行树结构和列表显示。如图 6-36 所示是打开的页导航器界面。

页导航器是集中显示和管理项目的中央管理器，其功能如下：
（1）显示所有的打开项目，含有结构标识符和图纸页。
（2）通过筛选器快速查找指定页，按指定规则限制显示。
（3）页可以在图形编辑器中打开和显示。

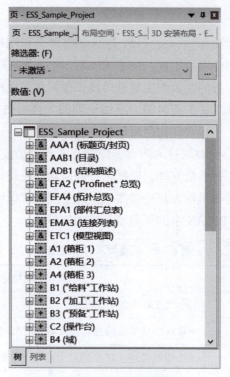

图 6-36 页导航器界面

(4) 创建、复制、删除页和为页重新编号。

(5) 查看和编辑页属性。

(6) 导入/导出页。

(7) 可以对单页或多个页进行备份、编号和打印等操作。

> **小提示**
> (1) 使用组合键"Ctrl + D"打开页属性对话框。
> (2) 双击页中图框边缘可以打开页属性对话框。

### 2. 常见页命令

(1) 新建页。

1) 打开项目"ESS_Sample_Project",单击"页"→"新建"菜单项,或在页导航器中单击鼠标右键,在弹出的快捷菜单中选择"新建"命令,弹出"新建页"对话框,如图 6-37 所示,在"页类型"选择"多线原理图(交互式)",在"页描述"文本框中输入"电源分配"。

操作演示

2) 单击如图 6-37 中的"完整页名"后的浏览按钮进入如图 6-38 所示的"完整页名"对话框选择结构标识符(标识符已经在结构标识符管理中定义),在"页名"文本框中输入"2",单击"高层代号"行"数值"列中的"浏览",选择"GD1",用同样操作,在"位置代号"中选择"A2",在"文档类型"行"数值"列中选择"EFS1"。如果没有在结构标识符管理中创建,也可以在此手动输 GD1、A2 和 EFS1。

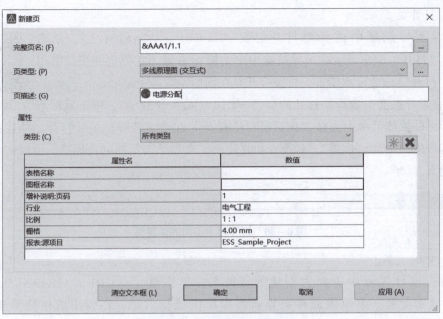

图 6-37 "新建页"对话框

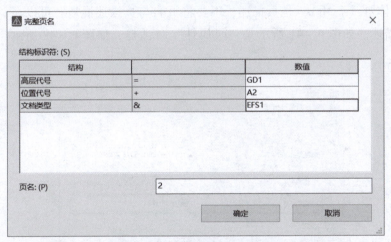

图 6-38 "完整页名"对话框

3) 单击"确定"按钮，关闭"完整页名"对话框。再单击"确定"按钮，关闭"新建页"对话框。页"=GD1+A2&EFS1/2"被创建，名称为"电源分配"，完成后在页导航器中被显示，如图 6-39 所示。

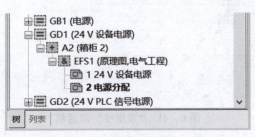

图 6-39 页导航器添加新页后界面

(2) 打开页。

1) 在页导航器中选择要打开的页"=GD1+A2&EFS1/1",单击"页"→"打开"菜单项或在页导航器中单击鼠标右键,在弹出的快捷菜单中选择"打开"命令或双击页,页被打开并在图形编辑器中显示。

操作演示

2) 在页导航器中选择要打开的页"=GD1+A2&EFS1/2",单击鼠标右键,在弹出的快捷菜单中选择"在新窗口中打开"命令,选择的页被打开,并且在图形编辑器上端产生两个页"标签",如图6-40所示。通过单击不同的页标签,可以切换不同的已打开的页。

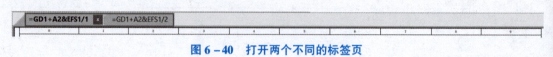

图6-40 打开两个不同的标签页

(3) 页的改名。

通常在设计过程中需要为创建的页改名。单击页"=GD1+A2&EFS1/2",单击"页"→"重命名"菜单项或在页导航器中单击鼠标右键,在弹出的快捷菜单中选择"重命名"菜单项,在高亮处更改页名为"2重命名"。注意,页名的值是数字,"1"是页名,"1 箱体灯(备用)"是页描述,不要将页名与页描述混淆,可以在"页属性"对话框修改页描述。如图6-41所示是"页属性"对话框,如图6-42所示是修改页描述后的显示。

操作演示

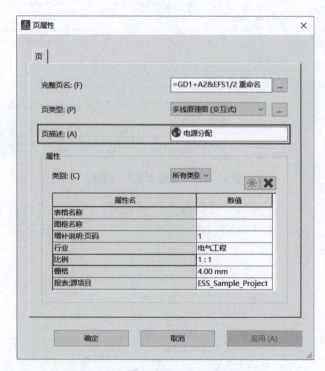

图6-41 "页属性"对话框

图 6-42 修改页描述后的显示

### 2.3.3 符号

在 EPLAN Electric P8 中内置了 4 大标准的符号库,分别是 IEC、GB、NFPA 和 GOST 标准的符号库。符号库类型又分为原理图符号库和单线图符号库,通过"工具"→"主数据"→"符号库"菜单项,新建、打开、复制和查看符号库。

IEC_Symbol:符合 IEC 标准的原理图符号库。

IEC_single_Symbol:符合 IEC 标准的单线图符号库。

GB_Symbol:符合 GB 标准的原理图符号库。

GB_single_Symbol:符合 GB 标准的单线图符号库。

NFPA_Symbol:符合 NFPA 标准的原理图符号库。

NFPA_single_Symbol:符合 NFPA 标准的单线图符号库。

GOST_Symbol:符合 GOST 标准的原理图符号库。

GOST_single_Symbol:符合 GOST 标准的单线图符号库。

一个符号通常具有 A~H 共 8 个变量和 1 个触点映射变量。所有的符号变量共有相同的属性,例如相同的标识、相同的功能和相同的连接点编号,唯一不同的是连接点图形的不同变化。以符号三极熔断器 FLTR31 为例,如图 6-43 所示,它有 8 个变量。以 A 量为基准,逆时针转 90°,形成 B 变量;再以 B 变量为基准,逆时针旋转 90°,形成 C 变量;再以 C 变量为基准,逆时针旋转 90°,形成 D 变量。而 E、F、G、H 变量分别是 A、B、C、D 变量的镜像显示。

当所选的符号系附在鼠标指针上时,可以直接选择符号的变量。对于未放置的符号可以通过以下两种方法实现符号的变量旋转,这两种方法都是在符号系附鼠标指针上的前提下进行的。

(1) 按住"Ctrl"键,同时移动旋转鼠标,循环选择不同的符号变量。

(2) 按"Tab"键,循环选择符号变量。

当符号已经放置在原理图上后,就不能用这两种方法进行变量旋转了,通常可通过对变量的修改来实现已放置符号变量的旋转。在"符号数据/功能数据"选项卡中打开"变量"下拉列表,如图 6-44 所示,就可选取 A~H 8 个变量,旋转已经放置的符号变量。

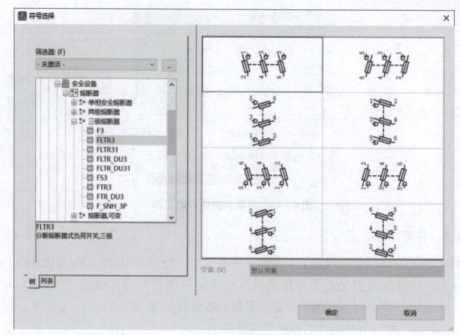

图 6-43 符号的变量

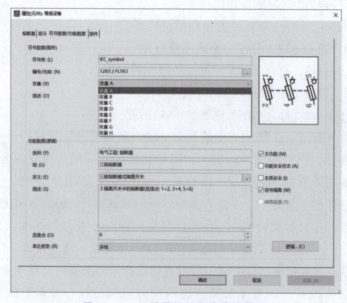

图 6-44 已放置的符号变量的修改

符号仅仅是某一功能的图形化显示，不含有任何的逻辑信息。从图形化的角度来看，用长方形来描述一个接触器线圈，一名电气工程师认为它确实代表线圈，而另一名非电气专业人员却可能认为这个长方形代表一个盒子或者其他的东西。从这方面来看，符号仅仅是图形。元件是被赋予功能（逻辑）的符号。功能是 EPLAN Electric P8 智能化的体现。从组件的角度来看，电气工程中的逻辑应该是断路器、继电器、接触器、电动机、PLC 等。这些电气工程的逻辑被定义在 EPLAN 的功能定义库中。

简单来说符号就是在 EPLAN 中用于显示功能的图形。符号不包括录入到功能中的逻辑数据。组件符号是显示某种功能的图形元素。它由功能和符号组成。功能包括逻辑数据，符号包括图形数据。组件符号包括设备标识、连接点代号等内容。

（1）通过"属性（元件）：常规设备"对话框中"符号数据/功能数据"选项卡中的"功能数据（逻辑）"栏定义功能，如图 6-45 所示。

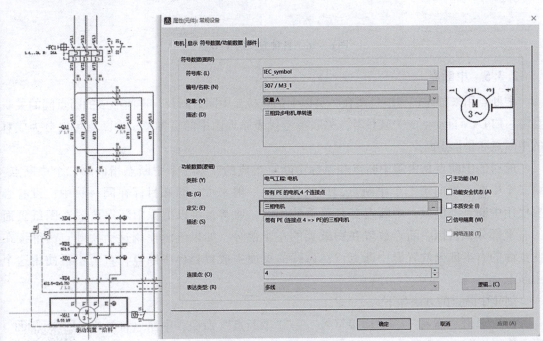

图 6-45　符号的功能定义

（2）功能定义中定义了"电气工程：电机——带有 PE 的电机，4 个连接点-三相电机"。根据此定义，标准圆圈图形不仅代表电机，而且从逻辑上定义了它是电气工程中的电机，这样就使 EPLAN Electric P8 不仅从图形上识别了它是电机，而且从软件的逻辑上认为它确实是电机。

### 2.3.4　自动连线与T节点

在 EPLAN Electric P8 中，当两个符号连接点水平或垂直相互对齐时就会生成连线。这种自动连线的特性反映了 EPLAN 逻辑软件的本质，连线也只能在单线原理图和多线原理图中产生。因为是自动连线，所以无法删除这些连线。如果人为地不允许两个设备间产生连线，中间必须插入断点断开。

T 节点是多个设备连接的逻辑表示，如图 6-46 所示。通过 T 节点，EPLAN可以解释设备是如何相互连接在一起的，包括连接的顺序与方向。这些特性是生成连接图表、接线表和设备连接图表的基础。

操作演示

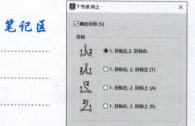

图6-46　各种方向的T节点

### 2.3.5　中断点

中断点用来描述包含电气图在一页以上的连接，中间有断开，进而形成的断点间的关联参考。EPLAN 自动生成关联参考，关联参考代表原理图中的页参考。中断点可以分为成对的中断点和星形中断点。

成对的中断点是由源中断点和目标中断点组成的，第一个中断点指向第二个中断点，第二个中断点指向第三个中断点，以此类推。一般来说，源和目标在同一页中，没有必要使用中断点。所以，中断点都是跨页使用的。通常，可以把源中断点放置在图纸页面的右半部分，目标中断点放置在图纸页的左半部分，如果继续使用这个中断点，继续在此页面的右半部分放置源中断点，在后续的页面中放置目标中断点，直至不再使用这个中断点。

创建中断点的方法如下。

（1）单击"插入"→"连接符号"→"中断点"命令，中断点符号系附在鼠标指针上，选择页的右半部分作为源中断点，将中断点放置在图纸上。

（2）在弹出的"属性（元件）：中断点"对话框中，输入中断点名称为 GB1-2L1，如图6-47所示。

操作演示

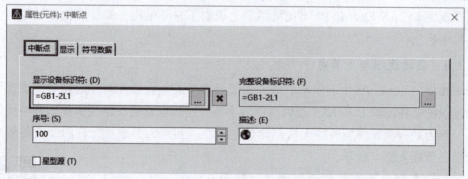

图6-47　"属性（元件）：中断点"对话框

（3）在后续的页中的左半部分放置目标中断点，在弹出的"属性（元件）：中断点"对话框中同样输入中断点名称为 GB1-2L1。这样，中断点 GB1-2L1 自动实现关联参考，如图6-48所示。"1.9"表示 GB1-2L1 中断点到了第1页的第9列，"1.0"表示 L1 中断点来自第 1 页的第 0 列。为了快速在中断点的源和目标中进行跳转，选中中断点的源，按"F"键，跳转至中断点的目标。选中中断点的目标，按"F"键，跳转至中断点的源。另一种方法就是选中中断点的源，单击鼠标右键，在弹出的快捷菜单中选择"关联参考功能"命令，在子菜单中选择"列表"→"向前"或"向后"跳转。为了集中管理和编辑中断点，可以打开中断点导航器。通过"项目数据"→"连接"→"中断点导航器"，打开中断点导航器。在中断点导航器中，可以对中断点进行集中管理和编辑。在中断点导航器中，可以看到中断点的源和目标是成对出现的。

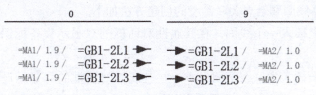

图 6-48　中断点的关联参考

在星形中断点关联参考中，一个中断点被定义为起始点，具有相同名字的其余所有中断点都指向这个起始点。在起始点，显示到其余中断点的关联参考，这种关联参考显示形式可以定义。

创建星形中断点的方法如下。

（1）单击"插入"→"连接符号"→"中断点"命令，中断点符号系附在鼠标指针上，将中断点放置在图纸上。

（2）在弹出的"属性（元件）：中断点"对话框中，输入中断点名称为"24V"，并将"星形源"复选框选中，如图 6-49 所示。

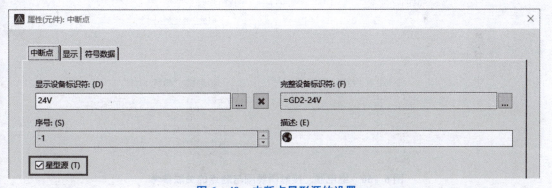

图 6-49　中断点星形源的设置

（3）在后续的页中，插入中断点，命名为"24V"；24V 是星形连接的源，其余是目标。这种连接是"一到多"的连接，即星形连接。在星形连接中断点中，为了快速在中断点源和目标中进行跳转，选中目标中断点，按"F"键，可以快速跳转至星形中断点的源点。选中中断点的源点，只能通过单击鼠标右键，在弹出的快捷菜单中选择"关联参考功能"，再选择"列表"→"向前"或"向后"跳转到目标中断点。在中断点导航器中，可以查看星形中断点只有一个源，其余的都是目标。

### 2.3.6 设备的关联参考

EPLAN Electric P8 设备是由不同的元件组成的，这些元件分布在项目不同类型的图纸页上。这种显示方式称为设备的"分散显示"。设备的主功能可以放在原理图上，而设备的辅助功能既可以放在原理图上，又可以放在单线图、总览图或安装板上，设备在不同类型的页上产生了关联参考。所有相同名字的元件具有相同的设备标识，在具有相同设备标识的元件上，EPLAN 自动产生关联参考。对继电器或接触器来讲，线圈是主功能，触点是辅助功能，EPLAN 会自动在主辅功能间产生关联参考。

继电器、接触器线圈和触点关联参考的创建方法如下。

（1）在原理图上插入一个线圈，在其属性对话框的"显示设备标识符"文本框中输入"-QA1"。

（2）在原理图上插入常开、常闭触点，在其属性对话框的"显示设备标识符"文本框中同样输入"-QA1"；或单击"显示设备标识符"后的浏览按钮，打开"设备标识符-选择"对话框，选择"-QA1"，因为触点和线圈具有相同的名字，所以产生关联参考，如图 6-50 所示。

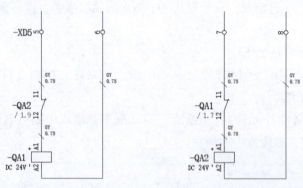

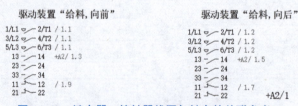

**图 6-50　继电器、接触器线圈与触点的关联参考**

在图 6-50 中，-QA1 线圈下面显示的触点叫作触点映像。触点映像是一种特殊的关联参考显示形式，其显示了所有设备触点及已放置和未放置的功能。-QA1 的触点映像显示了-QA1 的所有触点以及它们在原理图中的使用情况（位置），触点映像不参加原理图中的控制，仅仅是触点的索引。这种触点映像显示在线圈下方的方式，被称为"在路径"上。在-QA1 的常闭触点（11，12）下面的 1.9 表明，此触点的主功能线圈位于第 1 页的第 9 列。

对电动机过载保护器来讲，电动机过载保护器是主功能，其主触点和辅助触点是辅助功能，EPLAN 会自动在主辅功能间产生关联参考。

电动机过载保护器关联参考的创建方法如下。

(1) 在原理图上插入一个电动机过载保护器（IEC_symbol 库中，符号编号 97/QL3_1），在其属性对话框的"显示设备标识符"文本框中输入"–FC1"。

(2) 在原理图上插入一个常开触点（13，14），在其属性对话框的"显示设备标识符"文本框中同样输入"–FC1"；或单击"显示设备标识符"后的浏览按钮，打开"设备标识符–选择"对话框，选择"–FC1"。因为触点和线圈具有相同的名字，所以产生关联参考，如图 6–51 所示。

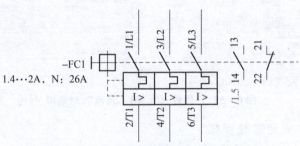

图 6–51 电动机过载保护器的关联参考

在图 6–57 中，–FC1 右侧显示的触点叫作触点映像。–FC1 的触点映像显示了 –FC1 的所有触点以及它们在原理图中的使用情况（位置），触点映像不参加原理图中的控制，仅仅是触点的索引。这种触点映像显示在电动机过载保护器的右侧的方式，被称为"在元件"上。在 –FC1 的常开触点(13,14)下面的 1.5 表明，此触点被用在第 1 页的第 5 列。

通过对继电器、接触器、电动机过载保护器和按钮的举例，无论是常规设备还是特殊设备，其主功能和辅助功能触点都能自动生成关联参考。此外，具有主辅功能的同名设备还能在不同类型的页间产生关联参考。

### 2.3.7 黑盒

黑盒由图形元素构成，代表物理上存在的设备。通常用黑盒描述标准符号库中没有的符号。电气设计过程中，会遇到很多工作场景需要用黑盒处理。常见场景如下。

(1) 描述符号库中没有的设备或配件符号。

(2) 描述符号库中不完整的设备或配件。

(4) 描述一个复杂的设备，例如变频器，这些设备符号在几张图纸上都要用到，并且形成关联。

(3) 表示 PLC 装配件。

(5) 描述由几个符号组合成的一个设备，如带有制动线圈的电动机。

(6) 描述几个嵌套的设备标识。例如，设备 –A1 中含有端子排 –X1、–X2，嵌套后的端子排设备标识应该为 –A1 – X1 和 –A1 – X2。

(7) 描述重新给端子定义设备标识，因为端子设备标识不能被移动。

(8) 描述不能用标准符号代表的特殊保护设备，通常这些设备要显示触点映像。

**1. 制作黑盒的常规步骤**

(1) 单击"插入"→"盒子/连接点/安装板"→"黑盒"，可插入黑盒。画一个长方形代表黑盒。

(2) 在打开的"属性 (元件)：黑盒"对话框中，在指定的属性内输入数值，如设备名称、技术参数、功能文本等属性，如图 6-52 所示。

(3) 单击"确定"按钮，关闭对话框。

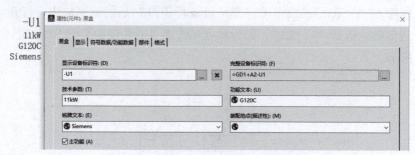

图 6-52 "属性 (元件)：黑盒"对话框

2. 插入设备连接点的常规步骤

(1) 单击"插入"→"盒子/连接点/安装板"→"设备连接点"，设备连接点系附在鼠标指针上。

(2) 按"Tab"键选择想要的设备连接点变量。

(3) 按住鼠标左键，移动鼠标将连接点放在想要放置的位置上。

(4) 在弹出的"属性 (元件)：常规设备"对话框中输入有关数据，如图 6-53 所示。

(5) 单击"确定"按钮，关闭对话框。连接点及设备标识、连接点名称被写入页面中。

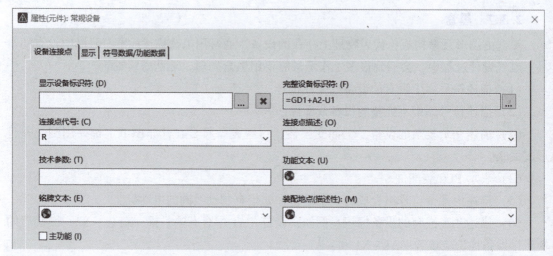

图 6-53 "属性 (元件)：常规设备"对话框

如图 6-54 所示是用一个黑盒描述一个变频器。如果需要编辑一个设备连接点，双击该设备连接点，会弹出属性对话框，在属性对话框中进行修改。

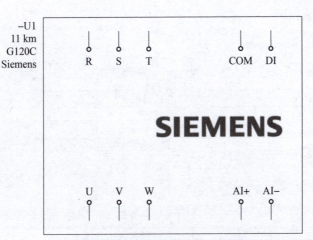

图 6-54 用一个黑盒描述一个变频器

## 子任务 2.4 电气图绘制

### 2.4.1 电源供电原理图绘制

电源供电分配是典型的原理图电路,本电路的绘制含有电位连接点、符号变量、T 节点、中断点结构盒等 EPLAN 的基本功能,如图 6-55 所示。

操作演示

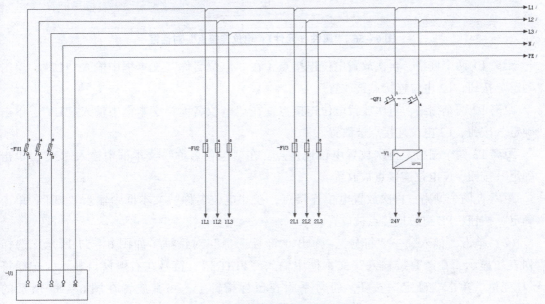

图 6-55 电源供电分配原理图

(1) 打开项目"电动机控制示例项目",新建页,页描述为"电源分配"。单击"插入"→"电位连接点",电位连接点系附在鼠标指针上,指定想要放置的位置,单击鼠标左键弹出"属性(元件):电位连接点"对话框,如图 6-56 所示,在"电位名称"文本框中输入"L1"。单击"确定"按钮,L1 电位连接点被放置。

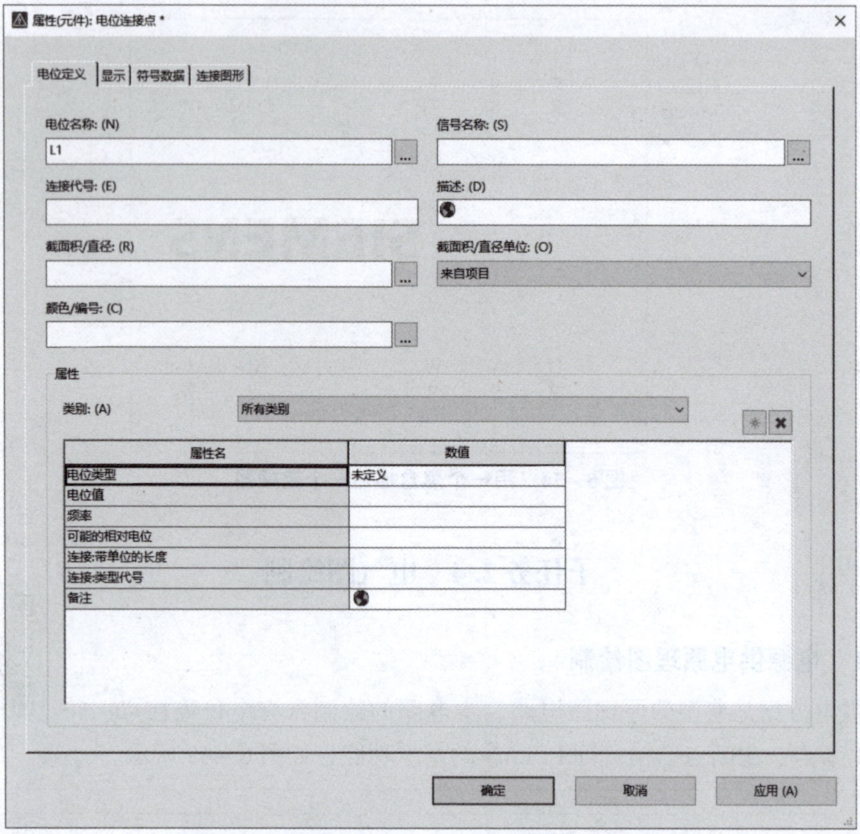

图 6-56 "属性（元件）：电位连接点"对话框

距离 L1 两个栅格，再次放置电位连接点，在"电位名称"文本框中输入"L2"，单击"确定"按钮，L2 电位连接点被放置。

距离 L2 两个栅格，再次放置电位连接点，在"电位名称"文本框中输入"L3"，单击"确定"按钮，L3 电位连接点被放置。

距离 L3 两个栅格，再次放置电位连接点，在"电位名称"文本框中输入"N"，单击"确定"按钮，N 电位连接点被放置。

距离 N 两个栅格，再次放置电位连接点，在"电位名称"文本框中输入"PE"，单击"确定"按钮，PE 电位连接点被放置。

（2）单击"插入"→"符号"，弹出"符号选择"对话框，如图 6-57 所示，选择"列表"显示，在"直接输入"文本框中输入"FLTR3"，符号在右侧窗口显示，选择符号 G 变量，单击"确定"按钮。符号系附在鼠标指针上，将其放置在图 6-55 所示的位置。

（3）单击"插入"→"连接符号"→"中断点"，弹出"属性（元件）：中断点"对话框，如图 6-58 所示，在"显示设备标识符"文本框中输入"L1"，单击"确定"按钮，L1 中断点被放置在如图 6-55 所示的位置。

用同样的方法，在距离 L1 中断点 1 个栅格的位置放置中断点 L2、L3、N、PE，如图 6-55 所示。

项目六 创新拓展

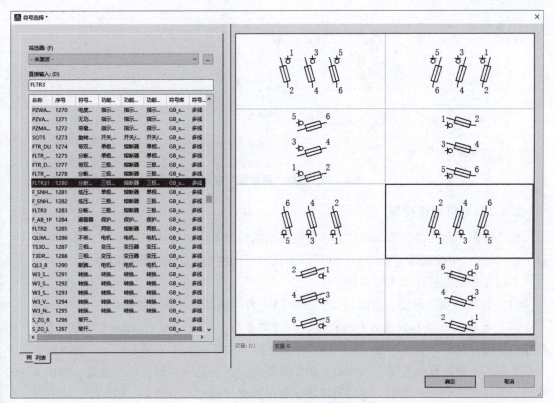

图 6-57 "符号选择"对话框

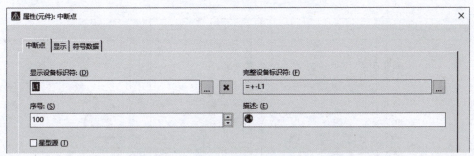

图 6-58 "属性(元件):中断点"对话框

（4）单击"插入"→"连接符号"→"角(右下)"，或单击工具条中的 ⌐ 图标，将 F1：2、F1：4、F1：6 及电位连接点 N、PE 分别与中断点 L1、L2、L3、N、PE 相连，如图 6-55 所示。

（5）参照图 6-55 中符号位置，分别插入符号 FU2、FU3、QF1 和 V1。

（6）参照图 6-55 中符号位置，在 F2 下端分别插入中断点，分别命名为"1L1""1L2""1L3"。

（7）参照图 6-55 中符号位置，在 F3 下端分别插入中断点，分别命名为"2L1""2L2""2L3"。

（8）参照图 6-55 中符号位置，在 V1 下端分别插入中断点，分别命名为"24V""0V"，并将"属性(元件):中断点"对话框中的"星型源"复选框选中，如图 6-59 所示。

操作演示

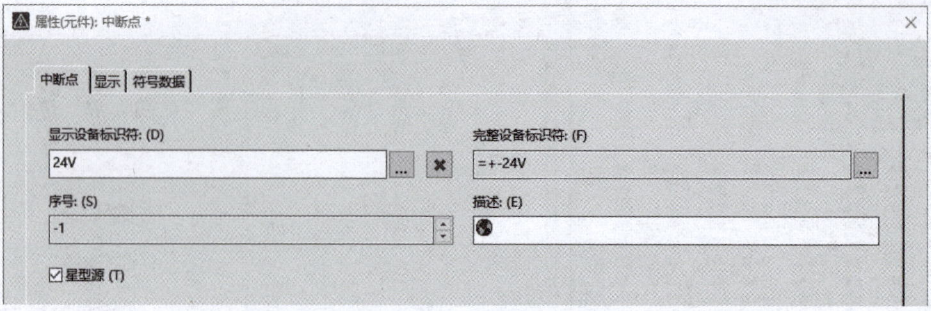

图 6-59 选中"星型源"复选框

### 2.4.2 电机运转控制

电机控制回路的表达有多种样式,传统典型的电路有电机连续正转控制、电机正反转控制、电机星/三角控制等。如图 6-60 所示为几种不同控制方式的电机控制电路。

下面先介绍电机连续正转控制。

(1) 新建一页原理图,页名为"2",页描述为"电动机控制主回路"。

(2) 复制图纸第 1 页上的中断点组,打开第 2 页,粘贴(按"Ctrl + V"组合键),中断点组系附在鼠标指针上,按"Y"键,移动鼠标,中断点组在 X 轴上移动,选择图纸左上侧作为起点,单击鼠标左键,选择右上侧作为终点,单击鼠标左键,母线放置,如图 6-60 所示。选择左上侧中断点组,通过右键快捷菜单弹出"属性(元件):中断点"对话框,在"显示"选项卡中的"属性排列"中选择"左,0",中断点的关联参数显示在名称的左侧。

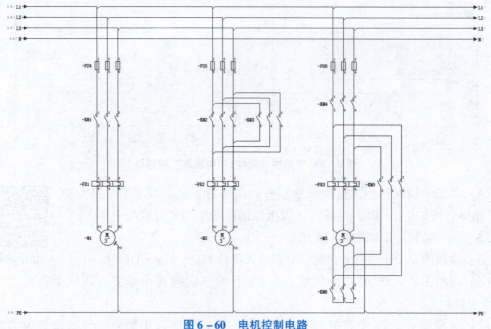

图 6-60 电机控制电路

单击"插入"→"符号",弹出"符号选择"对话框,选择"列表"显示,在"直接输入"文本框中输入"M3",符号在右侧窗口显示,选择符号 A 变量,单击"确定"按钮符号系附在鼠标指针上，-M1 放置在图 6-60 所示的位置。星三角控制时，-M3 要选择"电机，可变"，选择符号 6，变量 G，如图 6-61 所示。

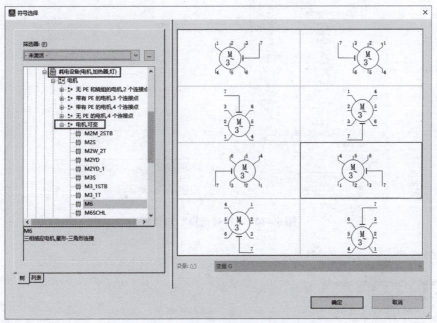

图 6-61　星三角电动机符号选择对话框

（2）用 T 节点将 M1 电机连接到母线 L1、L2、L3 上，产生自动连线。

（3）插入熔断器，单击"插入"→"符号"，弹出"符号选择"对话框，选择"列表"显示，在"直接输入"文本框中输入"F3"，符号在右侧窗口显示，选择符号 A 变量，单击"确定"按钮。符号系附在鼠标指针上，分别放置 FU1、FU2、FU3，放置位置如图 6-60 所示。

（4）插入热继电器，单击"插入"→"符号"，弹出"符号选择"对话框，选择"列表"显示，在"直接输入"文本框中输入"FT3"，符号在右侧窗口显示，选择符号 A 变量，单击"确定"按钮。符号系附在鼠标指针上，分别放置 FR1、FR2、FR3，放置位置如图 6-60 所示。

（5）插入主触点，单击"插入"→"符号"，弹出"符号选择"对话框，如图 6-62 所示，展开"IEC_symbol→电气工程→线圈，触点和保护电路→常开触点→常开触点，2 个连接点→SL"，选择符号 A 变量。

单击"确定"按钮，符号系附在鼠标指针上，放置在图 6-60 所示的位置。弹出"属性（元件）：常规设备"对话框，如图 6-63 所示，在"显示设备标识符"文本框中显示"-？K1"（因为对接触器来说，线圈是主功能，线圈还没有画，所以系统不知道应该是谁的触点），将其改为"-KM1"，连接点代号为"1¶2"。

（6）单击"插入"→"符号"，弹出"符号选择"对话框，展开"IEC_symbol→电气工程→线圈触点和保护电路→常开触点→常开触点，2 个连接点→SL"，选择符号 A 变量，放置第二个触点。单击"确定"按钮，符号系附在鼠标指针上，放置在如图 6-60 所示的

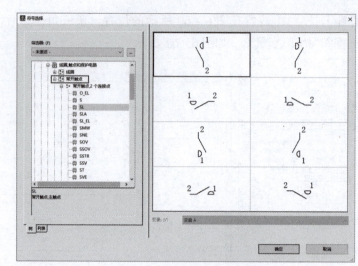

图 6-62 "符号选择"对话框

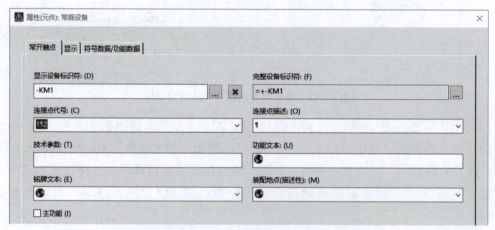

图 6-63 "属性（元）件：常规设备"对话框

位置。弹出"属性（元件）：常规设备"对话框，在"显示设备标识符"文本框中去掉"-？K1"，"连接点代号"为"3¶4"，如图 6-64 所示。

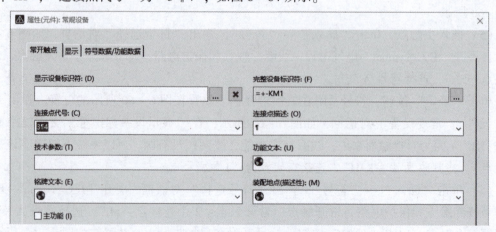

图 6-64 第二个触点的属性设置

(7) 用同样的操作放置第三个触点，弹出"属性（元件）：常规设备"对话框，在"显示设备标识符"文本框中去掉"-？K1"，"连接点代号"为"5¶6"，最终完整的电机正转控制电路如图6-60所示。

新版软件也可以通过单击"插入"→"符号"，弹出"符号选择"对话框，展开"IEC_symbol→电气工程→线圈触点和保护电路→常开触点→三极常开触点，6个连接点"直接添加主触点。

### 2.4.3 电机正反转控制

承接上一步骤。

（1）选中整个电机回路，按"Ctrl + C"组合键，然后按"Ctrl + V"组合键，弹出插入模式对话框，选择"编号"后，单击"确定"按钮，指定放置位置，按鼠标左键放置，将"-？K1"改为"-KM2"，整个电机控制回路被复制。

（2）补充反转主触点回路。选中整个 - KM2 的 3 个主触点，复制，粘贴，改名为"- KM3"。注意箭头所示的T节点方向，选择节点后，按"Tab"键，选择不同的方向，如图6-65所示。最终完整的电机正反转控制系统如图6-60所示。

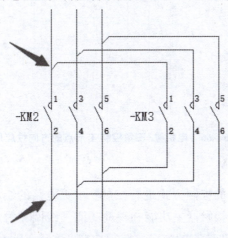

图6-65 通过T节点更换UW两相的相序

### 2.4.4 电机星/三角控制

承接上一步骤。

（1）插入电动机，单击"插入"→"符号"，弹出"符号选择"对话框，选择"列表"显示，在"直接输入"文本框中输入"M3"，符号在右侧窗口显示，选择符号G变量，单击"确定"按钮。符号系附在鼠标指针上，- M3 放置在如图6-60所示的位置。

（2）用T节点将 - M3 电机一侧绕组连 - K2 接到母线 L1、L2、L3 上，产生自动连线。

（3）选择相应的符号，放置 - FR3 和三相触点 - KM4、- KM5、- KM6。

（4）使用不同的T节点，按"Tab"键，选择不同的方向，如图6-66所示。最终完整的电机星/三角控制电路如图6-60所示。

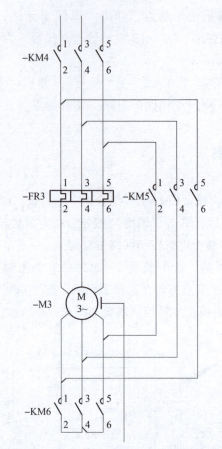

图 6-66　电机星/三角控制 T 节点的方向性应用

### 2.4.5　二次控制电路

操作演示

二次控制电路对主电机的控制方式进行控制。本页电路的绘制包含中断点的源和目标的关联参考、接触器主功能和辅助功能（线圈和触点）间的关联参考、常规符号的插入、T 节点的方向、路径功能文本等 EPLAN 的基本功能，如图 6-67 所示。

（1）布置电源，复制图纸第 2 页上的中断点组，打开第 3 页，粘贴（按"Ctrl + V"组合键），中断点组系附在鼠标指针上，按"Y"键，移动鼠标，中断点组在 $x$ 轴上移动，选择图纸左上侧作为起点，单击鼠标左键，选择右上侧作为终点，单击鼠标左键，母线放置，如图 6-68 所示。接触器线圈采用 AC220V 电源，将 N 布置在下方。

L1 与上页放置的 L1 形成关联参考，显示 L1 的源来自"2.8"，即来自第 2 页第 8 列。单击本页的 L1 中断点，按"F"键，跳到它的源（L1/2.8），源"3.1"表示目标到第 3 页第 1 列。

（2）插入接触器线圈，单击"插入"→"符号"，弹出"符号选择"对话框，选择"列表"显示，在"直接输入"文本框中输入"K"，符号在右侧窗口显示，选择符号 A 变量，单击"确定"按钮。线系附在鼠标指针上，选择想要放置的位置，单击鼠标左键，弹

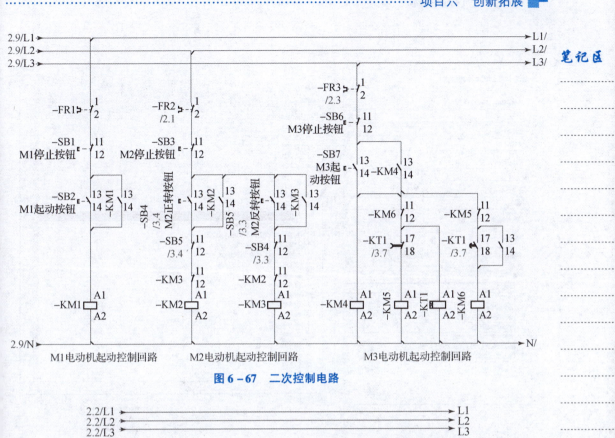

图 6-67 二次控制电路

图 6-68 电源布置

出"属性(元件):常规设备"对话框,在"显示设备标识符"文本框中输入"-KM1",或者单击文本框后的浏览按钮,在弹出的"设备标识符-选择"对话框中进行选择,如图 6-69 所示。单击"确定"按钮,回到"属性(元件):常规设备"对话框,单击"确定"按钮,关闭对话框。-KM1 被放置,由于在第 2 页上已经画了-KM1 的主触点,因此-KM1 线圈与触点产生了关联参考,并在-KM1 线圈下部生成触点映像,如图 6-70 所示。用同样的方法完成-KM2、-KM3、-KM4、-KM5、-KM6 的放置,用 T 节点完成线圈与 N 线的连接。

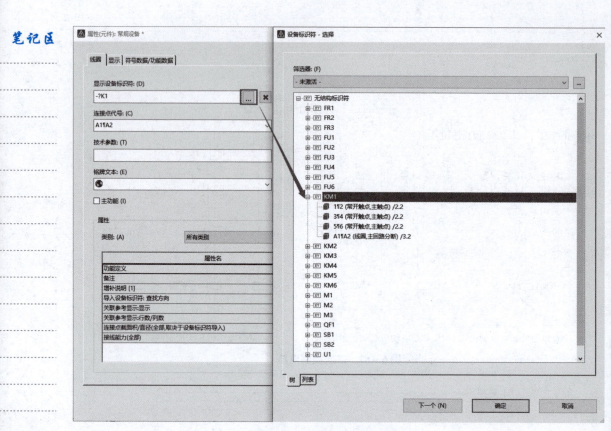

图 6-69 选择接触器线圈 KM1

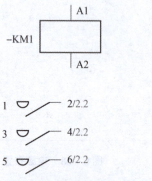

图 6-70 KM1 线圈与触点的关联参考

(3) 单击"插入"→"符号",弹出"符号选择"对话框,选择"树"显示,展开"IEC_symbol→电气工程→传感器→开关/按钮,常闭触点,2 个连接点→SOD",在右侧的符号预览中选择 A 变量,如图 6-71 所示,单击"确定"按钮。按钮"-SB1"系附在鼠标指针上,选择想要放置的位置,单击鼠标左键,单击"确定"按钮,关闭对话框。用同样的方法完成 -SB3、-SB6 按钮的放置,如图 6-67 所示。

(4) 插入热继电器辅助触点,单击"插入"→"符号",弹出"符号选择"对话框,选择"树"显示,展开"IEC_symbol→电气工程→线圈,触点和保护电路→常闭触点→常

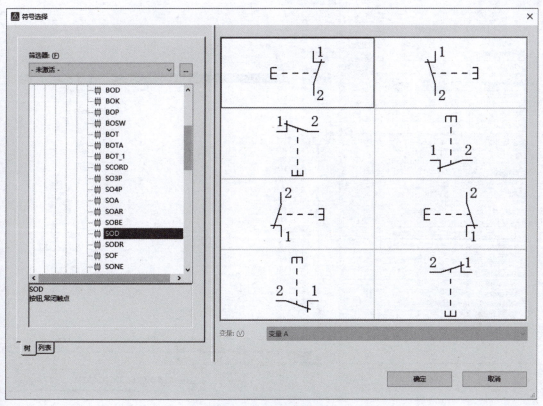

图 6-71 按钮的选择

闭触点，2 个连接点→O"，在右侧的符号预览中选择 A 变量常闭触点，单击"确定"按钮。关闭触点系附在鼠标指针上，选择想要放置的位置，单击鼠标左键，弹出"属性（元件）：常规设备"对话框，在"显示设备标识符"文本框中输入"-FR1"，或单击文本框后的浏览按钮，在弹出的"设备标识符-选择"对话框中选择"FR1"，如图 6-72 所示，单击"确定"按钮，关闭对话框，返回"属性（元件）：常规设备"对话框，单击"确定"按钮，关闭对话框。用同样的方法放置-FR2 和-FR3，并使常闭触点的触点映像在其主功能上显示。

（5）继续绘制，如图 6-67 所示，完成线圈的常闭触点放置和常闭触点设置，并与主功能线圈产生关联参考。

（6）单击"插入"→"图形"→"文本"，弹出"属性（文本）"对话框，输入"M1 电动机启动控制回路"选中"路径功能文本"复选框，单击"确定"按钮，关闭对话框，如图 6-73 所示。路径功能文本系附在鼠标指针上，选择放置于-KM1 线圈的下部，并与 K1 的插入点（按"I"键显示插入点）对齐，单击鼠标左键放置。参照图 6-67，完成其他路径下面路径功能文本的放置。

操作演示

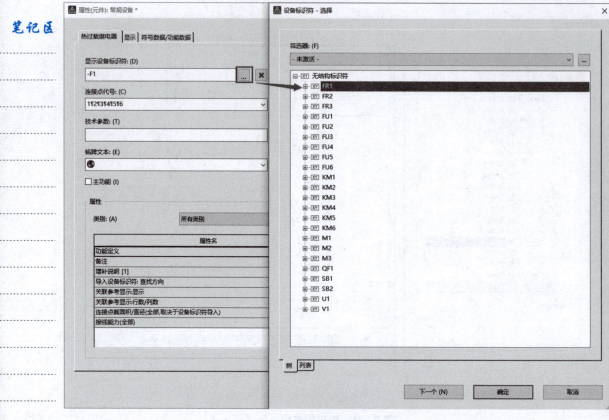

图 6−72 选择热继电器"FR1"

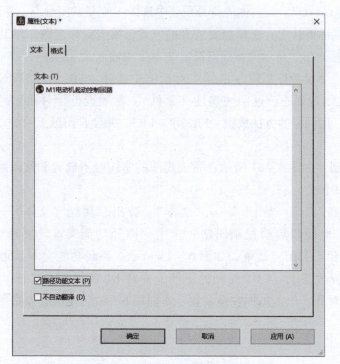

图 6−73 "属性(文本)"对话框

## 2.4.6 指示灯显示电路

指示灯显示电路对主电机的当前工作状态进行显示。指示灯采用 DC24V 指示灯。新建页 "4",页描述修改为 "指示灯显示回路",完整电路如图 6-74 所示。

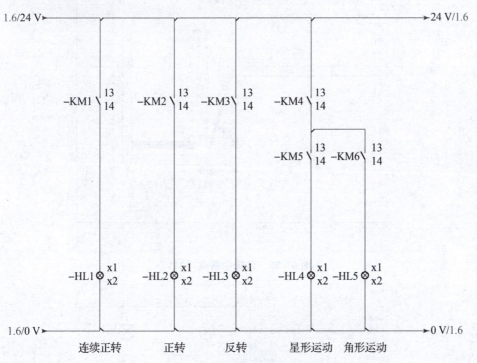

图 6-74 指示灯显示电路

(1) 布置电源,单击 "插入"→"连接符号"→"插入中断点",弹出 "属性(元件:中断点)"对话框。在 "显示设备标识符"文本框中输入 "24V",或单击文本框后的浏览按钮,在打开的 "使用中断点"对话框中选择 "24V",单击 "确定"按钮,回到 "属性(元件):中断点"对话,单击 "确定"按钮关闭对话框,如图 6-75 所示。

24V 与第 1 页的 24V 形成了关联参考,显示 24V 的源来自 1.6,即来自第 1 页第 6 列。单击本页的 24V 中断点,按 "F"键,跳到它的源(24V/1.6),源 "1.6"表示目标到第 1 页第 6 列。用同样的方法完成本页下部 0V 电源线的绘制,如图 6-74 所示。

(2) 插入 DC24V 指示灯,单击 "插入"→"符号",弹出 "符号选择"对话框,选择 "树"显示,然后展开 "IEC_symbol→电气工程→信号设备,发光和发声",在右侧的符号预览中选择信号灯,如图 6-76 所示,单击 "确定"按钮。信号灯系附在鼠标指针上,选择想要放置的位置,单击鼠标左键,弹出 "属性(元件):常规设备"对话框,在 "显示设备标识符"文本框中输入 "-HL1",单击 "确定"按钮关闭对话框。用同样的方法完成 -HL2、-HL3、-HL4、-HL5 的放置,用 T 节点完成线圈与 N 线的连接。

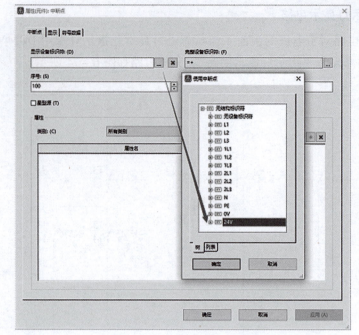

图 6-75 选择中断点 "24V"

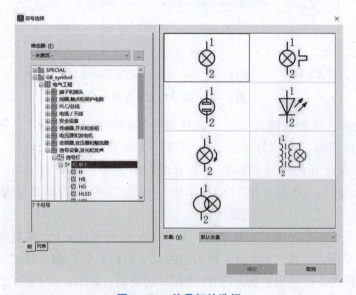

图 6-76 信号灯的选择

【拓展阅读】

创新对电气控制领域的影响

创新小故事：电气创新

## 项目六 习题

**1. 简答题**

(1) 什么是电气制图的三要素?
(2) 什么是主数据?EPLAN 的主数据包括哪些?
(3) 什么是项目数据?它由哪两个文件组成?
(4) 项目备份能改名吗?项目恢复能改名吗?
(5) 项目备份的 3 种方法:"另存为""锁定文件供外部编辑""归档",各有什么含义?
(6) 项目模板和基本项目模板的区别是什么?
(7) 交互式页有几种页类型?
(8) 简述页导出的步骤。
(9) T 节点在工程中的意义是什么?怎样修改自动连线的线型?
(10) 什么是"成对中断点"和"星形中断点"?如果每页上中断点都指向自己可说明什么?
(11) 如何移动触点映像的位置?组件触点映像间距(路径中)的距离能改变吗?
(12) 简述 EPLAN 项目的必备操作步骤包括哪些?
(13) 简述低压控制系统的设计步骤包括哪些?

**2. 设计题**

在炼油、化工、制药、水处理等行业中,将不同液体混合是必不可少的工序,而且这些行业中多为易燃易爆、有毒有腐蚀性的介质,不适合人工现场操作。现有一批混料罐电动机控制系统,系统结构示意图如图 6-77 所示。其中进料泵 1 由 M1 驱动,M1 为三相异步电动机,只进行单向正转;进料泵 2 由 M2 驱动,M2 为三相异步电动机,进行星三角降压启动;出料泵由 M3 驱动,M3 为双速电机,需要考虑过载、联锁保护,混料搅拌泵由 M4 驱动,M4 为三相异步电动机,进行正反转控制。控制要求如下:

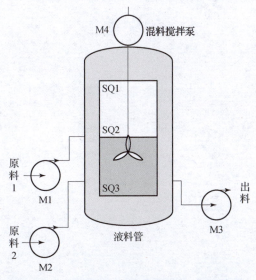

图 6-77 混料罐电动机控制系统结构示意图

按下 M1 启动按钮，M1 开始运行，松开 M1 启动按钮后，M1 继续保持运行。按下 M1 停止按钮，M1 停止运行，M1 运行期间，HL1 灯亮。按下 M2 启动按钮，M2 开始星形启动，延时 5 s 后，M2 切换到角形运动，按下 M2 停止按钮，M2 停止运行。按下 M3 低速按钮，M3 以低速运行，松开 M3 低速启动按钮，M3 停止运行；按下 M3 高速按钮，M3 以高速运行，松开 M3 高速启动按钮，M3 停止运行；按下 M4 启动按钮，M4 以正转 5 s 反转 5 s 的规律反复运行，按下 M4 停止按钮，M4 停止运行。根据控制要求，设计混料罐电气图。

# 参 考 文 献

[1] 谭维瑜. 电机与电气控制技术（第2版）[M]. 北京：机械工业出版社，2010.
[2] 宋广雷，唐立平. 机床电气控制 [M]. 北京：高等教育出版社，2016.
[3] 殷建国. 侯秉涛. 电机与电气控制项目教程 [M]. 北京：电子工业出版社，2011.
[4] 许廖. 电机与电气控制技术（第2版）[M]. 北京：机械工业出版社，2010.
[5] 赵永德，李新华，崔嵬，等. 电力拖动与控制 [M]. 长春：吉林大学出版社，2013.
[6] 廖兆荣，杨旭丽. 数控机床电气控制（第3版）[M]. 北京：高等教育出版社，2015.
[7] 徐建俊，居海清. 电机拖动与控制 [M]. 北京：高等教育出版社，2015.
[8] 杨耕，罗应立. 电机原理与电力拖动系统 [M]. 北京：机械工业出版社，2021.
[9] 王玺珍，赵承荻，袁媛，等. 电机与电气控制技术（第6版）[M]. 北京：高等教育出版社，2022.
[10] 赵承荻，王玺珍，袁媛，等. 电机与电气控制技术（第5版）[M]. 北京：高等教育出版社，2019.